高等职业教育教材

信 息 技 术

赵帮华 汤 东 主 编
陈秀玲 唐 艳 副主编

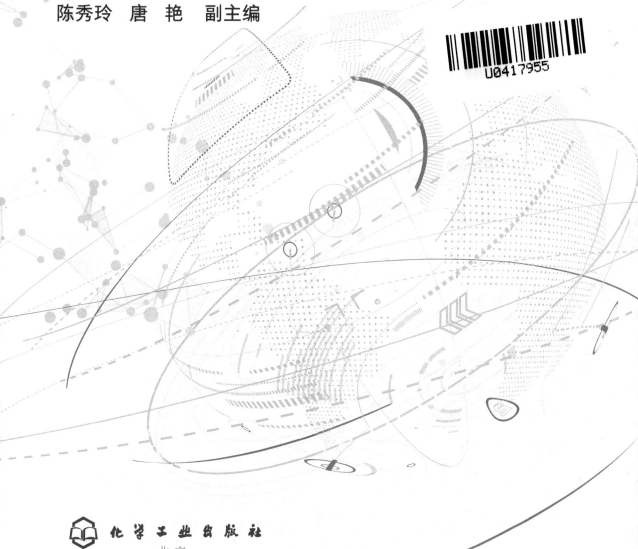

化学工业出版社

·北京·

内容简介

本教材是依据职业院校教学要求，参考《高等职业教育专科信息技术课程标准（2021年版）》并结合《全国计算机等级考试一级 MS Office 考试大纲（2021年版）》编写而成的。操作系统和软件环境要求为 Windows 10+ Microsoft Office 2016。

本教材内容分为基础模块和拓展模块，基础模块包括信息技术概论、计算机基础知识、计算机信息检索、文档处理、电子表格处理和演示文稿制作；拓展模块包括程序设计基础、大数据、人工智能、云计算、现代通信技术、物联网、虚拟现实和区块链。教材中提供了大量的实例和操作步骤图，帮助读者理解。

本教材可以作为高等职业院校的信息技术或办公自动化应用教学用书，也可作为计算机爱好者的自学参考书。通过本教材的学习，可以使读者对计算机基础知识有一个全面的了解，并能熟练掌握计算机相关应用，培养读者的计算机应用能力和解决问题的能力。

图书在版编目（CIP）数据

信息技术／赵帮华，汤东主编；陈秀玲，唐艳副主编. —北京：化学工业出版社，2022.9（2025.3重印）
ISBN 978-7-122-41404-5

Ⅰ.①信… Ⅱ.①赵… ②汤… ③陈… ④唐… Ⅲ.①电子计算机-高等职业教育-教材 Ⅳ.①TP3

中国版本图书馆 CIP 数据核字（2022）第 080491 号

责任编辑：姜　磊　窦　臻
责任校对：刘曦阳
装帧设计：张　辉

出版发行：化学工业出版社
　　　　　（北京市东城区青年湖南街 13 号　邮政编码 100011）
印　　装：北京机工印刷厂有限公司
787mm×1092mm　1/16　印张 21½　字数 531 千字
2025 年 3 月北京第 1 版第 5 次印刷

购书咨询：010-64518888
售后服务：010-64518899
网　　址：http://www.cip.com.cn
凡购买本书，如有缺损质量问题，本社销售中心负责调换。

定　　价：59.80 元　　　　　　　　版权所有　违者必究

《信息技术》编写人员名单

主　编：赵帮华　汤　东
副主编：陈秀玲　唐　艳
参　编：蔡小莉　刘　熙　邓金凤　黄　巧

前言 PREFACE

随着科学技术的飞速发展，计算机技术已成为当今各行各业工作岗位必备的基本技能之一，对于新时代的大学生而言，掌握计算机应用能力与提高信息素养，则显得更为重要。本教材以培养高素质技术技能型人才为目标，参考《高等职业教育专科信息技术课程标准（2021年版）》并结合《全国计算机等级考试一级MS Office考试大纲（2021年版）》编写而成，操作系统和软件环境要求为Windows 10+ Microsoft Office 2016。

本教材依据高等职业院校教学需要，紧密围绕计算机等级考试相关考点，设计教学内容，选取教学案例，以培养学生的实践能力为核心。教材内容层次分明，由浅入深，图文并茂，十分便于教学实施，以及读者自主学习。

本教材由重庆化工职业学院赵帮华、汤东担任主编，重庆化工职业学院唐艳、陈秀玲担任副主编，重庆化工职业学院蔡小莉、刘熙、邓金凤、黄巧也参与了教材编写。基础模块由汤东（第1章）、蔡小莉（第2章）、唐艳（第3章）、刘熙（第4章）、赵帮华（第5章）、汤东（第6章）编写；拓展模块由唐艳（第1章）、陈秀玲（第2、3章）、邓金凤（第4、5章）、黄巧（第6章）、唐艳（第7章）、黄巧（第8章）编写。

本教材在编写过程中参考了相关教材和资料，在此向这些作者表示衷心的感谢！

由于编者水平有限，难免有不足和疏漏之处，敬请各位同仁和广大读者给予批评指正。

编者
2022年1月

目录 CONTENTS

第 1 篇　基础模块　　1

第 1 章　信息技术概论　　3

1.1　信息技术　　3
　　1.1.1　信息技术的概念　　3
　　1.1.2　信息技术的发展史　　3
　　1.1.3　信息技术的分类　　4
　　1.1.4　信息技术的特点　　5
　　1.1.5　信息技术对人类社会的影响　　5
1.2　信息安全　　6
　　1.2.1　信息安全的概念　　6
　　1.2.2　常用信息安全技术　　6
　　1.2.3　信息安全策略　　7
1.3　信息素养　　7
　　1.3.1　信息素养概述　　7
　　1.3.2　信息素养的内容　　7
　　1.3.3　信息素养的特征　　8
　　1.3.4　信息素养的表现能力　　8
1.4　信息伦理　　9
　　1.4.1　信息伦理知识　　9
　　1.4.2　信息技术法律法规　　10
1.5　新一代信息技术　　11
　　1.5.1　新一代信息技术的概述　　11
　　1.5.2　新一代信息技术主要代表技术　　11
本章小结　　13

第 2 章　计算机基础知识　　14

2.1　计算机概述　　14
　　2.1.1　计算机的发展历程　　14
　　2.1.2　计算机的特点及其分类　　16
　　2.1.3　计算机的应用领域　　17
　　2.1.4　多媒体计算机　　19
2.2　计算机中信息的表示和存储　　21
　　2.2.1　信息和数据　　21
　　2.2.2　进位计数制及其转换　　22
　　2.2.3　计算机中非数值信息的表示　　25
2.3　计算机系统的组成　　27
　　2.3.1　计算机系统简介　　27
　　2.3.2　计算机硬件系统　　28
　　2.3.3　计算机的软件系统　　34
　　2.3.4　计算机工作原理和工作过程　　38
　　2.3.5　微型计算机的性能指标　　38
2.4　计算机病毒及其预防　　39
　　2.4.1　计算机病毒概述　　39
　　2.4.2　计算机病毒的预防　　40
2.5　计算机网络基础知识　　41
　　2.5.1　计算机网络概述　　41
　　2.5.2　网络拓扑结构　　42
　　2.5.3　计算机网络系统的组成　　43
　　2.5.4　国际互联网基础知识　　45
本章小结　　48
项目实训　　48

第 3 章 计算机信息检索 56

- 3.1 信息检索概述 56
  - 3.1.1 信息检索的概念 56
  - 3.1.2 信息检索的分类 57
  - 3.1.3 信息检索的基本流程 57
- 3.2 计算机检索技术 58
  - 3.2.1 布尔逻辑检索 58
  - 3.2.2 截词检索 59
  - 3.2.3 位置检索 59
  - 3.2.4 限制检索 60
- 3.3 网络信息检索 60
  - 3.3.1 网络搜索引擎 60
  - 3.3.2 搜索引擎的自定义搜索方法 61
  - 3.3.3 常用学习网站与开放存取资源 63
- 3.4 专用信息检索平台 66
  - 3.4.1 图书信息检索平台 66
  - 3.4.2 期刊信息检索平台 67
  - 3.4.3 会议和专业论文信息检索平台 70
  - 3.4.4 学位论文信息检索平台 71
  - 3.4.5 专利信息检索平台 72
- 本章小结 73
- 项目实训 74

第 4 章 文档处理 75

- 4.1 Word 2016 概述 75
  - 4.1.1 Word 2016 的启动与退出 75
  - 4.1.2 Word 2016 的工作窗口及其组成 76
- 4.2 Word 2016 基本编辑排版操作 79
  - 4.2.1 文档的基本操作 79
  - 4.2.2 输入与编辑文本 83
  - 4.2.3 设置字符格式 86
  - 4.2.4 设置段落格式 87
  - 4.2.5 设置项目符号和编号 89
  - 4.2.6 设置首字下沉 89
  - 4.2.7 版面设置 90
  - 4.2.8 页眉和页脚操作 91
  - 4.2.9 文档打印 92
- 4.3 Word 2016 的图文混排操作 93
  - 4.3.1 插入与编辑图片 93
  - 4.3.2 插入与编辑图形 95
  - 4.3.3 插入与编辑文本框 96
  - 4.3.4 插入与编辑艺术字 97
- 4.4 Word 2016 的表格操作 98
  - 4.4.1 创建表格 98
  - 4.4.2 编辑表格 99
  - 4.4.3 表格数据的计算 101
- 4.5 样式与目录 102
  - 4.5.1 样式 102
  - 4.5.2 创建自动目录 104
- 本章小结 105
- 项目实训 105

第 5 章 电子表格处理 119

- 5.1 Excel 2016 概述 119
  - 5.1.1 Excel 2016 的基本功能 119
  - 5.1.2 Excel 2016 的基本概念 120
- 5.2 Excel 2016 基本操作 123
  - 5.2.1 建立和保存工作簿 123
  - 5.2.2 输入和编辑工作表数据 123
  - 5.2.3 使用工作表和单元格 129
- 5.3 工作表的格式化 132
  - 5.3.1 设置单元格格式 132
  - 5.3.2 设置列宽和行高 135
  - 5.3.3 设置条件格式 135
  - 5.3.4 自动套用格式 137
- 5.4 公式与函数 137
  - 5.4.1 公式的使用 137
  - 5.4.2 函数的使用 139
  - 5.4.3 公式与函数的复制 140
- 5.5 图表 143
  - 5.5.1 图表的基本概念 143
  - 5.5.2 图表的创建 143
  - 5.5.3 修改图表 146
  - 5.5.4 图表的修饰 147
- 5.6 数据管理 148
  - 5.6.1 数据清单 148
  - 5.6.2 数据排序 148

5.6.3 数据筛选	151	
5.6.4 数据分类汇总	154	
5.6.5 数据合并	156	
5.6.6 数据透视表	157	
5.7 工作表的打印	159	
5.7.1 页面设置	159	
5.7.2 打印预览	159	
5.7.3 打印	160	
5.8 数据保护	160	
5.8.1 保护工作簿	161	
5.8.2 保护工作表	161	
本章小结	161	
项目实训	162	

第 6 章　演示文稿制作　　183

6.1 PowerPoint 2016 的基本操作	183
6.1.1 PowerPoint 2016 的启动与退出	183
6.1.2 PowerPoint 2016 工作窗口	184
6.1.3 打开与关闭演示文稿	186
6.2 制作简单演示文稿	188
6.2.1 创建演示文稿	188
6.2.2 编辑幻灯片中的文本信息	190
6.2.3 在演示文稿中增加和删除幻灯片	190
6.2.4 保存演示文稿	191
6.2.5 打印演示文稿	193
6.3 演示文稿的显示视图	194
6.3.1 视图	194
6.3.2 普通视图下的操作	197
6.3.3 幻灯片浏览视图下的操作	198
6.4 修饰幻灯片的外观	200
6.4.1 应用主题统一演示文稿的风格	200
6.4.2 幻灯片背景的设置	200
6.5 插入图片、形状、艺术字、超链接和音频 视频	203
6.5.1 插入图片	203
6.5.2 插入形状	206
6.5.3 插入艺术字	209
6.5.4 插入超链接	211
6.5.5 插入音频 视频	214
6.6 插入表格	216
6.6.1 创建表格	216
6.6.2 编辑表格	217
6.6.3 设置表格格式	219
6.7 幻灯片放映设计	220
6.7.1 放映演示文稿	220
6.7.2 为幻灯片中的对象设置动画效果	222
6.7.3 幻灯片的切换效果设计	226
6.7.4 幻灯片放映方式设计	227
6.8 在其他计算机上放映演示文稿	228
6.8.1 演示文稿的打包	228
6.8.2 将演示文稿转换为直接放映格式	230
本章小结	232
项目实训	232

第 2 篇　拓展模块　　249

第 1 章　程序设计基础　　251

1.1 程序设计的基本概念	251
1.2 程序设计的发展历程	251
1.3 程序设计基本流程	252
1.4 认识 Python 语言	253
1.4.1 Python 语言的起源与特点	253
1.4.2 Python 的下载与安装	254
1.4.3 PyCharm 的安装和配置	255
1.5 Python 基础知识	256
1.5.1 运行 Hello World 程序	256
1.5.2 使用 PyCharm 运行 Python 程序	257
1.5.3 Python 基础	260
本章小结	269

第2章 大数据 270

- 2.1 大数据概述 270
  - 2.1.1 大数据定义 271
  - 2.1.2 大数据相关技术 271
  - 2.1.3 大数据安全防范 276
- 2.2 大数据应用现状与发展趋势 277
  - 2.2.1 大数据应用现状 277
  - 2.2.2 大数据发展趋势 278
- 2.3 大数据经典应用 279
  - 2.3.1 霍廷 280
  - 2.3.2 城管通 280
  - 2.3.3 智能公交站牌 280
  - 2.3.4 预测性物流 280
  - 2.3.5 远程会诊 280
- 本章小结 281

第3章 人工智能 282

- 3.1 人工智能概述 282
  - 3.1.1 人工智能定义 282
  - 3.1.2 人工智能相关技术 283
  - 3.1.3 人工智能人才需求规格 284
- 3.2 人工智能应用现状与发展趋势 285
  - 3.2.1 人工智能应用现状 285
  - 3.2.2 人工智能发展趋势 286
- 3.3 人工智能经典应用 287
  - 3.3.1 语言助手 Eliza 的诞生 287
  - 3.3.2 自动驾驶汽车 287
  - 3.3.3 深蓝 287
  - 3.3.4 AlphaGo 288
  - 3.3.5 索菲亚 288
  - 3.3.6 智能金融 288
- 本章小结 288

第4章 云计算 289

- 4.1 云计算概述 289
  - 4.1.1 云计算定义 289
  - 4.1.2 云计算相关技术 290
  - 4.1.3 云计算服务模式 291
- 4.2 云计算应用现状与发展趋势 292
  - 4.2.1 云计算应用现状 292
  - 4.2.2 云计算发展趋势 294
- 4.3 云计算经典应用 295
  - 4.3.1 智能家居 295
  - 4.3.2 电子日历 295
  - 4.3.3 地图导航 295
  - 4.3.4 在线办公 296
  - 4.3.5 个人网盘 296
- 本章小结 296

第5章 现代通信技术 297

- 5.1 现代通信技术概述 297
  - 5.1.1 现代通信技术定义 297
  - 5.1.2 现代通信相关技术 298
- 5.2 现代通信技术应用现状与发展趋势 299
  - 5.2.1 现代通信技术应用现状 299
  - 5.2.2 现代通信技术发展趋势 301
- 5.3 现代通信技术经典应用 303
  - 5.3.1 高速的电影下载 303
  - 5.3.2 车联网与自动驾驶 303
  - 5.3.3 远程外科手术 303
  - 5.3.4 智能电网和智慧家居 303
- 本章小结 303

第6章 物联网 304

- 6.1 物联网概述 304
  - 6.1.1 物联网定义 304
  - 6.1.2 物联网相关技术 305
  - 6.1.3 物联网存在的问题 306

6.2 物联网应用现状与发展趋势 307
 6.2.1 物联网应用现状 307
 6.2.2 物联网发展趋势 308
6.3 物联网经典应用 308
 6.3.1 智慧城市 308
 6.3.2 智慧医疗 309
 6.3.3 智慧交通 310
 6.3.4 智慧物流 310
 6.3.5 智慧校园 311
 6.3.6 智慧家居 311
 6.3.7 智慧电网 312
 6.3.8 智慧工业 313
 6.3.9 智慧农业 314
本章小结 314

第 7 章 虚拟现实 315

7.1 虚拟现实概述 315
 7.1.1 虚拟现实定义 315
 7.1.2 虚拟现实相关技术 315
 7.1.3 虚拟现实应用开发引擎 316
7.2 虚拟现实应用现状与发展趋势 319
 7.2.1 虚拟现实应用现状 319
 7.2.2 虚拟现实发展趋势 319
7.3 虚拟现实经典应用 320
 7.3.1 VR 娱乐 320
 7.3.2 VR 样板房、楼盘 320
 7.3.3 VR 实验室、教室、课件 320
 7.3.4 VR 辅助治疗 321
本章小结 321

第 8 章 区块链 322

8.1 区块链概述 322
 8.1.1 区块链定义 322
 8.1.2 区块链相关技术 324
 8.1.3 区块链技术存在的问题 325
8.2 区块链应用现状与发展趋势 325
 8.2.1 区块链应用现状 325
 8.2.2 区块链发展趋势 326
8.3 区块链经典应用 326
 8.3.1 区块链+金融 326
 8.3.2 区块链+政务 327
 8.3.3 区块链+食品 328
 8.3.4 区块链+医疗 329
 8.3.5 区块链+版权 329
 8.3.6 区块链+公益 330
本章小结 331

参考文献 332

第 1 篇

基础模块

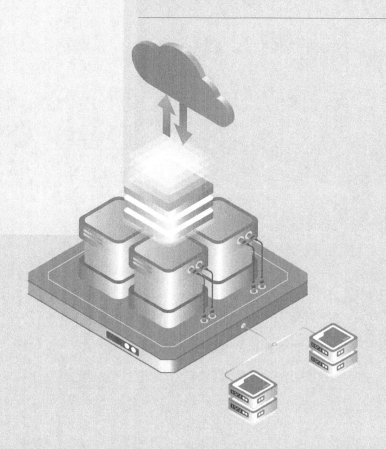

第1章 信息技术概论

学习目的与要求

了解信息技术的概念、发展史、分类、特点，以及信息技术对人类社会的影响
了解信息安全的概念、常用信息安全技术、信息安全策略
了解信息素养概述、内容、特征、表现能力
了解职业文化、职业理念、职业行为
了解信息伦理的概述及内容、信息技术法律法规
了解新一代信息技术及主要代表技术的基本概述

1.1 信息技术

1.1.1 信息技术的概念

信息技术（Information Technology，缩写 IT）是指在信息的获取、整理、加工、存储、传递、表达和应用过程中所采用的各种方法，如语言、文字、信号、书信、电话及网络等方法。目前，信息技术主要指应用计算机科学和通信技术来设计、开发、安装和实施的信息系统及应用软件，所以信息技术有时也称为信息和通信技术。主要包括传感技术、计算机与智能技术、通信技术和控制技术。

1.1.2 信息技术的发展史

信息技术从产生到现在经历了五次变革。

（1）第一次是人类语言的产生，发生在距今约 3.5 万年～5 万年前，它是信息表达和交流手段的一次关键性革命，产生了信息获取和传递技术。

（2）第二次是文字的发明，大约在公元前 3500 年出现，文字的出现使信息可以长期存储，实现了跨时间、跨地域的传递和交流信息，产生了信息存储技术。

(3) 第三次是造纸术和印刷术的发明,大约在公元 1040 年出现,它把信息的记录、存储、传递和使用扩大到了更广阔的空间,使知识的积累和传播有了可靠的保证,是人类信息存储与传播手段的一次重要革命,产生了更为先进的信息获取、存储和传递技术。

(4) 第四次是电报、电话、广播、电视的发明和普及,始于 19 世纪 30 年代,实现了信息传递的多样性和实时性,打破了交流信息的时空界限,提高了信息传播的效率,是信息存储和传播的又一次重要革命。

(5) 第五次是计算机与互联网的使用,即网际网络的出现,始于 20 世纪 60 年代,这是一次信息传播和信息处理手段的革命,对人类社会产生了空前的影响,使信息数字化成为可能,信息产业应运而生。

1.1.3 信息技术的分类

(1) 按表现形态的不同

信息技术可分为硬技术(物化技术)与软技术(非物化技术)。

前者指各种信息设备及其功能,如显微镜、电话机、通信卫星、多媒体电脑。后者指有关信息获取与处理的各种知识、方法与技能,如语言文字技术、数据统计分析技术、规划决策技术、计算机软件技术等。

(2) 按工作流程中基本环节的不同

信息技术可分为信息获取技术、信息传递技术、信息存储技术、信息加工技术及信息标准化技术。信息获取技术包括信息的搜索、感知、接收、过滤等。如显微镜、望远镜、气象卫星、温度计、钟表、Internet 搜索器中的技术等。信息传递技术指跨越空间共享信息的技术,又可分为不同类型。如单向传递与双向传递技术,单通道传递、多通道传递与广播传递技术。信息存储技术指跨越时间保存信息的技术,如印刷术、照相术、录音术、录像术、缩微术、磁盘术、光盘术等。信息加工技术是对信息进行描述、分类、排序、转换、浓缩、扩充、创新等的技术。信息加工技术的发展已有两次突破:从人脑信息加工到使用机械设备(如算盘,标尺等)进行信息加工,再发展为使用电子计算机与网络进行信息加工。信息标准化技术是指使信息的获取、传递、存储,加工各环节有机衔接,与提高信息交换共享能力的技术。如信息管理标准、字符编码标准、语言文字的规范化等。

(3) 按使用的信息设备不同

日常用法中,有人按使用的信息设备不同,把信息技术分为电话技术、电报技术、广播技术、电视技术、复印技术、缩微技术、卫星技术、计算机技术、网络技术等。也有人从信息的传播模式分,将信息技术分为传者信息处理技术、信息通道技术、受者信息处理技术、信息抗干扰技术等。

(4) 按技术的功能层次不同

可将信息技术体系分为基础层次的信息技术(如新材料技术、新能源技术),支撑层次的信息技术(如机械技术、电子技术、激光技术、生物技术、空间技术等),主体层次的信息技术(如感测技术、通信技术、计算机技术、控制技术),应用层次的信息技术(如文化教育、商业贸易、工农业生产、社会管理中用以提高效率和效益的各种自动化、智能化、信息化应用软件与设备)。

感测技术、通信技术、计算机技术和控制技术是信息技术的四大基本技术,其主要支柱是通讯(Communication)技术、计算机(Computer)技术和控制(Control)技术,即"3C"技术。信息技术是实现信息化的核心手段。信息技术是一门多学科综合交叉的技术,计算机技术、通信技术和多媒体技术、网络技术互相渗透、互相作用、互相融合,将形成以智能多媒体信息服务为特征的大规模信息网。信息技术是当代世界范围内新的技术革命的核心。信息科学和技术是现代科学技术的先导,是人类进行高效率、高效益、高速度社会活动的理论、方法与技术,是国家现代化的一个重要标志。

1.1.4 信息技术的特点

(1) 高速化

计算机和通信的发展追求的均是高速度、大容量。例如,每秒能运算千万次的计算机已经进入普通家庭。在现代技术中,我们迫切需要解决的涉及高速化的问题是,抓住世界科技迅猛发展的机遇,重点在带宽"瓶颈"上取得突破,加快建设具有大容量、高速率、智能化及多媒体等基本特征的新一代高速带宽信息网络,发展深亚微米集成电路、高性能计算机等。

(2) 网络化

信息网络分为电信网、广电网和计算机网。三网有各自的形成过程,其服务对象、发展模式和功能等有所交叉,又互为补充。信息网络的发展异常迅速,从局域网到广域网,再到国际互联网及有"信息高速公路"之称的高速信息传输网络,计算机网络在现代信息社会中扮演了重要的角色。

(3) 数字化

数字化就是将信息用电磁介质或半导体存储器按二进制编码的方法加以处理和传输。在信息处理和传输领域,广泛采用的是只用"0"和"1"两个基本符号组成的二进制编码,二进制数字信号是现实世界中最容易被表达、物理状态最稳定的信号。

(4) 智能化

在面向 21 世纪的技术变革中,信息技术的发展方向之一将是智能化。智能化的应用体现在利用计算机模拟人的智能,例如机器人、医疗诊断专家系统及推理证明等方面。例如,智能化的 CAI 教学软件、自动考核与评价系统、视听教学媒体以及仿真实验等等。

1.1.5 信息技术对人类社会的影响

(1) 对经济的影响

信息技术有助于个人和社会更好地利用资源,使其充分发挥潜力,缩小国际社会中的信息与知识差距;有助于减少物质资源和能源的消耗;有助于提高劳动生产率,增加产品知识含量,降低生产成本,提高竞争力;有助于提高国民经济宏观调控管理水平、经济运行质量和经济效益。

(2) 对教育的影响

随着科学技术的飞速发展、素质教育的全面实施和教育信息化的快速推进,信息技术已逐渐成为服务于教育事业的一项重要技术。信息技术有助于教学手段的改革(如电化教学、远程教育等),能够打破时间、空间的限制,使教育向学习者全面开放并实现资源共享,大大提高了学习者的积极性、主动性和创造性。

(3) 对管理的影响

信息技术有助于更新管理理念、改变管理组织,使管理结构由金字塔形变为矩阵形;有助于完善管理方法,以适应虚拟办公、电子商务等新的运作方式。例如,政府通过网络互联逐渐建立网络政府,开启了政府管理的全新时代,树立了各级政府的高效办公、透明管理的新时代形象，同时为广大人民群众提供了极大的便利。

(4) 对科研的影响

应用信息技术有助于科学研究前期工作的顺利开展；有助于提高科研工作效率；有助于科学研究成果的及时发表。

(5) 对文化的影响

信息技术促进了不同国度、不同民族之间的文化交流与学习，使文化更加开放化和大众化。

(6) 对生活的影响

信息技术给人们的生活带来了巨大的变化，电脑、因特网、信息高速公路、纳米技术等在生产生活中的广泛应用，使人类社会向着个性化、休闲化方向发展。在信息社会里，人们的行为方式、思维方式甚至社会形态都发生了显著的变化。

1.2 信息安全

1.2.1 信息安全的概念

信息安全是指信息网络的软件、硬件及其系统中的数据受到保护，不因偶然的或者恶意的原因而遭到破坏、更改、泄露，系统能够连续、可靠、正常地运行，信息服务不中断。

信息安全包含了5个方面的内容：保密性、完整性、可用性、可控性、不可否认性。

1.2.2 常用信息安全技术

(1) 访问控制技术

访问控制技术是保护计算机信息系统免受非授权用户访问的技术，它是信息安全技术中最基本的安全防范措施，该技术是通过用户登录和对用户授权的方式实现的。系统用户一般通过用户标识和口令登录系统，因此，系统的安全性取决于口令的秘密性和破译口令的难度。通常采用对系统数据库中存放的口令进行加密的方法，为了增加口令的破译难度，应尽可能增加字符串的长度与复杂度。另外，为了防止口令被破译后给系统带来的威胁，一般要求在系统中设置用户权限。

(2) 加密技术

加密技术是保护数据在网络传输的过程中不被窃听、篡改或伪造的技术，它是信息安全的核心技术，也是关键技术。一个密码系统由算法（加密的规则）和密钥（控制明文与密文转换的参数，一般是一个字符串）两部分组成。根据密钥类型的不同，现代加密技术一般采用两种类型：一类是"对称式"加密法；一类是"非对称式"加密法。"对称式"加密法是指加密和解密使用同一密钥，这种加密技术目前被广泛采用。"非对称式"加密法的加密密钥（公钥）和解密密钥（私钥）是两个不同的密钥，两个密钥必须配对使用才有效，否则不能打开加密的文件。公钥是公开的，可向外界公布；而私钥是保密的，只属于合法持有者本人所有。

(3) 数字签名技术

数字签名（Digital Signature）是指对网上传输的电子报文进行签名确认的一种方式，它是防止通信双方欺骗和抵赖行为的一种技术，即数据接收方能够鉴别发送方所宣称的身份，而发送方在数据发送完成后不能否认发送过数据。数字签名已经大量应用于网上安全支付系统、电子银行系统、电子证券系统、安全邮件系统、电子订票系统、网上购物系统、网上报税系统等一系列电子商务应用的签名认证服务。数字签名不同于传统的手写签名方式，它是在数据单元上附加数据，或对数据单元进行密码变换，验证过程是利用公之于众的规程和信息，其实质还是密码技术。常用的签名算法是 RSA 算法和 ECC 算法。

（4）防火墙技术

防火墙是用于防止网络外部的恶意攻击对网络内部造成不良影响而设置的一种安全防护措施，它是网络中使用非常广泛的安全技术之一。防火墙的作用是在某个内部网络和网络外部之间构建网络通信的监控系统，用于监控所有进、出网络的数据流和来访者，以达到保障网络安全的目的。根据实现方式，防火墙可分为硬件防火墙和软件防火墙两类。

1.2.3 信息安全策略

（1）网络信息安全的解决方案
① 安全需求分析；
② 安全风险管理；
③ 制定安全策略；
④ 定期安全审核；
⑤ 外部支持；
⑥ 计算机网络安全管理。
（2）个人计算机信息安全策略
① 及时升级操作系统；
② 安装防病毒软件；
③ 定期备份重要资料；
④ 小心使用共享网络；
⑤ 不访问来历不明的邮件和网站；
⑥ 设置系统使用权限。

1.3 信息素养

1.3.1 信息素养概述

信息素养的定义是：知道何时需要信息，并已具有检索、评价和有效使用所需信息的能力。信息素养是两方面的能力。

（1）信息素养是一种对信息社会的适应能力

有学者提出 21 世纪的能力素质，包括基本学习技能（指读、写、算）、信息素养、创新思维能力、人际交往与合作精神、实践能力。信息素养是其中一个方面，它涉及信息的意识、信息的能力和信息的应用。

（2）信息素养是一种综合能力

信息素养涉及各方面的知识，是一个特殊的、涵盖面很宽的能力，它包含人文的、技术的、经济的、法律的诸多因素，和许多学科有着紧密的联系。

1.3.2 信息素养的内容

信息素养包括关于信息和信息技术的基本知识和基本技能，运用信息技术进行学习、合作、交流和解决问题的能力，以及信息的意识和社会伦理道德问题。具体而言，信息素养应包含以下五个方面的内容。

（1）热爱生活，有获取新信息的意愿，能够主动地从生活实践中不断地查找、探究新信息。

（2）具有基本的科学和文化常识，能够较为自如地对获得的信息进行辨别和分析，正确地加以评估。

（3）可灵活地支配信息，较好地掌握选择信息、拒绝信息的技能。

（4）能够有效地利用信息，表达个人的思想和观念，并乐意与他人分享不同的见解或资讯。

（5）无论面对何种情境，能够充满自信地运用各类信息解决问题，有较强的创新意识和进取精神。

一个有信息素养的人，他能够认识到精确和完整的信息是做出合理决策的基础；能够确定信息需求，形成基于信息需求的问题，确定潜在的信息源，制定成功的检索方案，包括基于计算机的和其他的信息源获取信息，评价信息、组织信息用于实际的应用，将新信息与原有的知识体系进行融合以及在批判思考和问题解决的过程中使用信息。信息素养的四个要素共同构成一个不可分割的统一整体，其中信息意识是先导，信息知识是基础，信息能力是核心，信息道德是保证。

1.3.3 信息素养的特征

信息技术的发展已使经济非物质化，世界经济正转向信息化、非物质化时代，正加速向信息化迈进，人类已自然进入信息时代。在信息社会中，物质世界正在隐退到信息世界的背后，各类信息组成人类的基本生存环境，影响着芸芸众生的日常生活方式，构成了人们日常经验的重要组成部分。虽然信息素养在不同层次的人们身上体现的侧重面不一样，但概括起来，它主要具有如下特征：捕捉信息的敏锐性；筛选信息的果断性；评估信息的准确性；交流信息的自如性和应用信息的独创性。

1.3.4 信息素养的表现能力

信息素养主要表现为以下 8 个方面的能力。

（1）运用信息工具

能熟练使用各种信息工具，特别是网络传播工具。

（2）获取信息

能根据自己的学习目标有效地收集各种学习资料与信息，能熟练地运用阅读、访问、讨论、参观、实验、检索等获取信息的方法。

（3）处理信息

能对收集的信息进行归纳、分类、存储记忆、鉴别、遴选、分析综合、抽象概括和表达等。

（4）生成信息

在信息收集的基础上，能准确地概述、综合、履行和表达所需要的信息，使之简洁明了，通俗流畅并且富有个性特色。

（5）创造信息

在多种收集信息的交互作用的基础上，迸发创造思维的火花，产生新信息的生长点，从而创造新信息，达到收集信息的终极目的。

(6) 发挥信息的效益

善于运用接收的信息解决问题，让信息发挥最大的社会效益和经济效益。

(7) 信息协作

使信息和信息工具作为跨越时空的、"零距离"的交往和合作中介，使之成为延伸自己的高效手段，同外界建立多种和谐的合作关系。

(8) 信息免疫

浩瀚的信息资源往往良莠不齐，自己需要有正确的人生观、价值观、甄别能力以及自控、自律和自我调节能力，能自觉抵御和消除垃圾信息及有害信息的干扰和侵蚀，并且完善合乎时代的信息伦理素养。

1.4 信息伦理

1.4.1 信息伦理知识

信息伦理是指涉及信息开发、信息传播、信息的管理和利用等方面的伦理要求、伦理准则、伦理规约，以及在此基础上形成的新型的伦理关系。信息伦理又称信息道德，它是调整人们之间以及个人和社会之间信息关系的行为规范的总和。

信息伦理不是由国家强行制定和强行执行的，是在信息活动中以善恶为标准，依靠人们的内心信念和特殊社会手段维系的。信息伦理内容可概括为两个方面，三个层次。

(1) 两个方面，即主观方面和客观方面

前者指人类个体在信息活动中以心理活动形式表现出来的道德观念、情感、行为和品质，如对信息劳动的价值认同，对非法窃取他人信息成果的鄙视等，即个人信息道德；后者指社会信息活动中人与人之间的关系以及反映这种关系的行为准则与规范，如扬善抑恶、权利义务、契约精神等，即社会信息道德。

(2) 三个层次，即信息道德意识、信息道德关系、信息道德活动

① 信息道德意识是信息伦理的第一个层次，包括与信息相关的道德观念、道德情感、道德意志、道德信念、道德理想等。它是信息道德行为的深层心理动因，信息道德意识集中地体现在信息道德原则、规范和范畴之中。

② 信息道德关系是信息伦理的第二个层次，包括个人与个人的关系、个人与组织的关系、组织与组织的关系。这种关系是建立在一定的权利和义务的基础上，并以一定信息道德规范形式表现出来的。如联机网络条件下的资源共享，网络成员既有共享网上资源的权利（尽管有级次之分），也要承担相应的义务，遵循网络的管理规则。成员之间的关系是通过大家共同认同的信息道德规范和准则维系的。信息道德关系是一种特殊的社会关系，是被经济关系和其他社会关系所决定的人与人之间的信息关系。

③ 信息道德活动是信息伦理的第三层次，包括信息道德行为、信息道德评价、信息道德教育和信息道德修养等，这是信息道德的一个十分活跃的层次。信息道德行为即人们在信息交流中所采取的有意识的、经过选择的行动。信息道德评价即为根据一定的信息道德规范对人们的信息行为进行善恶判断。信息道德教育即为按一定的信息道德理想对人的品质和性格进行陶冶。信息道德修养即为人们对自己的信息意识和信息行为的自我解剖、自我改造。信息道德活动主要体现在信息道德实践中。

1.4.2 信息技术法律法规

《计算机伦理与职业行为准则》(ACM Code of Ethics and Professional conduct)指的是计算机职业道德准则。其内容如下。

(1) 基本的道德规则

包括：为社会和人类的美好生活作出贡献；避免伤害其他人；做到诚实可信；恪守公正并在行为上无歧视；敬重包括版权和专利在内的财产权；对智力财产赋予必要的信用；尊重其他人的隐私；保守机密等。

(2) 特殊的职业责任

包括：努力在职业工作的程序与产品中实现最高的质量、最高的效益和高度的尊严；获得和保持职业技能；了解和尊重现有的与职业工作有关的法律；接受和提出恰当的职业评价；对计算机系统和包括它们可能引起的危机等方面做出综合的理解和彻底的评估；重视合同、协议和指定的责任等。

我国出台了许多关于信息技术的法律法规，见表1-1-1。

表1-1-1 关于信息技术的法律法规（部分）

编号	法律名称	发布或修订时间	实施时间	发布机构
1	《计算机信息系统国际联网保密管理规定》	1999年12月27日	2000年1月1日	国家保密局
2	《计算机软件著作权登记办法》	2002年2月20日	2002年2月20日	国家版权局
3	《非经营性互联网信息服务备案管理办法》	2005年2月8日	2005年3月20日	信息产业部
4	《互联网安全保护技术措施规定》	2005年11月23日	2006年3月1日	公安部
5	《信息安全等级保护管理办法》	2007年6月22日	2007年6月22日	公安部
6	《中华人民共和国保守国家秘密法》	2010年4月29日	2010年10月1日	全国人民代表大会常务委员会
7	《中华人民共和国计算机信息系统安全保护条例》	2011年1月8日	2011年1月8日	国务院
8	《互联网信息服务管理办法》	2011年1月8日	2011年1月8日	国务院
9	《计算机信息网络国际联网安全保护管理办法》	2011年1月8日	2011年1月8日	公安部
10	《全国人民代表大会常务委员会关于加强网络信息保护的决定》	2012年12月28日	2012年12月28日	全国人民代表大会常务委员会
11	《计算机软件保护条例》	2013年1月30日	2013年1月30日	国务院
12	《信息网络传播权保护条例》	2013年1月30日	2013年3月1日	国务院
13	《中华人民共和国电子签名法》	2019年4月23日	2019年4月23日	全国人民代表大会常务委员会
14	《中华人民共和国国家安全法》	2015年7月1日	2015年7月1日	全国人民代表大会常务委员会
15	《互联网上网服务营业场所管理条例》	2022年4月7日	2022年5月1日	国务院
16	《中华人民共和国电信条例》	2016年2月6日	2016年2月6日	国务院
17	《中华人民共和国网络安全法》	2016年11月17日	2017年6月1日	全国人民代表大会常务委员会

1.5 新一代信息技术

1.5.1 新一代信息技术的概述

新一代信息技术是国务院确定的战略性新兴产业之一。新一代信息技术是以人工智能、大数据、云计算、现代通信技术、物联网、虚拟现实、区块链等为代表的新兴技术。它既是信息技术的纵向升级，也是信息技术之间及其与相关产业的横向融合。

2010年9月8日，国务院常务会议审议并原则上通过《国务院关于加快培育和发展战略性新兴产业的决定》。战略性新兴产业是指以重大技术突破和重大发展需求为基础，对经济社会全局和长远发展具有重大引领带动作用，成长潜力巨大的产业，是新兴科技和新兴产业的深度融合，既代表着科技创新的方向，也代表着产业发展的方向，具有科技含量高、市场潜力大、带动能力强、综合效益好等特征。国家战略性新兴产业主要包括：新一代信息技术产业、节能环保产业、生物产业、高端装备制造产业、新能源产业、新材料产业、新能源汽车产业等七大领域。

1.5.2 新一代信息技术主要代表技术

（1）程序设计基础

程序，就是一组计算机能识别和执行的指令。每一条指令使计算机执行特定的操作。只要让计算机执行这个程序，计算机就会"自动地"执行各条指令，有条不紊地进行工作。程序设计是给出解决特定问题程序的过程，是软件构造活动中的重要组成部分。程序设计往往以某种程序设计语言为工具，给出这种语言下的程序。

在计算机技术发展的早期，软件构造活动主要就是程序设计活动。因为，此时的软件系统结构和功能较单一。随着软件技术的发展，软件系统越来越复杂，比如操作系统、数据库系统诞生，使得软件构造活动的内容越来越多、面越来越广。这样软件构造活动不再只是纯粹的程序设计，还包括数据库设计、用户界面设计、接口设计等等一系列内容。

（2）大数据

美国研究机构 Gartner 提出：大数据是需要新处理模式才能具有更强的决策力、洞察发现力和流程优化能力来适应海量、高增长率和多样化的信息资产。而麦肯锡全球研究院给出的定义是：一种规模大到在获取、存储、管理、分析方面大大超出了传统数据库软件工具能力范围的数据集合，具有海量的数据规模、快速的数据流转、多样的数据类型和价值密度低四大特征。还有学者认为：大数据泛指无法在可容忍的时间内用传统信息技术和软硬件工具对其进行获取、管理和处理的巨量数据集合，具有海量性、多样性、时效性及可变性等特征，需要可伸缩的计算体系结构以支持其存储、处理和分析。

所谓大数据（Big Data），或称巨量资料，指的是所涉及的资料量规模巨大到无法透过目前主流软件工具，在合理时间内达到撷取、管理、处理、并整理成为帮助企业经营决策更积极目的的资讯。

（3）人工智能

人工智能的定义是一个至今仍然存在争议的一个话题，目前还没有一个绝对公认的定义。不同的学术流派，具有不同学科背景的人工智能学者对其有不同的理解和见地。

人工智能之父，达特莫斯（Dartmouth）会议的倡导者之一，图灵奖的获得者美国科学家约翰·麦卡锡（McCarthy）教授认为，人工智能是使一部机器的反应方式就像是一个人在行动时所依据的智能。美国斯坦福大学人工智能研究中心的尼尔逊教授认为："人工智能是关于知识的学科——怎样表示知识以及怎样获得知识并使用知识的科学。"而另一个美国麻省理工学院的温斯顿教授认为："人工智能就是研究如何使计算机去做过去只有人才能做的智能工作。"还有人认为，人工智能就是利用人工的方法实现的智能等等。

尽管不同的人对人工智能有不同的定义，但整体反映了人工智能学科的基本思想和基本内容，即人工智能是研究人类智能活动的规律，构造具有一定智能的人工系统，研究如何让计算机去完成以往需要人的智力才能胜任的工作，也就是研究如何应用计算机的软硬件来模拟人类某些智能行为的基本理论、方法和技术。

当前，人们普遍对人工智能的应用达成了共识。人工智能的定义可以分为两部分，即"人工"和"智能"。人工智能（Artificial Intelligence）是研究、开发用于模拟、延伸和扩展人智能的理论、方法、技术及应用系统的一门新技术科学。人工智能是计算机科学的一个分支，该领域的研究包括机器人、语言识别、图像识别、自然语言处理和专家系统等。

（4）云计算

云计算（Cloud Computing）是一个新概念，产生的历史并不长，对云计算的定义有多种说法。

① 厂商角度：云计算的"云"是存在于互联网服务器集群上的资源，它包括硬件资源[如中央处理器（CPU）、内存储器、外存储器、显卡、网络设备、输入/输出设备等]和软件资源（如操作系统、数据库、集成开发环境等），所有的计算都在云计算服务提供商所提供的计算机集群上完成。

② 用户角度：云计算是指技术开发者或者企业用户以免费或按需租用的方式，利用云计算服务提供商基于分布式计算和虚拟化技术搭建的计算中心或超级计算机，使用数据存储、分析以及科学计算等服务。

③ 抽象角度：云计算是指一种商业计算模型，它将计算任务分布在由大量计算机构成的资源池上，使各种应用系统根据需要获取计算力、存储空间和信息服务。

④ 正式的定义：云计算是一种按使用量付费的模式，这种模式提供可用的、便捷的、按需的网络访问，进入可配置的计算资源共享池（资源包括网络、服务器、存储、应用软件、服务），只需投入很少的管理工作，或与服务供应商进行很少的交互，这些资源就能够被快速提供。这是美国国家标准与技术研究院（National Institute of Standards and Technology，NIST）对云计算的定义，是被大众广泛接受的定义。

（5）现代通信技术

通信技术是实现人与人之间、人与物之间、物与物之间信息传递的一种技术。

移动通信（Mobile Communication）是移动体之间的通信，或移动体与固定体之间的通信。移动体可以是人，也可以是汽车、火车、轮船、收音机等在移动状态中的物体。移动通信是进行无线通信的现代化技术，这种技术是电子计算机与移动互联网发展的重要成果之一。移动通信技术经过第一代、第二代、第三代、第四代技术的发展，目前，已经迈入了第五代发展的时代（5G移动通信技术），这也是目前改变世界的几种主要技术之一。

现代移动通信技术主要可以分为低频、中频、高频、甚高频和特高频几个频段，在这几个频段之中，技术人员可以利用移动台技术、基站技术、移动交换技术，对移动通信网络内的终端设备进行连接，满足人们的移动通信需求。从模拟制式的移动通信系统、数字蜂窝通信系统、移动多媒体通信系统，到目前的高速移动通信系统，移动通信技术的速度不断提升，延时与误码现象减少，技术的稳定性与可靠性不断提升，为人们的生产生活提供了多种灵活的通信方式。

(6) 物联网

物联网（IoT, Internet of Things）即"万物相连的互联网"，是互联网基础上的延伸和扩展的网络，将各种信息传感设备与网络结合起来而形成的一个巨大网络，实现在任何时间、任何地点，人、机、物的互联互通。

物联网是新型信息系统的代名词，它是三方面的组合：一是"物"，即由传感器、射频识别器以及各种执行机构实现的数字信息空间与实际事物关联；二是"网"，即利用互联网将这些物和整个数字信息空间进行互联，以方便广泛的应用；三是应用，即以采集和互联作为基础，深入、广泛、自动化地采集大量信息，以实现更高智慧的应用和服务。

具体来说，物联网通过各种信息传感器、射频识别技术、全球定位系统、红外感应器、激光扫描器等各种装置与技术，实时采集任何需要监控、连接、互动的物体或过程，采集其声、光、热、电、力学、化学、生物、位置等各种需要的信息，通过各类可能的网络接入，实现物与物、物与人的泛在连接，实现对物品和过程的智能化感知、识别和管理。

(7) 虚拟现实

虚拟现实是一种可创建和体验虚拟世界的计算机仿真系统，其利用高性能计算机生成一种模拟环境，是一种多源信息融合的、交互式的三维动态视景和实体行为的系统仿真。虚拟现实具有浸沉感、交互性和构想性三大特点，已广泛应用于娱乐、教育、设计、医学、军事等多个领域。

虚拟现实有时也被称为虚拟环境，是利用计算机设备模拟产生一个三维空间的虚拟世界。能给用户提供关于视觉、听觉、触觉感官的模拟，让用户仿佛身临其境。虚拟现实技术集成了计算机图形、计算机仿真、人工智能、人机交互等技术，是一种由计算机技术辅助生成的高技术模拟系统。

(8) 区块链

区块链是一个分布式账本，是一种将数据区块以时间顺序相连的方式组合成的、并以密码学方式保证不可篡改和不可伪造的分布式数据库，同时也是通过"去中心化""去信任"的方式集体维护一个可靠数据库的技术方案，从而通过技术的手段实现对价值的编程以及点对点的安全和有效传输。

从数据角度来看，区块链是一种几乎不可能被更改的分布式数据库，"分布式"不仅体现在数据的分布式存储，也体现在数据的分布式记录，即该数据库由参与者共同维护。

从科技层面来看，区块链是一个信息技术领域的术语，涉及数学、密码学、互联网和计算机编程等很多科学技术问题。多种技术的融合，形成了一种新的数据记录、存储和表达的方式。

从应用层面来看，区块链应用领域丰富，主要运用于金融、物联网和物流、公共服务、数字版权、保险、公益等领域，能够解决信息不对称问题，实现多个主体之间的协作信任与一致行动。

本章小结　　本章主要介绍了信息技术、信息安全、信息素养、社会责任和新一代信息技术。详细阐述了信息技术的概念、发展史、分类、特点，以及信息技术对人类社会的影响；信息安全的概念、常用信息安全技术、信息安全策略；信息素养概述、内容、特征、表现能力；信息伦理的概述及内容、信息技术法律法规；新一代信息技术及主要代表技术的基本概述等。

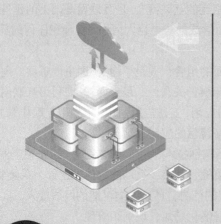

第 2 章
计算机基础知识

学习目的与要求

了解计算机的发展历史、特点、分类以及应用领域
掌握计算机中信息的表示与存储方法
掌握计算机系统的组成
掌握计算机病毒及其防治
了解计算机网络的基本概念及发展过程
掌握 Internet 基础知识及基本操作

2.1 计算机概述

计算机(computer)俗称电脑,是 20 世纪最先进的科学技术发明之一;计算机技术是当代众多新兴技术中发展最快、应用最广的一项技术,对人类的生产活动和社会活动产生了极其重要的影响。它的应用从最初的军事计算扩展到社会的各个方面,遍及学校、机关、企事业单位等,进入寻常百姓家,成为人们生产生活必不可少的工具。本节主要介绍计算机的发展历程、特点、分类、应用领域等。

2.1.1 计算机的发展历程

计算机最早的诞生源于解决大量的科学计算问题。计算工具的演化经历了由简单到复杂、从低级到高级的不同阶段,例如从"结绳记事"中的绳结到算盘、计算尺、机械计算机、电子计算器等。现代电子计算机的研制也经历了从简单到复杂,从低级到高级的过程。

1889 年,美国科学家赫尔曼·何乐礼研制出以电力为基础的电动制表机,用以储存计算资料。1930 年,美国科学家范内瓦·布什造出世界上首台模拟电子计算机。

1946 年,由美国军方定制的世界上第一台电子计算机"电子数字积分计算机"(Electronic Numerical and Calculator,简称 ENIAC)在美国宾夕法尼亚大学问世。如图 1-2-1 所示。ENIAC

(中文名：埃尼阿克）是为了满足武器试验场计算弹道需要而研制成的。这台计算器使用了近 18000 支电子管，占地 170m^2，重达 28t，功耗为 170kW，其运算速度可实现每秒 5000 次的加法运算，比当时最快的计算工具快 300 倍。ENIAC 的问世具有划时代的意义，表明电子计算机时代的到来。

图 1-2-1　世界上第一台电子数字积分计算机

自从第一台计算机问世以来，计算机技术以前所未有的速度迅猛发展。通常根据计算机所使用的"电子元件"，将计算机的发展划分为四个阶段，也称为四个时代，即电子管时代、晶体管时代、中小规模集成电路时代、大规模和超大规模集成电路时代。

第一代：电子管计算机（1946～1957 年）

主要元件采用的是电子管，主存储器采用汞延迟线、阴极射线示波管静电存储器、磁鼓、磁芯；外存储器采用的是磁带；运行的软件多采用的是机器语言、汇编语言；应用领域以科学计算为主。特点是体积大、功耗高、可靠性差，速度慢、价格昂贵；第一代计算机为以后计算机发展奠定了基础。

第二代：晶体管计算机（1958～1964 年）

主要元件采用的是晶体管，主存储器采用磁芯，外存储器已开始使用更先进的磁盘；出现了各种各样的高级语言以及编译程序；应用领域以科学计算和事务处理为主，并开始进入工业控制领域；特点是体积缩小、能耗降低、可靠性提高、运算速度提高、性能比第一代计算机有很大的提高。

第三代：中小规模集成电路计算机（1965～1970 年）

主要元件采用中、小规模集成电路，主存储器仍采用磁芯；出现了分时操作系统以及结构化、规模化程序设计方法；特点是速度更快，而且可靠性有了显著提高，价格进一步下降，产品走向了通用化、系列化和标准化等；应用领域开始进入文字和图形图像处理领域。

第四代：大规模和超大规模集成电路计算机（1971 年至今）

主要元件采用大规模和超大规模集成电路；出现了数据库管理系统、网络管理系统和面向对象语言等；运算速度可达百万至数亿亿次/秒；应用领域从科学计算、事务管理、过程控制逐步应用于各个领域。

计算机的发展阶段及其特征如表 1-2-1 所示。

表 1-2-1 计算机的发展阶段及其特征

发展阶段	起止年份	主要电子元件	运算速度	软件特点	应用领域
第一代	1946~1957	电子管	每秒千次至数万次	机器语言、汇编语言	科学计算
第二代	1958~1964	晶体管	每秒10万次,高达300万次	高级语言	科学计算、事务处理、工业过程控制
第三代	1965~1970	中小规模集成电路	每秒百万次至数千万次	结构化程序设计	科学计算、事务处理、工业过程控制、文字、图形图像处理
第四代	1971年至今	大规模、超大规模集成电路	每秒千万次至数亿亿次	数据库管理系统、面向对象语言、网络管理系统	各个领域

1971年世界上第一台微处理器在美国硅谷诞生,开创了微型计算机的新时代。另一方面,利用大规模、超大规模集成电路制造的各种逻辑芯片,已经制成了体积并不很大,但运算速度可达一亿甚至几十亿次的巨型计算机。1983年"银河-Ⅰ型"亿次计算机研制成功,如图1-2-2所示,生产安装3台,是我国第一台自主研制的亿次计算机系统,使我国成为继美、日之后世界上第三个能研制巨型机的国家。继"银河-Ⅰ"这一巨型机以后,我国又于1993年研制成功运算速度更快的"银河-Ⅱ型"巨型计算机。

图 1-2-2 "银河-Ⅰ型"计算机

2.1.2 计算机的特点及其分类

(1) 计算机的特点

计算机可以进行数值计算,又可以进行逻辑计算,还具有存储记忆功能,是能够按照程序运行,自动、高速处理海量数据的现代化智能电子设备。计算机不同于其他一般的计算工具,有其自身的特点,归纳起来主要表现在以下几个方面。

① 运算速度快 计算机的运算速度是指单位时间内所能执行指令的条数,一般用每秒钟能执行多少条指令来描述,其常用单位是 MIPS (Million Instruction Per Second),即百万条指令每秒。当今计算机系统的运算速度已达到每秒 10^{16} 次,微机也可达每秒 10^8 次以上,使大量复杂的科学计算问题得以解决。例如:大型桥梁工程的计算、气象问题的计算人工完成需要几年甚至几十年,而用计算机只需几分钟就可完成。

② 计算精度高 目前计算机的计算精度已达到小数点后上亿位,是任何其他计算工具所

望尘莫及的。理论上通过一定的技术手段，计算机可以实现任何精度要求的计算，计算机的计算精度是不受限制的。

③ 存储容量大　计算机的存储能力是计算机区别于其他计算工具的重要特征。计算机内部的存储器具有记忆特性，可以存储大量数字、文字、图像、视频、声音等各类信息。目前计算机的存储容量越来越大，已高达千兆数量级。

④ 逻辑判断能力强　计算机不仅能解决数值计算问题，还能解决非数值计算问题。在相应程序的控制下，计算机能对信息进行比较和判断，分析命题是否成立，并可根据命题成立与否做出相应的处理。人是有思维能力的，思维能力本质上是一种逻辑判断能力，人类也在积极探索利用计算机的逻辑判断能力，让计算机也学会"思考"。

(2) 计算机的分类

计算机及相关技术的迅速发展带动计算机类型也不断分化，形成了各种不同种类的计算机，可以按照不同的标准对其进行分类。

① 按照信息的表示方式分类　根据信息在计算机中的表示方式可分为数字计算机和模拟计算机。数字计算机是通过电信号的有无来表示数，并利用算术和逻辑运算法则进行计算的。它具有运算速度快、精度高、灵活性大和便于存储等优点，因此适合于科学计算、信息处理、实时控制和人工智能等应用。我们通常所用的计算机，一般都是指的数字计算机。

模拟计算机是通过电压的大小来表示数，即通过电的物理变化过程来进行数值计算的。其优点是速度快，在模拟计算和控制系统中应用较多，但通用性不强，信息不易存储，且计算机的精度受到了设备的限制。因此，不如数字计算机的应用普遍。

② 按照用途分类　按照计算机的用途分为专用计算机和通用计算机。专用计算机具有单一性、使用范围小甚至专机专用的特点，它是为了解决一些专门的问题而设计制造的。一般来说，模拟计算机通常都是专用计算机。通用计算机具有用途多、配置全、通用性强等特点，我们通常所说的以及本书所介绍的都是指通用计算机。

③ 按照性能分类　在对计算机进行分类时较为普遍的是按照计算机的运算速度、字长、存储容量、处理能力等综合性能指标来分，可分为巨型机、大型机、中型机、小型机、微型机和工作站。

巨型机运算速度快，存储量大，结构复杂，价格昂贵，主要用于尖端科学研究领域。大型机是对一类计算机的习惯称呼，本身并无十分准确的技术定义。其规模仅次于巨型机，通常人们称大型机为"企业级"计算机。中型机的标准是计算速度每秒 10 万至 100 万次，字长 32 位、主存储器容量为 1 兆以下的计算机，主要用于中小型局部计算机通信网中的管理。小型机机器规模小、结构简单、设计试制周期短，便于及时采用先进工艺。微型机（又称为个人计算机）目前发展最快，应用范围最广。工作站是一种高档的微机系统。它具有较高的运算速度，既具有大、中、小型机的多任务、多用户能力，又兼具微型机的操作便利和良好的人机界面。它的应用领域也已从最初的计算机辅助设计扩展到商业、金融、办公领域，并频频充当网络服务器的角色。

2.1.3　计算机的应用领域

计算机问世之初主要用于科学计算，因而得名"计算机"。而今计算机的应用领域已渗透到社会的各行各业，正在改变着人们传统的工作、学习和生活方式，推动着社会的发展。归纳起来计算机主要应用于以下几个方面。

(1) 科学计算

也称数值计算,是指利用计算机来完成科学研究和工程技术中提出的数学问题的计算。在现代科学技术工作中,存在大量复杂的科学计算问题,利用计算机运算速度快、计算精度高、具有存储记忆功能等特点,可以实现人工无法解决的各种科学计算问题,达到事半功倍的效果,大大缩短工作周期,提高工作效率,节约人力、物力、财力。

(2) 数据处理

也称信息管理或事务处理,是指对各种数据进行收集、存储、整理、分类、统计、加工、传播等一系列活动的统称。据统计,80%以上的计算机主要用于数据处理。目前,数据处理已广泛地应用于办公自动化、企事业管理、电影电视动画设计、娱乐、游戏、会计电算化等各行各业。

(3) 计算机辅助系统

计算机辅助系统是利用计算机辅助完成不同类任务的系统的总称。计算机辅助系统常用的有计算机辅助设计(CAD)、计算机辅助教学(CAI)、计算机辅助制造(CAM)、计算机辅助测试(CAT)等。

① 计算机辅助设计(Computer Aided Design,简称CAD)　计算机辅助设计是利用计算机系统辅助设计人员进行工程或产品设计,以缩短设计周期,提高设计质量,达到最佳设计效果的一种技术。它已广泛地应用于机械、电子、建筑和轻工等领域。例如,在机械设计过程中,可以利用CAD技术绘制机械零部件图纸,提高设计速度和设计质量。

② 计算机辅助教学(Computer Aided Instruction,简称CAI)　计算机辅助教学是利用计算机系统使用课件来进行教学。课件可以用制作工具或高级语言来开发制作,它能引导学生循序渐进地学习,使学生轻松自如地从课件中学到所需要的知识。CAI的主要特色是交互教育、个别指导和因材施教。

③ 计算机辅助制造(Computer Aided Manufacturing,简称CAM)　计算机辅助制造是利用计算机系统进行生产设备的管理、控制和操作的过程。例如,在产品的制造过程中,用计算机控制机器的运行,处理生产过程中所需的数据,控制和处理材料的流动以及对产品进行检测等。使用CAM技术可以提高产品质量,降低成本,缩短生产周期,提高生产率和改善劳动条件。

④ 计算机辅助测试(Computer Aided Test,简称CAT)　计算机辅助测试是指利用计算机协助进行测试。可应用于对教学效果和学习能力的测试,也可进行产品测试,软件测试等。

(4) 过程控制

采用计算机进行过程控制,不仅可以大大提高控制的自动化水平,而且可以提高控制的及时性和准确性,从而改善劳动条件、提高产品质量及合格率。因此,计算机过程控制已在机械、冶金、石油、化工、纺织、水电、航天等行业得到广泛的应用。这不只是控制手段的改变,而且拥有众多优点。第一,能够代替人在危险、有害的环境中作业。第二,能在保证同样质量的前提下连续作业,不受疲劳、情感等因素的影响。第三,能够完成人所不能完成的有高精度、高速度、时间性、空间性等要求的操作。

(5) 人工智能

人工智能是计算机模拟人类的智能活动,诸如感知、判断、理解、学习、问题求解和图像识别等。人工智能是计算机科学发展以来一直处于前沿的研究领域,现在人工智能的研究已取得不少成果,有些已开始走向实用阶段。例如,能模拟高水平医学专家进行疾病诊疗的专家系统，具有一定思维能力的智能机器人等。

（6）计算机网络

计算机技术与现代通信技术的结合构成了计算机网络。计算机网络的建立，不仅解决了一个单位、一个地区、一个国家中计算机与计算机之间的通讯，各种软、硬件资源的共享，也大大促进了国际间的文字、图像、视频和声音等各类数据的传输与处理。通过网络，人们坐在家里通过计算机便可预定车票、可以购物，从而改变了传统服务业、商业单一的经营方式。通过网络，人们还可以与远在异国他乡的亲人、朋友实时地传递信息，大大缩短了人们之间的距离。

2.1.4 多媒体计算机

现实生活中信息的表现形式是多种多样的，除了文字还有声音、图像、图形、视频、音频等。为了让计算机具有更强大的处理能力，更能满足人们生活、工作、学习需求，20世纪90年代人们研究出了能处理多媒体信息的计算机。多媒体技术是一门跨学科的综合技术，是21世纪信息技术研究的热点问题之一。

（1）多媒体的概念

① 媒体　媒体是指传播信息的媒介，它是指人们借助用来传递信息与获取信息的工具、渠道、载体、中介物或技术手段。也可以把媒体看作为实现信息从信息源传递到受信者的一切技术手段。媒体有两层含义：一是承载信息的物体，如磁盘、光盘、磁带等；二是指储存、呈现、处理、传递信息的实体，如文字、图形、声音等。

② 多媒体　多媒体顾名思义，是指多种媒体的综合。在计算机系统中，多媒体指组合两种或两种以上媒体的一种人机交互式信息交流和传播媒体。多媒体技术是指能够同时采集、处理、存储和表示两个或两个以上不同类型信息媒体的技术。这种技术使多样信息建立逻辑连接，集成为一个系统并具有交互性。

③ 流媒体　流媒体又叫流式媒体，是指采用流式传输的方式在Internet播放的媒体格式。流媒体中的"流"指的是这种媒体的传输方式，而并不是指媒体本身。流媒体的传输方式是边传边播，也就是指媒体提供商在网络上传输媒体的"同时"，用户可以不断地接收并观看或收听被传输的媒体。流媒体技术被广泛应用于远程教育、视频点播、网络电台、网络视频等方面。

④ 多媒体技术　多媒体技术是指通过计算机对文字、数据、图形、图像、动画、声音等多种媒体信息进行综合处理和管理，使用户可以通过多种感官与计算机进行实时信息交互的技术。多媒体技术应用的意义在于使计算机可以处理人类生活中最直接、最普遍的信息，从而使得计算机应用领域及功能得到极大地扩展，使计算机系统的人机交互界面和手段更加友好和方便，非专业人员可以方便地使用和操作计算机。

⑤ 多媒体计算机　多媒体计算机是指能够对文字、声音、图像、视频等多媒体信息进行综合处理的计算机。多媒体计算机一般指多媒体个人计算机。1985年出现了第一台多媒体计算机，其主要功能是指可以把音频视频、图形图像和计算机交互式控制结合起来，进行综合处理。

多媒体计算机一般包括多媒体硬件、多媒体操作系统、图形用户接口、支持多媒体数据开发的应用软件4个部分。多媒体硬件平台除了计算机硬件设备外，还需配备音频卡及音频设备、视频卡、网络接口等。目前用户所购买的个人计算机基本都是多媒体计算机。

（2）多媒体信息

目前多媒体信息主要包括文本、图形图像、视频、音频、动画、超文本等。文本包括各种字体、尺寸、格式、颜色的文字，是计算机文字处理的基础，也是人们最熟悉的媒体信息，下面我们重点介绍其他几种常见的媒体信息。

① 图形与图像　图形是指点、线、面到三维空间的黑白或者彩色集合图形，也称矢量图。主要由比较容易用数学方法来表示的直线和弧等线条实体组成。

图像一般是指自然界中的客观事物通过某种系统的映射，使人们产生的视觉感受。自然界中的景和物有静态和动态两种形态，静止的图像叫静态图像，活动的图像叫动态图像。图像有两种表示方法，即点阵图法和矢量图法。点阵图法就是将图像分成很多小像素，每个像素用若干二进制数表示像素的颜色、属性等信息。矢量图法就是用一些指令来表示图像。

常用的图像文件类型有以下几种。

a．BMP　位图文件格式，是图像文件的原始格式。

b．JPG　应用 JPEG 压缩标准压缩后的图像格式。

c．GIF　适合于在网上传输的图像格式，应用比较普遍。

d．WMF　是 Windows 中常用的一种图像文件格式，图像往往比较粗糙，只能用在 Office 中调用编辑。

② 视频　视频泛指将一系列静态影像以电信号的方式加以采集、存储、处理、传送与重现的各种技术。视频技术因电视和电影系统发展而来，利用人眼的视觉暂留现象，每秒超过 24 帧画面以上时，人眼无法辨别单幅的静态画面，看上去是平滑连续的视觉效果，这样连续的画面就构成了视频。

由于视频是由若干静态图像构成，存储容量极大，必须经过压缩。目前普遍采用的 MPEG 标准，它使基于视频的每幅图像之间的变化都不大。常用的视频文件格式在微型计算机中主要有以下几种：

a．AVI　是 Windows 中使用的动态图像格式，数据量比较大。

b．MPG　利用 MPEG 压缩标准所确定的文件格式，数据量比较小。

c．ASF　比较适合在网上进行连续播放的视频文件格式。

③ 音频　人们能听到的所有声音效果都称之为音频。声音是一种模拟信息，需要经过数字化的过程才能放在计算机中对其进行相应的处理，对声音进行数字化的过程叫做采样。就是在原有的模拟信号波形上每隔一段时间进行一次取点，赋予每一个点以一个数值，然后把所有的点连起来就可以描述模拟信号了。在一定时间内取的点越多，描述出来的波形就越精确。

常用的音频文件格式主要有以下几种。

a．CD　光盘数字音频文件，声音直接通过光驱处理后发出，音源质量较好。

b．WAV　微型计算机最常用的声音文件，占用很大的存储空间。

c．MP3　压缩存储音频文件，在日常生活和网上应用都非常普遍。根据 MPEG 视频压缩标准进行压缩得到的声音文件。

d．MID　数字音频文件，由 MIDI 继承而来，MIDI 标准的文件中存放的是符号化音乐。

(3) 多媒体技术的特征

多媒体技术具有交互性、集成性、实时性、多样性等特征，这也是多媒体计算机区别于传统计算机系统的显著特征。

① 交互性　交互性是多媒体应用有别于传统信息交流媒体的主要特点之一。传统信息交流媒体只能单向地、被动地传播信息，而多媒体技术则可以实现人对信息的主动选择和控制。多媒体技术以计算机为中心，综合处理和控制多媒体信息，并按人的要求以多种媒体形式表现

出来，同时作用于人的多种感官。

② 集成性　多媒体技术中集成了许多单一的技术，如声音处理技术、视频处理技术、图像处理技术等，多媒体技术能够表示和处理多种信息，对信息进行多通道统一获取、存储、组织与合成。

③ 实时性　音频、视频、动画或者一些实况信息媒体带有一定的时间关系，多媒体系统在处理这类信息时有着严格的时序要求和很高的速度要求，当用户给出操作命令时，通过多媒体技术需实现相应的多媒体信息都能够得到实时控制。实时性在很多方面已经成为多媒体系统的关键技术。

④ 多样性　多媒体信息是多种多样的，这些媒体信息输入、传输、表示的手段也是多样化的。为了提高计算机所能处理的信息的空间和种类，多媒体技术必须具备多样性才能使计算机不再局限于处理数值和文本等单调信息。

2.2　计算机中信息的表示和存储

计算机要处理的内容是多种多样的，如数字、文字、符号、图形、图像和语言等。但是计算机无法直接"理解"这些内容，所以在计算机内部专门有一种表示信息的形式。

2.2.1　信息和数据

(1) 信息和数据的概念

信息是指现实世界事物的存在方式或运动状态的反应。信息具有可感知性、可存储性、可加工性、可传递性和可再生性等自认属性。

信息处理是指信息的收集、加工、存储、传递及使用过程。

数据是对客观事物的符号表示。数值、文字、语言、图形、图像等都是不同形式的数据。

信息和数据这两个概念既有联系又有区别。数据是反映客观事物属性的记录，是信息的具体表现形式或称载体；信息是数据的语义解释，是数据的内涵。数据经过加工处理之后，就成为信息；而信息需要经过数字化转变成数据才能存储和传输。数据是数据采集时提供的，信息是从采集的数据中获取的有用信息。

(2) 计算机中的信息

计算机内部均采用二进制来表示各种信息，但计算机与外部交互仍采用人们熟悉和便于阅读的形式，如十进制数、文字、声音、图形图像等，其间的转换则由计算机系统的硬件和软件来实现。那么在计算机内部为什么要用二进制来表示各种信息呢？主要有以下几个方面的原因。一是电路简单，易于表示。计算机是由逻辑电路组成的，逻辑电路通常只有两个状态。例如开关的接通和断开，电压的高与低等。这两种状态正好用来表示二进制的两个数码0和1。若是采用十进制，则需要有十种状态来表示十个数码，实现起来比较困难的。二是可靠性高。两种状态表示两个数码，数码在传输和处理中不容易出错，因而电路更加可靠。三是运算简单。二进制数的运算规则简单，无论是算术运算还是逻辑运算都容易进行。四是逻辑性强。计算机不仅能进行数值运算而且能进行逻辑运算。逻辑运算的基础是逻辑代数，二进制的两个数码1和0，恰好代表逻辑代数中的"真"和"假"。

(3) 计算机中的数据单位

计算机中数据最小的单位是位，存储容量的基本单位是字节，除此之外还有千字节、兆字节、吉字节等。

① 位（bit）　位是数据的最小单位，用来表示存放的一位二进制数，即 0 或 1。在计算机中，采用多个数字（0 和 1 的组合）来表示一个数时，其中的每一个数字称为 1 位。

② 字节（Byte）　字节是计算机表示和存储信息的最常用、最基本单位。1 个字节由 8 位二进制数组成，即 1Byte=8bit。

比字节表示的存储空间更大的有千字节、兆字节、吉字节等，不同数据单位之间的换算关系为：

字节 B　　　　1Byte=8bit
千字节 KB　　　1KB=1024B=2^{10}B
兆字节 MB　　　1MB=1024KB=1024×1024B
吉字节 GB　　　1GB=1024MB=1024×1024KB
太字节 TB　　　1TB=1024GB=1024×1024MB

③ 字长　人们将计算机一次能够并行处理的二进制位成为该机器的字长。字长直接关系到计算机的精度、功能和速度，是计算机的一个重要指标，字长越长，处理能力就越强。计算机型号不同，其字长也不同，通常字长是字节的整数倍，如 8 位、16 位、32 位、64 位等。

2.2.2　进位计数制及其转换

在日常生活中，最常使用的是十进制数，而计算机内部在进行数据处理时，使用的是二进制数，由于二进制表示数时书写较长，有时为了理解和书写方便也用到八进制和十六进制，但它们最终都要转化成二进制数后才能在计算机内部进行加工和处理。

(1) 进位计数制

进位计数制是利用固定的数字符号和统一的规则来计数的方法。计算机中常见的有十进位计数制、二进位计数制、八进位计数制、十六进位计数制等。

一种进位计数制包含一组数码符号和三个基本因素。

数码：一组用来表示某种数制的符号。例如，十进制的数码是 0、1、2、3、4、5、6、7、8、9；二进制的数码是 0、1。

基数：某数制可以使用的数码个数。例如，十进制可以使用的数码有 10 个，基数为 10；二进制可以用的数码只有 0 和 1 两个，基数为 2。

数位：数码在一个数中所处的位置（小数点左侧的第一位为 0 开始）。

权：权是以基数的底，数位为指数的整数次幂，表示数码在不同位置上的数值。

如：十进制 12670 中，数码 6 的数位是 2，权是 10^2。

表 1-2-2 中十六进制的数码除了十进制的 10 个数字符号外，还使用了 6 个英文字母：A，B，C，D，E，F，他们分别等于十进制的 10、11、12、13、14、15。

表 1-2-2　计算机中常用的几种进位计数制的表示

进位数	基数	数码	权	进位规则	形式表示
二进制	2	0，1	2^n	逢二进一	B
十进制	10	0，1，2，3，4，5，6，7，8，9	10^n	逢十进一	D
八进制	8	0，1，2，3，4，5，6，7	8^n	逢八进一	O
十六进制	16	0，1，2，3，4，5，6，7，8，9，A，B，C，D，E，F	16^n	逢十六进一	H

表 1-2-3 是十进制 0～15 与等值的二进制、八进制、十六进制的对照表。可以看出采用不同进制表示同一数时，基数越大，则使用的位数越少。比如十进制 10，需要 4 位二进制来表示，只需要 2 位八进制、1 位十六进制来表示。这也是为什么在程序书写中一般采用八进制或十六进制表示数据的原因。

表 1-2-3 不同进制数的对照表

十进制	二进制	八进制	十六进制	十进制	二进制	八进制	十六进制
0	0	0	0	8	1000	10	8
1	1	1	1	9	1001	11	9
2	10	2	2	10	1010	12	A
3	11	3	3	11	1011	13	B
4	100	4	4	12	1100	14	C
5	101	5	5	13	1101	15	D
6	110	6	6	14	1110	16	E
7	111	7	7	15	1111	17	F

(2) 常用进制之间的转换

① N 进制转换为十进制　在十进制数中 1234 可以表示为以下多项式：

$$(1234)_{10}=1\times10^3+2\times10^2+3\times10^1+4\times10^0$$

上式中的 10^3、10^2、10^1、10^0 是各个数码的权，可以看出将各个位置上的数字乘上权值再求和就可以得到这个数。所以，将 N 进制数按权展开再求和就可以得到对应的十进制数，这就是将 N 进制数转换为十进制数的方法。

例如：

$(10111)_2=1\times2^4+0\times2^3+1\times2^2+1\times2^1+1\times2^0$

　　　　$=16+0+4+2+1$

　　　　$=(23)_{10}$

$(217)_8=2\times8^2+1\times8^1+7\times8^0$

　　　$=128+8+7$

　　　$=(143)_{10}$

$(6C)_{16}=6\times16^1+12\times16^0$

　　　$=96+12$

　　　$=(108)_{10}$

如果一个 N 进制中既有整数部分又有小数部分，仍然可按权展开求和将其转换成对应的十进制数。

例如：

$(1011.11)_2=1\times2^3+0\times2^2+1\times2^1+1\times2^0+1\times2^{-1}+1\times2^{-2}$

　　　　　$=8+2+1+0.5+0.25$

　　　　　$=(11.75)_{10}$

② 十进制数转换为 N 进制数　将十进制数转换为 N 进制数时由于整数部分和小数部分采用不同的方法，所以可以将整数和小数分开转换后再连接起来即可。

a. 整数　将一个十进制整数转换为 N 进制整数可以采用"除基取余"法，即将十进制整数连续地除以 N 进制数的基数取余数,直到商为 0 为止,最先取得的余数放在最右边。

【例 1】 将十进制整数 125 分别转换为二进制数和十六进制数

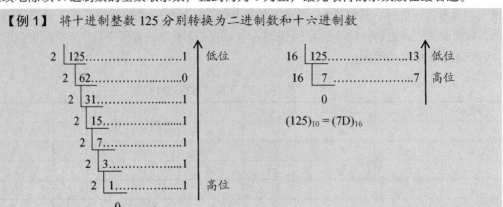

b. 小数 将一个十进制小数转换为 N 进制小数采用"乘基取整"法,即将十进制小数不断地乘以 N 进制数的基数取整数,直到小数部分为 0 或达到精度要求为止(存在小数部分永远不会达到 0 的情况),取得的整数从小数点之后自左往右排列,取有效精度,最先取得的整数放在最左边。

【例 2】 将十进制小数 0.625 转换成二进制数。

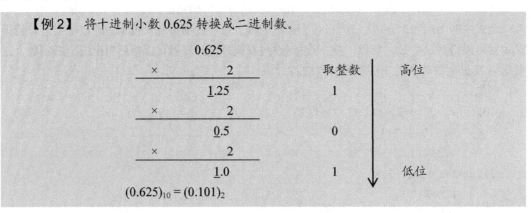

【例 3】 将十进制数 147.16 转换成八进制数,要求精确到小数点后 4 位。

③ 二进制数与八进制数、十六进制数的相互转换　信息在计算机内部都用二进制数来表示，但二进制的位数比较长，比如一个十进制数 128，用等值的二进制数来表示就需要 8 位，书写和识别起来很不方便也不直观。而八进制和十六进制数比二进制数就要短得多，同时二进制、八进制和十六进制之间存在特殊的关系：$8^1=2^3$；$16^1=2^4$，即 1 位八进制数相当于 3 位二进制数，1 位十六进制数相当于 4 位二进制数，因此它们之间转换也非常方便。在书写程序或数据时往往采用八进制数或十六进制数形式来表示等值的二进制数。

如表 1-2-3 所示根据二进制数和八进制数、十六进制数之间的关系，将二进制数转换为八进制数时，以小数点为起点向左右两边分组，每 3 位为一组，两头不足添 0 补齐 3 位（整数高位补 0，小数低位补 0 对数的大写不会产生影响）。例如：

将二进制数$(1011011.10111)_2$转换成八进制数：

$(\underline{001}\ \ \underline{011}\ \ \underline{011}\ .\ \underline{101}\ \ \underline{110})_2=(133.56)_8$
　1　　3　　3　　5　　6

将二进制数转换为十六进制数时，以小数点为起点向左右两边分组，每 4 位为一组，两头不足添 0 补齐 4 位。例如：

将二进制数$(1011011.10111)_2$转换成十六进制数：

$(\underline{0101}\ \ \underline{1011}\ .\ \underline{1011}\ \ \underline{1000})_2=(5B.B8)_{16}$
　5　　　B　　　B　　　8

反过来，将八进制数或十六进制数转换成二进制数，只要将 1 位八进制数或者十六进制数对应转换为 3 位或者 4 位二进制数即可。例如：

$(217.35)_8=(\underline{010}\ \ \underline{001}\ \ \underline{111}\ .\ \underline{011}\ \ \underline{101})_2=(10001111.011101)_2$
　　　　　2　　1　　7　　3　　5

$(46E.A8)_{16}=(\underline{0100}\ \ \underline{0110}\ \ \underline{1110}.\underline{1010}\ \ \underline{1000})_2=(10001101110.10101)_2$
　　　　　　4　　6　　E　　A　　8

　　　　　　整数部分的高位 0 和小数部分的低位 0 可以不写。

2.2.3 计算机中非数值信息的表示

日常生活中需要计算机处理的信息是多种多样的如文字、声音、图片、符号、图形等等，而计算机只能识别二进制数，为了让计算机能直接"读懂"这些信息，所以我们需要将这些非数值信息采用数字化编码的形式将其转换为计算机能直接识别的"0"和"1"。非数值信息非常多，我们重点了解两类非数值信息的编码方式，一类是西文字符，一类是中文汉字。

（1）字符编码

目前采用的字符编码主要是 ASCⅡ码，又叫美国信息交换标准码（American National Standard Code for Information Interchange）是由美国国家标准学会制定的。起始于 20 世纪 50 年代后期，在 1967 年定案。

ASCⅡ码使用指定的 7 位或 8 位二进制数组合来表示 128 或 256 种可能的字符，其中 7 位 ASCⅡ码叫做标准 ASCⅡ码，8 位 ASCⅡ码叫做扩展 ASCⅡ码。标准 ASCⅡ码用一个字节（8 位）来表示一个字符，最高位为 0，剩下的 7 位二进制数共有 $2^7=128$ 个不同的编码，包括了 0~9 共 10 个数字、52 个大小写英文字母、32 个标点符号和运算符以及 34 个控制字符。常用字符的 ASCⅡ 编码见表 1-2-4。

表 1-2-4 标准 ASCⅡ 码表

低4位＼高4位	0000	0001	0010	0011	0100	0101	0110	0111
0000	NUL	DLE	SP	0	@	P	`	p
0001	SOH	DC1	!	1	A	Q	a	q
0010	STX	DC2	"	2	B	R	b	r
0011	ETX	DC3	#	3	C	S	c	s
0100	EOT	DC4	$	4	D	T	d	t
0101	ENQ	NAK	%	5	E	U	e	u
0110	ACK	SYN	&	6	F	V	f	v
0111	BEL	ETB	'	7	G	W	g	w
1000	BS	CAN	(	8	H	X	h	x
1001	HT	EM	)	9	I	Y	i	y
1010	LF	SUB	*	:	J	Z	j	z
1011	UT	ESC	+	;	K	[	k	{
1100	FF	FS	,	<	L	\	l	|
1101	CR	GS	-	=	M	]	m	}
1110	SO	RS	.	>	N	^	n	~
1111	SI	US	/	?	O	_	o	DEL

从 ASCⅡ 码表可以看出，0~9，A~Z，a~z 按照从小到大的顺序排列，且小写字母比它对应的大写字母的 ASCⅡ 值大 32。比如字符"a"的 ASCⅡ 编码是 1100001，对应的十进制数是 97，则字符"b"的 ASCⅡ 码值就是 98，字符"A"的 ASCⅡ 码就是 65。

(2) 汉字编码

① 汉字编码字符集　ASCⅡ 码只对英文字母、数字、标点符号、控制字符等进行了编码，而计算机也需要处理、显示、存储汉字，因而对汉字字符也需要进行编码。为了满足国内在计算机中使用汉字的需要，中华人民共和国国家标准化管理委员会发布了一系列的汉字字符集国家标准编码，统称为 GB 码，或国标码。其中最有影响的是于 1980 年发布的《信息交换用汉字编码字符集基本集》，标准号为 GB 2312—80，因其使用非常普遍，也常被通称为国标码。

GB 2312 是一个简体中文字符集，由 6763 个常用汉字和 682 个全角的非汉字字符组成。其中汉字根据使用的频率分为两级：一级汉字 3755 个，按汉语拼音字母的次序排列；二级汉字 3008 个，按偏旁部首排列。由于字符数量比较大，GB2312 采用了二维矩阵编码法对所有字符进行编码。首先构造一个 94 行 94 列的方阵，对每一行称为一个"区"，每一列称为一个"位"，然后将所有字符填写到方阵中。这样所有的字符在方阵中都有一个唯一的位置，这个位置可以用区号、位号合成表示，称为字符的区位码。如汉字"国"出现在第 25 区（行）的第 90 位（列）上，其区位码为 2590。因为区位码同字符的位置是完全对应的，因此区位码同字符之间也是一一对应的。这样所有的字符都可通过其区位码转换为国标码。转换的方法是将汉字的区位码中的区号和位号分别转换成十六进制数，再分别加上 20H，就得到了该汉字的国标码。如汉字"国"的区位码是 2590D，则其国标码为 397AH。

GB2312 字符在计算机中存储是以其区位码为基础的，其中汉字的区码和位码分别占一个存储单元，每个汉字占两个存储单元。实际存储时，将汉字的区位码转换成存储码进行存储。

② 汉字的几种编码　汉字从输入、存储处理到输出都进行了不同方式的编码，计算机对汉字的处理过程实际上就是汉字各种编码间的转换过程，这些编码主要包括汉字输入码、汉字内码、汉字字形码等。

a. 汉字输入码　为通过键盘将汉字输入计算机而编制的各种代码叫做汉字输入码，也叫外码。目前汉字输入的编码研究非常多，已多达数百种，主要包括拼音编码和字形编码。常用的微软拼音、智能 ABC、搜狗拼音等就是拼音编码，五笔字型输入法就是字形编码。

b. 汉字内码　也叫机内码，汉字内码是在设备和信息处理系统内部存储、处理、传输汉字用的代码。一个汉字无论采用何种输入码，进入计算机后都会被转化为机内码才能进行传输、处理。目前的规则是将国标码的高位字节、低位字节各自加上 128D 或 80H。例如，"国"字的国标码是 397AH，每个字节加上 80H，"国"字的内码为 B9FAH。这样做的目的是使汉字内码区别于西文的 ASCⅡ，因为每个西文字母的 ASCⅡ的高位均为 0，而汉字内码的每个字节的高位均为 1。

c. 汉字字形码　经过计算机处理后的汉字信息，如果要显示或者打印输出就需要将汉字内码转化为人们能识别的汉字，用于在显示屏或打印机输出的就是汉字字形码，也称为字模码。通常用点阵、矢量表示。

用点阵表示时，字形码指的就是这个汉字字形点阵的代码。根据输出汉字的要求不同，点阵的多少也不同。简易型汉字为 16×16 点阵、普通型汉字为 24×24 点阵、提高型汉字为 32×32 点阵、48×48 点阵等。如果是 24×24 点阵，每行 24 个点就是 24 个二进制位，存储一行代码需要 3 个字节。那么，24 行共占用 3×24=72 个字节。计算公式：每行点数×行数/8。依此，对于 48×48 的点阵，一个汉字字形需要占用的存储空间为 48×48/8=288 个字节。

2.3　计算机系统的组成

想要更加全面地了解计算机，首先要知道计算机系统是怎么组成的。计算机是由硬件和软件两部分组成，硬件是计算机赖以工作的实体，是各种物理部件的有机结合，软件是控制计算机运行的灵魂，是由各种程序以及数据组成。计算机系统通过软件协调各硬件部件，并按照指定要求和顺序进行工作。

2.3.1　计算机系统简介

一个完整的计算机系统由计算机硬件系统和计算机软件系统两部分组成，如图 1-2-3 所示。计算机硬件系统是构成计算机系统的各种物理设备的总称，是计算机的实体，通常包括运算器、控制器、存储器、输入设备、输出设备五个部分。计算机软件系统是运行、管理和维护计算机的各类程序和数据及有关资料的总和。计算机的软件系统由系统软件和应用软件构成。

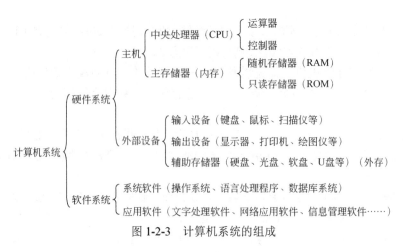

图 1-2-3 计算机系统的组成

没有安装任何操作系统和其他软件的计算机称为裸机，计算机系统层次结构如图 1-2-4 所示。

2.3.2 计算机硬件系统

计算机硬件系统是计算机的实体，也是计算机的物质基础，硬件系统的构成并不是仅仅只有日常我们观察到的外观所含各部件如图 1-2-5 所示，通常情况下，计算机的硬件系统由运算器、控制器、存储器、输入设备和输出设备五大部分组成。

（1）运算器

计算机中执行各种算术和逻辑运算操作的部件就是运算器。运算器包括寄存器、加法器和控制线路等组成，基本操作包括加、减、乘、除四则运算，与、或、

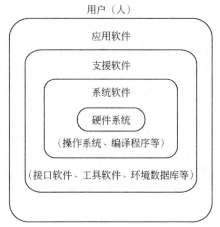

图 1-2-4 计算机系统层次结构

非、异或等逻辑操作，以及移位、比较等操作。计算机运行时，运算器的操作由控制器决定，运算器处理的数据来自存储器，处理后的结果数据通常送回存储器，或暂时寄存在运算器中。

图 1-2-5 计算机外观

(2) 控制器

控制器是指挥计算机的各个部件按照指令的功能要求协调工作的部件，是计算机的神经中枢和指挥中心。控制器主要负责从存储器中取指令，并对指令进行翻译，确定指令类型，根据指令要求负责向其他部件发出控制信息，保证各部件协调一致地工作。

① 指令和指令系统　为了让计算机按照人们的需求正常地进行工作，需要设计一系列命令指挥计算机运行，于是就产生了指令，指令就是计算机执行某种操作的命令。一条指令，通常包括两方面内容：操作码和操作数。其中，操作码通常表示执行什么操作；操作数给出参与操作的数据的地址，指明操作对象。操作数又分为源操作数和目的操作数，源操作数指明参加运行的操作数的来源，目的操作数指明保存运行结果的存储单元地址或寄存器名称。

指令的格式如表 1-2-5 所示。

表 1-2-5　指令的基本格式

操作码	操作数	
	源操作数（地址）	目的操作数（地址）

指令系统是指一台计算机所能执行的全部指令的集合。

② 指令的执行过程　计算机的工作过程就是按照控制器的控制信号自动、有序地执行指令的过程。一条指令的执行包括取指令、分析指令、生成控制信号、执行指令几个过程。

(3) 中央处理器（CPU）

运算器和控制器组成了中央处理单元，也就是人们通常所说的 CPU，也叫微处理器，如图 1-2-6 所示，这是计算机系统的核心部件，其重要性好比心脏对于人一样。实际上，处理器的作用和大脑更相似，因为它负责处理、运算计算机内部的所有数据。CPU 主要由运算器、控制器、寄存器组和内部总线等构成。

图 1-2-6　中央处理器

计算机的发展主要表现在其核心部件——微处理器的发展上，每当一款新型的微处理器出现时，就会带动计算机系统的其他部件的相应发展。微处理器的发展大体可划分为 6 个阶段。

第 1 阶段（1971～1973 年）是 4 位和 8 位低档微处理器时代，通常称为第 1 代，其典型产品是 Intel4004 和 Intel8008 微处理器。

第 2 阶段（1974～1977 年）是 8 位中高档微处理器时代，通常称为第 2 代，其典型产品是 Intel8080/8085。

第 3 阶段（1978～1984 年）是 16 位微处理器时代，通常称为第 3 代，其典型产品是 Intel 公司的 8086/8088。

第 4 阶段（1985～1992 年）是 32 位微处理器时代，又称为第 4 代。其典型产品是 Intel 公司的 80386/80486。

第 5 阶段（1993～2005 年）是奔腾（Pentium）系列微处理器时代，通常称为第 5 代。典型产品是 Intel 公司的奔腾系列芯片及与之兼容的 AMD 的 K6、K7 系列微处理器芯片。

第 6 阶段（2005 年至今）是酷睿（Core）系列微处理器时代，通常称为第 6 代。

(4) 存储器

存储器是具有存储记忆功能的设备，主要用来存放输入设备送来的程序和数据，以及运算器送来的中间结果和最后结果。

按照不同的标准存储器可分为不同的类别：按存储介质可分为半导体存储器和磁表面存储器；按信息保存性可分为非永久记忆的存储器和永久记忆性存储器；按用途可分为内存（主存储器、内部存储器）和外存（辅助存储器、外部存储器）。外存通常是磁性介质或光盘等，能长期保存信息。内存指主板上的存储部件，用来存放当前正在执行的数据和程序。

① 内存储器　内存储器简称内存，也称主存，如图 1-2-7 所示。它是计算机中重要的部件之一，是与 CPU 进行沟通的桥梁。计算机中所有程序的运行都是在内存储器中进行的，因此内存储器的性能对计算机的影响非常大。其作用是用于暂时存放 CPU 中的运算数据，以及与硬盘等外部存储器交换的数据。只要计算机在运行中，CPU 就会把需要运算的数据调到内存中进行运算，当运算完成后 CPU 再将结果传送出来。内存的特点是存储速度快，但存储容量小。

图 1-2-7　内存

内存一般采用半导体存储单元，包括随机存储器（RAM）和只读存储器（ROM）。

a．随机存储器　随机存储器既可以读（取）又可以写（存），主要用来存取系统运行时的程序和数据。RAM 的特点是存取速度快，但断电后存放的信息全部丢失。

随机存储器可分为动态存储器（DRAM）和静态存储器（SRAM）两大类。DRAM 的特点是集成度高，主要用于大容量内存储器；SRAM 的特点是存取速度快，主要用于高速缓冲存储器。

b．只读存储器　只读存储器顾名思义只能读出不能随意写入信息，其最大的特点是断电后其中的信息不会丢失。只读存储器一般用来存放一些固定的程序和数据，这些程序和数据在计算机出厂时由厂家一次性写入的，并永久保存下来。

常用的只读存储器有可编程 ROM（PROM）、可擦除可编程 ROM（EPROM）、电可擦除可编程 ROM（EEPROM）和快擦除 ROM（FROM）。

c．高速缓冲存储器　在计算机技术发展过程中，主存储器存取速度一直比中央处理器操作速度慢得多，使中央处理器的高速处理能力不能充分发挥，整个计算机系统的工作效率受到影响，为了解决中央处理器和主存储器之间速度不匹配的矛盾，大多计算机都采用了高速缓冲存储器。

内部存储器的主要性能指标有两个：存储容量和存取速度。存储容量是指一个存储器包含的存储单元总数；存取速度是指 CPU 从内存储器中存取数据所需的时间。

② 外部存储器

外部存储器又称为辅助存储器、外存，是指除计算机内存及 CPU 缓存以外的存储器。它的存储容量大，是内存容量的数十倍或者数百倍，是内存的补充和后援，此类存储器一般断电后仍然能保存数据。常见的外存储器有硬盘、光盘、移动存储器等。

a．硬盘　硬盘是微型计算机非常重要的外部存储器。硬盘具有存取容量大，存取速度快等优点。目前常见的硬盘分为机械硬盘、固态硬盘。机械硬盘采用磁性碟片来存储，固态硬盘采用闪存颗粒来存储。图 1-2-8 所示为机械硬盘和固态硬盘外观。

图 1-2-8　机械硬盘和固态硬盘外观

一个硬盘内部包含多个盘片，这些盘片被安装在一个同心轴上，每个盘片有上下两个盘面，每个盘面被划分为磁道和扇区。硬盘的每一个盘面有一个读写磁头，磁头是硬盘中最昂贵的部件，也是硬盘技术中最重要和最关键的一环，使用硬盘时应尽量避免振动，防止硬盘磁头损坏导致硬盘不可用。当磁盘旋转时，在磁盘表面划出的圆形轨迹就叫做磁道。磁盘上的每个磁道被等分为若干个弧段，这些弧段便是磁盘的扇区，每个扇区可以存放 512 个字节的信息，磁盘读写的物理单位是以扇区为单位。硬盘通常由重叠的一组盘片构成，每个盘面都被划分为数目相等的磁道，并从外缘的"0"开始编号，具有相同编号的磁道形成一个圆柱，称之为磁盘的柱面。图 1-2-9 所示为柱面、磁道与扇区示意图。图 1-2-10 所示为硬盘内部结构。

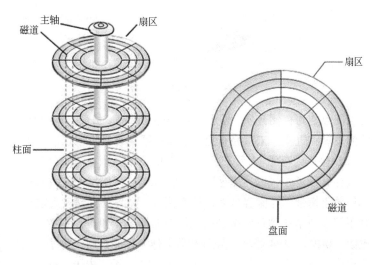

图 1-2-9　柱面、磁道与扇区示意图

硬盘的主要性能指标有硬盘容量和转速。硬盘的容量=柱面数×盘面数×扇区数×512B。硬盘转速是指硬盘主轴的旋转速度，单位为转/分钟（r/min），转速是决定硬盘内部传输率的关键因素之一，在很大程度上直接影响硬盘的传输速度。目前市面上硬盘的容量有 1T，2T，3T 等，转速一般为 5400r/min 和 7200r/min。

b. 光盘　光盘是以光信息作为存储的载体并用来存储数据的一种物品。如图 1-2-11 所示。光盘存储器具有存储容量大，记录密度高，读取速度快，可靠性高，环境要求低的特点。光盘携带方便，价格低廉，目前已经成为存储数据的重要手段。光盘可分为不可擦写光盘和可擦写光盘两种。

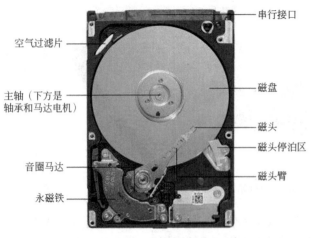

图 1-2-10　硬盘内部结构　　　　　　图 1-2-11　光盘外观

c．移动存储设备　移动存储设备顾名思义，就是可以在不同终端间移动的存储设备，大大方便了资料存储。常见的移动存储设备主要有移动硬盘、U 盘、闪存卡。图 1-2-12 所示为移动硬盘和 U 盘。

图 1-2-12　移动硬盘和 U 盘

移动硬盘是以硬盘作为存储介质，便于携带的存储产品。目前，移动硬盘的容量已达太字节级，随着科技的发展和进步，未来将有更大容量的移动硬盘推出以满足用户的需求。

U 盘全称"USB 接口闪存盘"，英文名"USB flash disk"。U 盘的称呼最早来源于朗科公司生产的一种新型存储设备，名曰"优盘"，也叫"U 盘"，使用 USB 接口进行连接。其最大的特点就是：小巧便于携带、存储容量大、价格便宜。是移动存储设备之一。

闪存卡是利用闪存技术达到存储电子信息的存储器，一般应用在数码相机、掌上电脑、MP3、MP4 等小型数码产品中作为存储介质，样子小巧，犹如一张卡片，所以称之为闪存卡。如图 1-2-13 所示。由于闪存卡本身并不能直接被电脑辨认，读卡器就是一个两者的沟通桥梁。读卡器使用 USB1.1/USB2.0 的传输介面，支持热拔插。与普通 USB 设备一样，只需插入电脑的 USB 端口，然后插用存储卡就可以使用了。

图 1-2-13　闪存卡

（5）输入设备

输入设备是指向计算机输入各种数据、程序及各种信息的设备，是计算机和用户之间进行信息交换的桥梁。常用的输入设备有：键盘、鼠标、扫描仪、条形码阅读器、数码摄影机等。

① 键盘　键盘是字母、数字等信息的输入装置，是计算机必不可少的输入设备。图 1-2-14 所示为键盘及其使用指法。

② 鼠标　其标准称呼应该是"鼠标器"，英文名"Mouse"，鼠标的使用是为了使计算机

的操作更加简便快捷，来代替键盘复杂的指令。图 1-2-15 所示为鼠标外观。

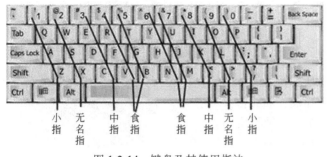

图 1-2-14　键盘及其使用指法　　　　　　　　　图 1-2-15　鼠标外观

鼠标的主要操作有左键单击、右键单击、双击（连续按下鼠标左键两次）、拖动（按住鼠标左键不放）等。

(6) 输出设备

输出设备是计算机系统的终端设备，用于接收计算机数据的输出显示、打印等。即把各种结果以数字、文字、图形、图像、声音等形式表现出来。常见的输出设备有显示器、打印机、绘图仪等。

显示器是微信计算机系统中最基本,最必不可少的输出设备。根据显示器的显示原来不同，可分为阴极射线管显示器（CRT）、等离子显示器 PDP、液晶显示器 LCD 等。分辨率是显示一项重要的指标参数，分辨率反应屏幕图像的精密度，是指显示器所能显示的像素有多少。由于屏幕上的点、线和面都是由像素组成的，显示器可显示的像素越多，画面就越清晰。图 1-2-16 所示为常见的显示器。

图 1-2-16　常见的显示器

显示器必须配置正确的适配器才能构成完整的显示系统。显示适配器俗称显卡，是主机与显示器之间的接口电路。它的主要功能是将要显示的信息的内码转换成图形点阵，并同步形成视频信号，输出给显示器。

(7) 其他硬件设备

计算机的硬件除以上五大部分外，还有一些也是必不可少的，下面我们重点介绍主板和总线。

① 主板　主板又叫主机板、系统板或母板（Motherboard），它安装在机箱内，是微机最基本的也是最重要的部件之一。主板一般为一块矩形印刷电路板，上面安装了组成计算机的主

要电路系统。主板是整个计算机的中枢，所有部件及外设都是通过主板与处理器连接在一起，并进行通信，然后由处理器发出相应的指令，执行操作。图 1-2-17 所示为主板。

② 总线 在计算机系统中，各个部件之间传送信息的公共通路叫总线。按照计算机所传输的信息种类，计算机的总线可以划分为数据总线、地址总线和控制总线，分别用来传输数据、数据地址和控制信号。总线是一种内部结构，它是 CPU、内存、输入、输出设备传递信息的公用通道，主机的各个部件通过总线相连接，外部设备通过相应的接口电路再与总线相连接，从而形成了计算机硬件系统。

图 1-2-17 主板

2.3.3 计算机的软件系统

一个完整的计算机系统必须软硬件齐全且合理地协调配合，才能正常工作。计算机的软件系统是指计算机在运行的各种程序、数据及相关的文档资料。一般根据软件的用途将其分为系统软件和应用软件两大类。系统软件能保证计算机按照用户的意愿正常运行，为满足用户使用计算机的各种需求，帮助用户管理计算机和维护资源执行用户命令、控制系统调度等任务。应用软件能满足用户使用需求，实现某一专门的应用目的。

（1）系统软件

系统软件是指管理、控制、维护计算机软硬件资源以及支持其他软件应用的软件。它担负着控制和协调计算机及其外部设备、支持应用软件的开发和运行的任务。系统软件一般包括操作系统、语言处理程序、数据库系统等。

① 操作系统 操作系统（Operating System，简称 OS）是管理和控制计算机硬件与软件资源的计算机程序，任何其他软件都必须在操作系统的支持下才能运行。

操作系统是用户和计算机的接口，同时也是计算机硬件和其他软件的接口。操作系统是一个庞大的控制管理系统，大致包括 5 个方面的管理功能。

a．处理器管理 处理器是完成运算和控制的设备。在多个程序运行时，每个程序都需要一个处理器，而一般计算机中只有一个处理器，操作系统的一个功能就是安排好处理器的使用权。

b．存储管理 计算机的内存中有成千上万个存储单元，都存放着程序和数据。操作系统负责统一安排与管理存储器各个存储单元的使用，何处存放哪个程序，何处存放哪个数据。

c．设备管理 计算机系统中配有各种各样的外部设备。操作系统的设备管理功能采用统一管理模式，自动处理内存和设备间的数据传递，从而减轻用户为这些设备设计输入输出程序的负担。

d．作业管理 作业是指独立的、要求计算机完成的一个任务。操作系统的作业管理功能可以使有多个运行任务时用户能够合理地共享计算机系统资源。

e．文件管理 计算机系统中的程序或数据都要存放在相应存储介质上。为了便于管理，操作系统把相关的信息集中在一起，称为文件。操作系统的文件管理功能就是负责这些文件的存储、查找、更新和共享。

常见的操作系统有 DOS、Windows、Linux、Unix、Nerware 等，目前，被广泛使用的操作系统是 Windows 操作系统。Windows 操作系统是微软公司为微型计算机开发的一款基于视窗的操作系统，通过鼠标的操作指挥计算机工作，它为用户提供了最友好的操作界面。

② 语言处理程序　人与人交流需要语言，计算机和人交流同样需要语言。计算机和人交换信息所使用的语言称为计算机语言或者程序设计语言，是用于开发和编写软件的基本工具。程序设计语言一般分为 3 类：机器语言、汇编语言和高级语言。

机器语言是由二进制 0、1 代码构成，是唯一能被计算机直接识别的语言。由于机器语言是一组 0 和 1 组成的字符串，所以难编写、难修改、难维护，程序可读性差。

汇编语言是一种面向机器的程序设计语言，用助记符代替操作码，用地址符号代替操作数。由于汇编语言是机器语言的符号化，与机器语言存在着直接的对应关系，所以汇编语言同样存在着难学难用、容易出错、维护困难等缺点。但是汇编语言也有自己的优点：可直接访问系统接口，汇编程序翻译成机器语言程序的效率高。

高级语言是面向用户的、独立于计算机种类和结构的语言。其最大的优点是：直接使用人们习惯的、易于理解的字母、数字、符号来表达，高级语言的一个命令可以代替几条、几十条甚至几百条汇编语言的指令。因此，高级语言易学易用，通用性强，应用广泛。

常用的高级语言有两类，一种是面向过程的，称为过程化语言，如 BASIC、PASICAL、C 语言等。一种是面向非过程化的，面向对象的语言，如 C++、VB、JAVA 等。

除机器语言外，其他语言编写的程序计算机都无法直接识别，需要将用程序设计语言编写的源程序转换成机器语言目标程序的形式，以便计算机能够运行，这一转换是由翻译程序来完成的。翻译程序除了要完成语言间的转换外，还要进行语法、语义等方面的检查，翻译程序统称为语言处理程序。这种"翻译"通常有两种方式：编译方式和解释方式。

编译方式是把源程序全部翻译成机器语言目标程序，然后计算机再运行此目标程序，以完成源程序要处理的运算并取得结果。

解释方式是将源程序输入计算机后逐句翻译，翻译一句执行一句，边翻译边执行，不产生目标程序。

③ 数据库系统　数据库系统包括数据库和数据库管理系统。数据库是在计算机里建立的一组相互关联的数据集合。数据库管理系统是用户用来建立、管理、维护、使用数据库的系统软件，是数据库系统的核心组成部分。用户通过数据库管理系统可以实现对计算机中的数据进行有效地查询、检索、管理。

较为常用的数据库管理系统有 Visual Foxpro、Microsoft Access、Oracle、SQL Server 等。

(2) 应用软件

应用软件是指为特定领域开发、并为特定目的服务的一类软件。应用软件是直接面向用户需要的，它们可以直接帮助用户提高工作质量和效率，甚至可以帮助用户解决某些难题。

在计算机软件中应用软件的种类最多，常见的应用软件包括办公软件（如微软公司开发的 Office、金山公司开发的 WPS 等）、多媒体处理软件（如 Photoshop、Flash、绘声绘影等）、网络工具软件（如 Web 浏览器、邮件收发软件 Outlook、下载工具、聊天工具等）、信息管理软件（如人事管理系统、学籍管理系统、工资管理系统、仓库管理系统等）

(3) Windows 操作系统文件和文件夹的基本操作

对文件的管理应是 Windows 操作系统的基本功能之一，包括文件和文件夹的创建、查看、复制、移动、删除、搜索、重命名等操作。

① 选定文件或文件夹　在 Windows 中，对文件或文件夹进行操作之前，必须先选定文件或文件夹。选定的文件或文件夹的名字表现为深色加亮。

选定单个文件或文件夹：单击目标文件名或文件夹名。

选定多个文件或文件夹：单击要选定的第 1 个文件或文件夹，按下"Shift"键单击最后一个文件或文件夹，也可以用鼠标拖动进行框选。

选定多个非连续的文件或文件夹：按下"Ctrl"键单击要选的每一个文件或文件夹。

全部选定文件或文件夹：选择"主页"→"全部选定"命令，或按快捷键【Ctrl+A】完成。

② 移动、复制文件和文件夹　复制或移动文件和文件夹的操作方法主要有下面 4 种。

a．使用鼠标左键
- 同盘复制：按住"Ctrl"键拖动到目标位置。
- 同盘移动：按住"Shift"键拖动或者直接拖动到目标位置。
- 不同盘复制：按住"Ctrl"键拖动或者直接拖动到目标位置。
- 不同盘移动：按住"Shift"键拖动到目标位置。

在进行移动操作时，鼠标指针形状为 ；在进行复制操作时，鼠标指针形状为 。

b．使用右键拖动　选定一个或多个对象，用右键将其拖动到目标位置，释放鼠标后，在弹出的快捷菜单中根据需要选择"复制到当前位置"或"移动到当前位置"命令。

c．使用菜单　右击选定的对象，在弹出的快捷菜单中选择"复制"或"剪切"命令，然后打开目标文件夹，使用"粘贴"命令或选定对象，打开"主页"组，选择"复制"或"粘贴"，然后打开目标文件夹，选择"主页"组中的"粘贴"命令。

d．使用快捷键　选定对象，按快捷键【Ctrl+C】或者【Ctrl+X】，然后选择目标文件夹，按快捷键【Ctrl+V】。

③ 删除与恢复文件或文件夹　要删除文件或文件夹，选定对象后，可以采用如下的操作方法。

a．选定需删除的对象，然后按"Delete"键。这时，Windows 打开"确认文件删除"对话框，询问用户是否要把文件或文件夹放入回收站中，单击"是"按钮。

b．选定需要删除的对象，选择"主页"→"删除"命令。

c．右击需要删除的对象，在弹出的快捷菜单中选择"删除"命令。

d．直接拖动需要删除的对象到"回收站"图标上。

使用上述方法删除的本地磁盘中的对象，其实并未真正从磁盘中删除，只是被放入了回收站。用户可在清空回收站之前，右击选定的对象，在弹出的快捷菜单中选择"还原"命令来恢复。

按【Shift+Delete】组合键，则选定对象会被直接删除而不会被放入"回收站"。

④ 文件或文件夹的更名　文件或文件夹的更名可采用下面 4 种方法。

a．右击需要更名的文件或文件夹，在弹出的快捷菜单中选择"重命名"命令，输入新名称，按"Enter"键完成更名。

b．选定要更名的文件或文件夹，选择"主页"→"重命名"菜单命令，输入新名称，按"Enter"键完成更名。

c．选定要更名的文件或文件夹，按功能键"F2"，输入新名称，按"Enter"键完成更名。

d．选定更名的文件或文件夹，点击该文件或文件夹的名称，输入新名称，按"Enter"键完成更名。

⑤ 快捷方式　快捷方式是对系统各种资源的链接，一般通过快捷图标来表示，使用户可以方便、快捷地访问系统资源。右击需要创建快捷方式的对象，选择"创建快捷方式"。快捷方式可建立在桌面、库、"开始"菜单、"程序"菜单或文件夹中。

⑥ 文件或文件夹共享　共享文件或文件夹就是将某个计算机中的文件或文件夹和其他计算机

进行分享。将其他位置的文件或文件夹设置为共享，可以右击需要共享的文件，将鼠标移动到弹出的快捷菜单"授予访问权限"选项，在弹出的子菜单中选择删除用户或特定用户，如图 1-2-18 所示。

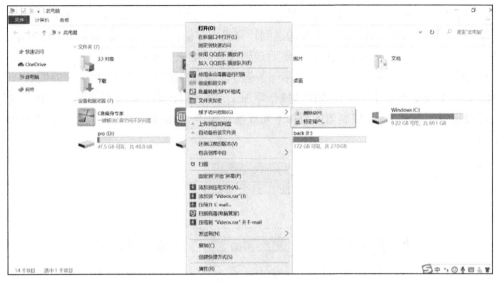

图 1-2-18　文件夹共享

删除访问：用户可以删除与其共享的所有人的权限。

特定用户：选择该选项将打开文件共享向导，用户可以选择与其共享的单个用户。

⑦ 文件夹的属性　文件和文件夹的属性记录了文件和文件夹的详细信息，广义的文件属性主要包括常规信息，如对象名称、对象类型、大小、位置等；狭义的文件属性一般包括只读、隐藏。

a．只读　只能对文件进行读的操作，不能删除、修改或保存。

b．隐藏　在通常情况下不显示该文件，以防止泄密或被误删除等。

查看文件或文件夹的属性，可以右击文件或文件夹，在弹出的快捷菜单中选择"属性"进行查看。如图 1-2-19 所示。

图 1-2-19　文件和文件夹属性

第 2 章　计算机基础知识

2.3.4 计算机工作原理和工作过程

计算机的基本原理是存储程序控制原理,这一原理最初是由美籍匈牙利数学家冯·诺依曼于 1945 年提出来的,故称为冯·诺依曼原理。预先要把指挥计算机如何进行操作的指令序列(称为程序)和原始数据通过输入设备输送到计算机内存储器中。每一条指令中明确规定了计算机从哪个地址取数,进行什么操作,然后送到什么地址去等步骤。

计算机在运行时,先从内存中取出第一条指令,通过控制器的译码,按指令的要求,从存储器中取出数据进行指定的运算和逻辑操作等加工,然后再按地址把结果送到内存中去。接下来,再取出第二条指令,在控制器的指挥下完成规定操作,依此进行下去,直至遇到停止指令。如图 1-2-20 所示。

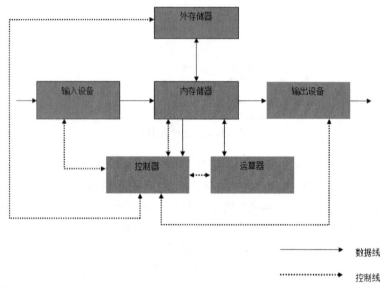

图 1-2-20 计算机硬件各部件工作过程示意图

2.3.5 微型计算机的性能指标

判断一台微型计算机的性能好坏,主要从以下几个指标考虑。

(1) 字长

字长也叫机器字长,是指计算机的运算部件能同时处理的二进制数据的位数。字长越长,精度越高,速度也越快,但价格也越昂贵。当前微型计算机的字长有 32 位、64 位。

(2) 主频

又叫时钟频率,是指计算机 CPU 在单位时间发出的脉冲数。它在很大程度上决定了计算机的运算速度,主频的单位是兆赫兹(MHz)或吉赫兹(GHz)。时钟频率越高,计算机的性能越好。当然 CPU 的主频可达 1.5GHz 以上。

(3) 运算速度

运算速度是指单位时间内执行的计算机指令数。单位是次/秒或百万次/秒(MIPS)。

(4) 内存容量

内存容量是指内存储器能存储的信息的总字节数,一般说来,内存容量越大,计算机的处理速度越快。内存容量越大,计算机性能越好。

（5）内核数

CPU 内核数指 CPU 内执行指令的运算器和控制器的数量。所谓多核处理器就是在一块 CPU 上集成两个或者两个以上的处理器核心。多核处理器已成为市场主流，大大提高了 CPU 的多任务处理性能。

2.4 计算机病毒及其预防

1983 年 11 月，在一次国际计算机安全学术会议上，美国学者科恩第一次明确提出计算机病毒的概念，并进行了演示。当前计算机病毒已成为破坏计算机信息系统运行安全非常重要的因素之一。

2.4.1 计算机病毒概述

（1）什么是计算机病毒

计算机病毒与医学上的"病毒"不同，计算机病毒不是天然存在的，是人利用计算机软硬件缺陷编制的一组指令集或程序代码。它能潜伏在计算机的存储介质（或程序）里，条件满足时即被激活，对计算机资源进行破坏，影响计算机的正常运行和工作。

《中华人民共和国计算机信息系统安全保护条例》中明确定义，计算机病毒指"编制者在计算机程序中插入的破坏计算机功能或者破坏数据，影响计算机使用并且能够自我复制的一组计算机指令或者程序代码"。

（2）计算机病毒的特征

① 传染性　计算机病毒的传染性是指计算机病毒或其变体从一个程序体或一个部件复制到另一个无毒的程序体或部件的过程。复制后导致其他无毒的程序体或部件也感染病毒，从而无法正常工作。传染性是计算机病毒的基本特征。

② 破坏性　计算机中毒后，可能会导致正常的程序无法运行，把计算机内的文件删除或受到不同程度的损坏，破坏引导扇区、BIOS 及其他硬件环境。计算机病毒对计算机的破坏严重时可以导致系统全面崩溃。

③ 潜伏性　计算机病毒的潜伏性是指计算机病毒感染系统后不会立即发作，而是依附于其他媒体寄生，并可长期隐藏于系统中，潜伏到其特定条件成熟才启动破坏模块。

④ 隐蔽性　计算机病毒具有很强的隐蔽性，在进入计算机系统并破坏数据的过程中用户难以察觉，而且其破坏性也难以预料。可以通过病毒软件检查出来少数，隐蔽性计算机病毒时隐时现、变化无常，这类病毒处理起来非常困难。

⑤ 可激发性　编制计算机病毒的人，一般都为病毒程序设定了一些触发条件，一旦条件满足，计算机病毒就会立即发作，使系统遭到破坏。

（3）计算机病毒的分类

计算机病毒种类繁多而且复杂，按照不同的标准可以有多种不同的分类方法。同时，根据不同的分类方法，同一种计算机病毒也可以属于不同的计算机病毒种类。

① 按其破坏性分类

a. 这类病毒对计算机系统不产生直接破坏作用，但会争抢 CPU 的控制器，导致整个系统变慢或锁死。

b. 在传染和发作时会对计算机系统产生直接破坏作用，其代码中包含有损伤和破坏计算机系统的操作。

② 按其传染方式分类

a. 主要通过软盘、U盘、光盘等移动存储介质在操作系统中传播，感染引导区，蔓延到硬盘，并能感染到硬盘中的主引导记录。

b. 也称为寄生病毒。它运行在计算机存储器中，通常感染扩展名为.COM、.EXE等类型的文件。

c. 具有引导区型病毒和文件型病毒两者的特点。

d. 是一种寄存在Microsoft Office文档或模板中的宏中的病毒，宏病毒一旦发作会影响文档的各种操作。

③ 按其入侵途径分类

a. 因其直接感染操作系统，这类病毒的危害性较大，可以导致整个系统瘫痪。

b. 攻击高级语言编写的源程序，在源程序编译之前插入其中，并随源程序一起编译、连接成可执行文件。源码型病毒较为少见，亦难以编写，但一旦插入，其破坏性极大。

c. 这类病毒只攻击某些特定程序，针对性强。一般情况下难以被发现，清除起来也较困难。

d. 通常将自身附在正常程序的开头或结尾，相当于给正常程序加了个外壳。大部分的文件型病毒都属于这一类。

④ 按其编写算法分类

a. 这类病毒并不改变文件本身，它们根据算法产生.EXE文件的伴随体，当加载文件时，伴随体优先被执行到，再由伴随体加载执行原来的.EXE文件。

b. 通过计算机网络传播，不改变文件和资料信息，利用网络从一台机器内存中传播到其他机器的内存中，一般除了内存不占用其他资源。

c. 除了伴随和蠕虫型，其他病毒均可称为寄生型病毒，它们依附在系统的引导扇区或文件中。

2.4.2 计算机病毒的预防

计算机病毒对计算机系统造成的破坏和危害非常大，因此要有足够的警惕性来防范计算机病毒的侵扰。计算机感染病毒后，用反病毒软件进行查杀，都难以保证病毒被清除干净，最彻底的消除病毒的方法就是对磁盘进行格式化，这样会对用户造成极大的影响，所以对计算机病毒应该是以预防为主。

计算机病毒主要通过移动存储介质和计算机网络两大途径进行传播，对计算机病毒最好的预防措施就是要求用户养好良好的使用计算机的习惯，具体可有以下措施。

① 使用防病毒软件　安装正版的防火墙和杀毒软件并根据实际需求进行安全设置。定期进行全盘扫描，发现病毒及时清除，及时更新升级杀毒软件。常用的杀毒软件有360杀毒、金山毒霸、瑞星、诺顿等。

② 定期备份资料和数据　定期备份重要数据文件，以免系统感染病毒后无法恢复而导致重要数据的丢失。

③ 慎用网络数据或程序　不轻易打开来历不明的电子邮件，尽量使用具有查杀病毒功能的邮箱；对网上下载的数据或程序最好先检测再使用；不随意在网上点击不明链接。

④ 不随便在计算机上使用外部存储设备　未经检测过的外部存储设备不轻易接入计算机，在使用前应首先使用杀毒软件进行查毒。

2.5　计算机网络基础知识

计算机网络技术是当今计算机学科中发展最为迅速的技术之一。它的应用非常广泛几乎涵盖了社会的各个领域，如政务、军事、科研、文化、教育、经济、商业、娱乐等，它正改变着人们的工作方式、生活方式和思维方式。

2.5.1　计算机网络概述

（1）计算机网络的定义

计算机网络是指利用通信线路和通信设备将地理上分散的、具有独立功能的计算机按不同的结构连接起来，以功能完善的网络软件及协议实现资源共享和数据通信的系统。

从整体上来说计算机网络就是把分布在不同地理区域的计算机与专门的外部设备用通信线路互联成一个规模大、功能强的系统，从而使众多的计算机可以方便地互相传递信息，共享硬件、软件、数据信息等资源。

（2）计算机网络的功能

计算机网络的主要功能是实现计算机之间的资源共享和数据通信。

① 资源共享　资源包括硬件资源、软件资源和各种数据信息。硬件资源包括各种类型的计算机、大容量存储设备、计算机外部设备，如打印机等。软件资源包括操作系统及各种应用软件等。共享的目的是让网络上的每一个人都可以访问所有的程序、设备和数据，让资源摆脱地理位置的束缚。

② 数据通信　数据通信是指在两个计算机或终端之间进行信息交换和数据传输。可以传输各种类型的信息包括数据信息和图形、图像、声音、视频流等各种多媒体信息。

（3）计算机网络的发展过程

计算机网络的演变过程大致可以划分为四个阶段。

① 远程终端联机阶段　20 世纪 50 年代，以单个计算机为中心的远程联机系统将彼此独立发展的计算机技术与通信技术结合起来，完成了数据通信技术与计算机通信网络的研究，为计算机网络的产生做好了技术准备，奠定了理论基础。

② 计算机网络阶段　20 世纪 60 年代，由若干个计算机互连的系统，呈现出多处理中心的特点，以美国的 ARPANET 与分组交换技术为重要标志。ARPANET 是计算机网络技术发展中的一个里程碑，它的研究成果对促进网络技术的发展起到了重要的作用，为 Internet 的形成奠定了基础。

③ 计算机网络互联阶段　由于单一的计算机局域网络无法满足网络的多样性要求，20 世纪 70 年代中后期，出现了统一的网络体系结构、统一的国际标准化协议将分布在不同地理位置上的单个计算机网络相互连接起来。

④ 因特网阶段　20 世纪 80～90 年代是网络互联发展时期，ARPANET 网络的规模不断扩大，将全球无数的公司、校园、和个人用户联系起来，最终演变成今天几乎覆盖全球每一个角落的 Internet。

(4) 计算机网络的分类

计算机网络的分类标准有很多种,按照不同的标准可划分为不同的类别。根据网络覆盖的地理范围和规模分类是最普遍采用的分类方法,它能较好地反映计算机网络的本质特征。

① 按照网络覆盖的地理位置可分为局域网(LAN)、广域网(WAN)和城域网(MAN)。

局域网是连接近距离计算机的网络,覆盖范围从几米到数公里。例如办公室或实验室的网、校园网等。局域网数据传输速率较高、误码率较低,易于建立、维护和扩展。广域网其覆盖的地理范围从几十公里到几千公里,覆盖一个国家、地区或横跨几个洲。例如我国的公用数字数据网、电话交换网属于广域网。城域网它是介于广域网和局域网之间的一种高速网络,覆盖范围为几十公里,大约是一个城市的规模。

② 按交换方式可分为线路交换网络、报文交换网络和分组交换网络。

③ 按网络拓扑结构可分为星型网络、树型网络、总线型网络、环型网络和网状网络。

2.5.2 网络拓扑结构

计算机网络拓扑结构是将构成网络的结点和连接结点的线路抽象成点和线,用几何关系表示网络结构,从而反映出网络中各实体的结构关系。常见的网络拓扑结构主要有总线型、星型、环型、树型、网状型。

(1) 总线型

总线型拓扑结构是将网络中的所有设备通过相应的硬件接口直接连接到公共总线上,一个结点发出的信息,总线上的其它结点均可接收到。优点:结构简单、布线容易、可靠性较高,是局域网常采用的拓扑结构。缺点:所有的数据都需经过总线传送,总线成为整个网络的瓶颈;出现故障诊断较为困难。总线型网络拓扑结构如图 1-2-21 所示。

(2) 星型

每个结点都由一条单独的通信线路与中心结点连接。优点:结构简单、容易实现、便于管理,连接点的故障容易监测和排除。缺点:中心结点是全网络的关键,中心结点出现故障会导致网络的瘫痪。星型网络拓扑结构如图 1-2-22 所示。

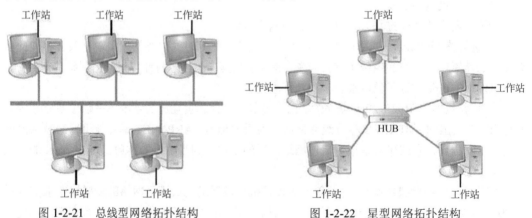

图 1-2-21 总线型网络拓扑结构　　图 1-2-22 星型网络拓扑结构

(3) 环型

各结点通过通信线路组成闭合回路,环中数据只能单向传输。优点:结构简单、容易实现,适合使用光纤,传输距离远。缺点:环网中任意结点出现故障都会造成网络瘫痪,另外故障诊断也较困难。环型网络拓扑结构如图 1-2-23 所示。

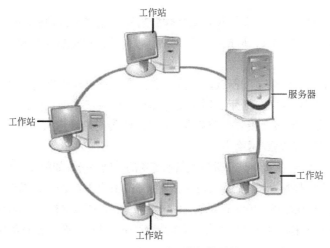

图 1-2-23　环型网络拓扑结构

(4) 树型

是一种层次结构，结点按层次连接，信息交换主要在上下结点之间进行，相邻结点或同层结点之间一般不进行数据交换。优点：连接简单，维护方便，适用于汇集信息的应用要求。缺点：资源共享能力较低，可靠性不高，任何一个工作站或链路的故障都会影响整个网络的运行。树型网络拓扑结构如图 1-2-24 所示。

(5) 网状型

又称作无规则结构，结点之间的连接是任意的，没有规律。优点：系统可靠性高，比较容易扩展，但是结构复杂，每一结点都与多点进行连接，必须采用流量控制。目前广域网基本上采用网状拓扑结构。网状型网络拓扑结构如图 1-2-25 所示。

图 1-2-24　树型网络拓扑结构　　　　图 1-2-25　网状型网络拓扑结构

2.5.3　计算机网络系统的组成

跟计算机系统相似，计算机网络系统的组成也包括网络硬件部分和网络软件部分。硬件部分主要包括计算机系统、网络传输介质、网络设备；软件部分主要包括网络操作系统、传输协议、网络应用软件。

(1) 计算机网络硬件系统

① 网络传输介质　网络传输介质是指网络中发送方与接收方之间的物理通路，常用的传输介质分为有线传输介质和无线传输介质两大类。有线传输介质主要有双绞线、同轴电缆和光纤。双绞线和同轴电缆传输电信号，光纤传输光信号。无线传输介质主要有微波、红外线、激光等。

② 网络设备　除了计算机系统和网络传输介质外，还需要各种网络设备才能将不同位置上独立工作的计算机连接起来，形成计算机网络。常见的网络设备主要有网卡、集线器、交换机、路由器等。

　　a．网卡　网卡也叫网络适配器或网络接口卡，是计算机与外界局域网连接时主机箱内插入的一块接口板。如图 1-2-26 所示。网卡是计算机网络系统中最重要的连接设备之一。网卡的主要功能一方面是将网络上接收来的数据，通过总线传送给计算机，另一方面是将计算机中的数据进行封装转换后传输到网络上。

　　b．集线器　集线器（Hub）属于数据通信系统中的基础设备，如图 1-2-27 所示。它工作在局域网环境，是计算机和服务器之间的连接设备。集线器的主要功能是对接收到的信号进行再生整形放大，以扩大网络的传输距离。Hub 在功能上跟中继器一样，所以又被看作是一种多端口的中继器或转发器，当以 Hub 为中心设备时，网络中某条线路产生了故障，并不影响其他线路的工作。

　　常见的集线器接口数量有 8 口、16 口、24 口等。

图 1-2-26　网卡　　　　　　　　　　　图 1-2-27　集线器

　　c．交换机　交换机（Switch）是集线器的升级换代产品，所以交换机也是一种网络集中设备。如图 1-2-28 所示。集线器在某一时刻只能进行数据接收或数据发送，而交换机同时允许接收和发送数据。从理论上讲交换机传输速度比集线器增加一倍，交换机的出现大大改善了网络性能，显著地提高了网络运行速度。

　　d．路由器　路由器（Router）是将局域网接入广域网或将处于不同位置的局域网通过广域网互联起来的网络设备。如图 1-2-29 所示。路由器是互联网络的枢纽，也是互联网的主要结点设备。它不仅能实现连接功能，还能对不同网络或网段之间的数据进行"翻译"，以便互联起来的各个网络之间能互相"理解"对方。

图 1-2-28　交换机　　　　　　　　　　图 1-2-29　路由器

　　(2) 计算机网络软件系统
　　① 网络协议　不同的计算机有不同的"语言"，接入到网络中的计算机要能实现相互通信

和数据交换，就得有一套统一的彼此都能识别的"语言"，这就是网络协议。网络协议是指为计算机网络中进行数据交换而建立的规则、标准或约定的集合。

网络协议是由三个要素组成：

a．语义部分规定了需要发出什么样的控制信息，以及完成哪些动作、做出什么响应。

b．语法部分规定了用户数据与控制信息的写法和格式。

c．变换规则规定数据交换的要求、标准、法则。

人们形象地把这三个要素描述为：语义表示要做什么操作，语法表示操作的对象，变换法则表示怎么做。

② 网络参考模型　为了使不同计算机厂家生产的计算机能够相互通信，以便在更大的范围内建立计算机网络，国际标准化组织（ISO）在 1978 年提出了"开放系统互联参考模型"，即著名的 ISO/OSI 模型，简称 OSI 模型。它将计算机网络体系结构的通信协议划分为七层，自下而上依次为：物理层、数据链路层、网络层、传输层、会话层、表示层、应用层。上三层总称应用层，用来控制软件方面。下四层总称数据流层，用来管理硬件。除了物理层之外其他层都是用软件实现的。如图 1-2-30 所示。

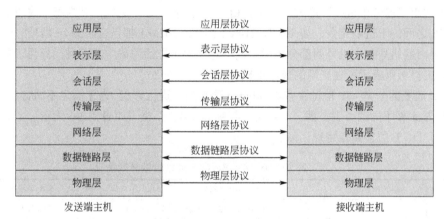

图 1-2-30　OSI 网络参考模型分层结构

③ TCP/IP 协议　TCP/IP 协议即传输控制协议/网际协议，是 Internet 最基本的协议，其主要作用是实现各种网络和计算机的互联通信。它由网络层的 IP 协议和传输层的 TCP 协议组成。TCP/IP 定义了计算机如何连入因特网，以及数据如何在它们之间传输的标准。TCP 负责发现传输的问题，一有问题就发出信号，要求重新传输，直到所有数据安全正确地传输到目的地。而 IP 是给因特网的每一台联网设备规定一个地址。

TCP/IP 实际上是一组协议，它包括了上百个各种功能的协议，采用了四层的层级结构即应用层、传输层、网络层、网络访问层。应用层是 TCP/IP 协议的最高层，其功能跟 OSI 模型的最高三层相似。

2.5.4　国际互联网基础知识

国际互联网，即 Internet，是一个开放的、互联的遍及全世界的计算机网络系统。该网于 1969 年投入使用。它把全世界各个地方已有的各种网络互联，组成一个更大的跨越国界范围的庞大的互联网，使不同类型的计算机能交换各种数据。目前已有超过十亿的人在使用互联网，并且它的用户数还在急剧增加。

(1) 互联网概述

国际互联网遵守 TCP/IP 协议，不仅是目前世界上最大的信息网，而且是世界上第一个实用信息网络。互联网是在美国早期的军用计算机网 Arpanet（阿帕网）的基础上经过不断发展变化而形成的。

1994 年 4 月我国正式接入 Internet，从此中国的网络建设进入了大规模发展阶段。1996 年初我国拥有了四大具有国际出口的网络体系，分别是中国科技网（CSTNET）、中国教育和科研计算机网（CERNET）、中国公用计算机互联网（CHINANET）、中国金桥信息网（CHINAGBN）。

(2) IP 地址与域名

接入到 Internet 中的计算机成千上万，为了实现 Internet 上不同计算机之间正常通信，需要给每台计算机指定一个不与其他计算机重复的唯一的地址标识，就像每一个公民都有唯一身份证号码一样，在 Internet 中用 IP 地址和域名来完成。

① IP 地址的定义　IP 地址是 IP 协议提供的一种统一的地址格式，它为互联网上的每一个网络和每一台主机分配一个逻辑地址。IP 地址用来唯一地标识 Internet 上的各个网络实体。

② IP 地址的表示方法　IP 地址是由 32 位的二进制数组成，通常被分隔为 4 个 8 位二进制数。通常用"点分十进制"形式来表示，由"."隔开 4 个十进制，其中每个数的取值范围为 0~255 之间的十进制整数，如 102.58.114.22 和 225.202.0.1 都是合法的 IP 地址。一台主机的 IP 地址由网络号和主机号两部分组成。网络号类似于电话号码中的区号，标明了主机所在的子网，主机号则表示所在子网的具体主机位置。

③ IP 地址的分类　IP 地址由各级 Internet 管理组织进行分配，为了满足不同容量的网络，它们被分为 5 种不同的类别，即 A~E 类。其中 A、B、C 类（如表 1-2-6 所示）全球范围内统一分配，D、E 类被留作特殊用途。

表 1-2-6　A、B、C 三类地址的分配情况

类别	最大网络数	IP 地址范围	最大主机数
A	126（2^7-2）	0.0.0.0~127.255.255.255	16777214
B	16384(2^{14})	128.0.0.0~191.255.255.255	65534
C	2097152(2^{21})	192.0.0.0~223.255.255.255	254

A 类 IP 地址一般给规模特别大的网络使用。在 A 类 IP 地址的四段号码中，第一段号码为网络号，长度为 1 个字节；剩下的三段号码为主机号，长度为 3 个字节。A 类网络地址数量较少，有 126 个网络，每个网络可以容纳主机数达 1600 多万台。

B 类 IP 地址分配给中等网络使用。在 B 类 IP 地址的四段号码中，前两段为网络号，长度为 2 个字节；后两段为主机号，长度为 2 个字节。B 类 IP 地址有 16384 个网络，每个网络所能容纳的计算机数为 6 万多台。

C 类 IP 地址适合于小型网络使用。在 B 类 IP 地址的四段号码中，前三段为网络号码，长度为 3 个字节；剩下的一段为主机号，长度为 1 个字节。C 类网络地址数量较多，有 209 万余个网络，每个网络最多只能包含 254 台计算机。

④ IPv6　前面讲到的用 32 位二进制表示的 IP 地址的版本称为 IPv4，它大约有 43 亿个地址。随着上网人口的不断增多，IPv4 定义的有限地址空间将被耗尽，地址空间的不足将会影响网络的发展进程。为了扩大地址空间，人们提出了用 128 位的长度来表示 IP 地址，这就是 IPv6 版本。IPv6 几乎可以不受限制地提供地址。与 IPv4 相比，IPv6 的优势主要体现在一是明

显地扩大了地址空间，二是提高了网络的整体吞吐量，三是安全性有了更好的保证。

⑤ 域名　IP 地址是 Internet 中寻址用的数字标识，不管是用二进制形式还是点分十进制形式表示，人都不容易记忆。为了采用人们习惯的表示方式，便于人们记忆和使用，TCP/IP 引进了一种字符型的主机命名方式，就是域名。域名的实质就是用一组字符组成的名字代替 IP 地址。为了避免重名，域名采用层次结构，各层次之间用"."隔开，从左至右分别是主机名.…….二级域名.顶级域名。如 www.baidu.com、www.tsinghua.edu.cn 等。

顶级域名采用通用的标准代码，分为通用顶级域名、国家和地区顶级域名两类，常用的通用顶级域名如表 1-2-7 所示。

表 1-2-7　通用顶级域名

域名代码	含义	域名代码	含义
com	商业组织	net	网络服务机构
edu	教育机构	org	非营利组织
gov	政府部门	int	国际组织
mil	军事机构	info	信息服务机构

国家和地区顶级域名按照 ISO 国家代码进行分配，例如中国是"cn"，日本是"jp"，美国是"us"，澳大利亚是"au"等。

⑥ 域名解析　域名和 IP 地址都是表示网络上主机的地址，他们是同一事物的不同表示。用户可以使用主机的 IP 地址，也可以使用它的域名。将域名转换为 IP 地址的过程称为域名解析。当用户输入某个主机的域名时，这个信息首先到达域名解析服务器，域名服务器将此域名解析为其对应网站的 IP 地址，再对该 IP 地址进行访问。在解析的过程中如遇某域名服务器不能解析时，该域名服务器将向其上级域名服务器发出解析请求，直至完成域名转换的过程。

(3) Internet 的基本服务

Internet 已深入到人们生活的方方面面，成为人们获取信息的主要渠道，人们已经习惯每天到网站上看看感兴趣的新闻，下载学习参考资料，收发电子邮件，与朋友亲人交流聊天等，Internet 为人们提供的服务越来越广泛。归纳起来 Internet 的基本服务主要有以下几个方面。

① WWW 服务　万维网（World Wide Web，简称 WWW 或 3W）是目前 Internet 上最方便与最受用户欢迎的信息服务类型，它是一种基于超文本方式的信息检索工具。WWW 由 3 部分组成：浏览器、Web 服务器和超文本传送协议。

② FTP 服务　FTP（File Transfer Protocol）即文件传输协议，用于管理计算机之间的文件传送。FTP 服务可以在两台远程计算机之间传输文件，在网络上相互共享文件。若要获取 FTP 服务器的资源，则需要拥有该主机的 IP 地址（主机域名）、账号、密码。但许多 FTP 服务器允许用户匿名用户登录，口令任意。FTP 可以实现文件传送的两种功能：下载和上传，文件传输只有文本模式和二进制模式。

③ E-mail 服务　电子邮件（E-mail）是 Internet 上使用非常广泛的一种服务。电子邮件通过网络传送具有方便、快速，不受地域或时间限制等优点，受到广大用户欢迎。邮件服务器需要使用两个不同的协议：简单邮件传输协议（SMTP）用于发送邮件，邮局协议（POP3）用于接收邮件，可以保证不同类型的计算机之间电子邮件的传送。

要使用电子邮件服务，首先要拥有一个电子邮箱，每个电子邮箱有一个唯一可识别的电子邮件地址。电子邮件地址的格式是固定的：用户名@主机域名。如：Jack@163.com。要使用电子邮件进行通信,每个用户必须有自己的邮箱,电子邮箱是由提供电子邮件服务的机构为用户建立的。如网易、新浪、腾讯等都提供免费邮箱,只需用户登录网站,进行注册,即可获得。任何人都可以将电子邮件发送到某个电子邮箱中,但是只有电子邮箱的用户输入正确的用户名和密码,才能查看到相应的内容。

④ 远程登录服务 Telnet　远程登录是 Internet 提供的基本信息服务之一,是提供远程连接服务的终端仿真协议。它可以使你的计算机登录到 Internet 上的另一台计算机上。你的计算机就成为你所登录计算机的一个终端,可以使用那台计算机上的资源,例如打印机和存储设备等。

本章小结

本章主要介绍了计算机基础知识,通过对本章的学习,用户能够了解计算机的基本概述,掌握计算机中信息的表示,掌握计算机系统的组成,学会文件和文件夹的基本操作,掌握计算机网络基础知识。

项目实训

[项目]文件和文件夹的基本操作

(1)在 E 盘(E:\)根目录下新建一个名称为"考试文件夹"的文件夹。在该文件夹中建立两个子文件夹,即"复习资料"和"考试说明",在"复习资料"文件夹中建立"计算机基础"和"计算机网络技术"两个子文件夹,在"考试说明"文件夹中建立"考试时间安排""考试座位安排"和"考场纪律说明"3 个子文件夹。

① 在 E 盘(E:\)根目录空白区域右击,在弹出的快捷菜单中,选择"新建"命令,打开级联菜单。如图 1-2-31 所示。

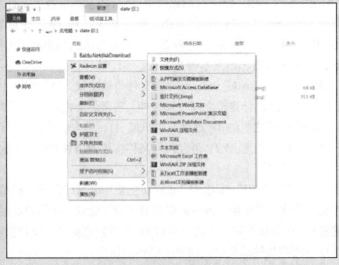

图 1-2-31　新建的级联菜单

② 选择级联菜单中的"文件夹"命令，新建一个名为"新建文件夹"的文件。如图 1-2-32 所示。

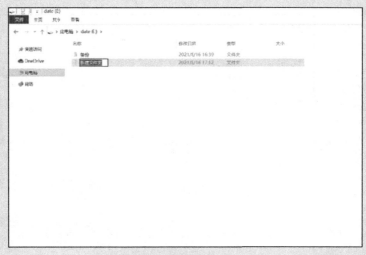

图 1-2-32　新建文件夹

③ 删除默认文件夹名称，输入文件夹的名称为"考试文件夹"，然后单击空白区域或按"Enter"键，完成文件夹的创建。如图 1-2-33 所示。

其他文件夹的创建步骤同上述①～③。

图 1-2-33　"考试文件夹"的创建

（2）在"复习资料"文件夹中新建两个 Word 字处理文件，名称为"计算机基础期末复习资料.docx"和"计算机网络技术期末复习资料.docx"。在"考试时间安排"文件夹中建立一个 Excel 电子表格文件，名称为"考试时间安排表.xlsx"。在"考试座位安排"文件夹中建立一个 Excel 电子表格文件，名称为"考试座位安排表.xlsx"。在"考场纪律要求"文件夹中建立一个 PowerPoint 演示文稿文件，名称为"考场纪律说明会.pptx"。

① 在"复习资料"文件夹空白区域右击，在弹出的快捷菜单中，选择"新建"命令，打开级联菜单。如图 1-2-34 所示。

图 1-2-34　新建级联菜单

② 选择级联菜单中的"Microsoft Word 文档"命令，新建一个名为"新建 Microsoft Word 文档"的文件。如图 1-2-35 所示。

图 1-2-35　创建 word 文档

③ 删除默认文件名称，输入文件的名称为"计算机基础期末复习资料"，然后单击空白区域或按"Enter"键，完成文件的创建。如图 1-2-36 所示。

特别提醒：删除默认文件名时，不要将扩展名".docx"删除，如已不小心删除，需在文件名后重新输入扩展名".docx"，否则会出错。

其他文件的创建步骤同上述①～③。

图 1-2-36　新建的 word 文档命名

（3）将"考试时间安排"文件夹中"考试时间安排表.xlsx"和"考试座位安排"文件夹中"考试座位安排表.xlsx"复制到"复习资料"文件夹中，并依次重命名"第1场考试时间"和"第1场考试座位"。

① 打开"考试时间安排"文件夹，选中"考试时间安排表.xlsx"，使用【Ctrl+C】组合键进行复制。

② 打开"复习资料"文件夹，使用【Ctrl+V】组合键粘贴到目的地。

③ 选中"考试时间安排表.xlsx"，按"F2"键重命名，输入"第1场考试时间"，按"Enter"键或单击空白区域完成。

另一个文件的操作步骤同上述①~③，如图 1-2-37 所示。

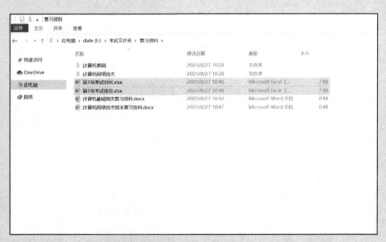

图 1-2-37　复制文件

（4）在桌面为"考场纪律说明会.pptx"文件创建一个快捷方式，并移动到"考试文件夹"中。

① 打开"考试纪律说明"文件夹，右击"考场纪律说明会.pptx"，在弹出的快捷菜单中，选择"发送到"→"桌面快捷方式"命令。如图 1-2-38 所示。

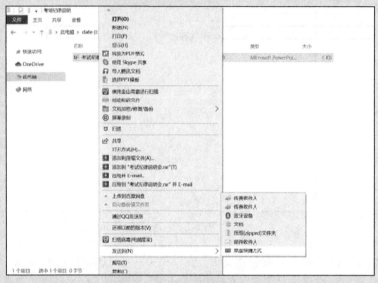

图 1-2-38　创建桌面快捷方式

② 在桌面上，右击"考场纪律说明会.pptx"快捷方式，在弹出的快捷菜单中，选择"剪切"，打开"考试文件夹"，右击空白区域，在弹出的快捷菜单中，选择"粘贴"。如图 1-2-39 所示。

图 1-2-39　移动快捷方式

（5）将"复习资料"文件夹中"第1场考试时间.xlsx"和"第1场考试座位.xlsx"两个文件设置为隐藏。

① 打开"复习资料"文件夹，右击"第 1 场考试时间.xlsx"文件，在弹出的快捷菜单中，选择"属性"。

② 在打开的"属性"对话框中，勾选"隐藏"复选框，单击"确定"按钮完成。如图 1-2-40 所示。

图 1-2-40　设置隐藏属性

其他文件的设置步骤，同上述①～②。

如需查看或编辑隐藏文件，方法是打开"复习资料"文件夹，单击"查看"→"选项"，在"文件夹选项"对话框，切换到"查看"标签，在高级设置中，选中"显示隐藏的文件、文件夹和驱动器"选项，单击"确定"。

修改完成后，可通过同样的方法，选中"不显示隐藏的文件、文件夹和驱动器"，单击"确定"按钮即可将文件再次隐藏，以实现文件的保密。如图 1-2-41 所示。

图 1-2-41　查看或编辑隐藏文件

第 2 章　计算机基础知识

如需隐藏或显示已知文件类型的扩展名的操作同理。在"文件夹选项"高级设置中，勾选"隐藏已知文件类型的扩展名"则为隐藏已知文件类型的扩展名，反之，不勾选则为显示已知文件类型的扩展名。如图1-2-42所示。

图 1-2-42　隐藏或显示已知文件类型的扩展名

（6）将"考试文件夹"中"考场纪律说明会.pptx"快捷方式有永久性删除。

① 打开"考试文件夹"，选中"考场纪律说明会.pptx"快捷方式，按"Delete"键，在弹出的"删除快捷方式"对话框中，单击"是"按钮，此时快捷方式进入了"回收站"文件夹中，可在"回收站"文件夹中还原恢复，即完成逻辑删除。如图1-2-43所示。

图 1-2-43　逻辑删除文件

选中"考场纪律说明会.pptx"快捷方式，按【Shift+Delete】组合键，直接将快捷方式永久性删除，无须进入回收站，此方法务必谨慎操作，一旦删除将无法找回。

② 在桌面上，打开"回收站"文件夹，找到"考场纪律说明会.pptx"快捷方式，按"Delete"键，在弹出的"删除快捷方式"对话框中，单击"是"按钮，完成永久性删除。如图 1-2-44 所示。或在桌面上，右击"回收站"文件夹，在弹出的快捷菜单中，选择"清空回收站"命令，此操作会将"回收站"文件夹中所有文件永久性删除。

图 1-2-44　永久性删除文件

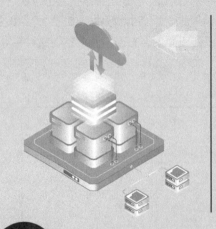

第3章
计算机信息检索

学习目的与要求

了解信息检索的基本概念与信息检索的基本流程
掌握常用搜索引擎的自定义搜索方法
掌握布尔逻辑检索、截词检索、位置检索、限制检索等检索方法
掌握通过网页、社交媒体等不同信息平台进行信息检索的方法
掌握通过期刊、论文、专利、商标、数字信息资源平台等专用平台进行信息检索的方法

3.1 信息检索概述

信息检索是人们进行信息查询和获取的主要方式,是查找信息的方法和手段。其最早源于英语"Information Retrieval",表示将信息按一定的方式组织和存储起来,并根据用户的需要,按照一定程序,从存放的数据中找出符合用户需要的信息的过程。掌握网络信息的高效检索方法,是现代信息社会对高素质技术技能人才的基本要求。本章包含信息检索基础知识、搜索引擎使用技巧、专用平台信息检索等内容。

3.1.1 信息检索的概念

信息检索(Information Retrieval)是用户进行信息查询和获取的主要方式,是查找信息的方法和手段。一般来说,信息检索的概念可以从狭义和广义两个方面理解。狭义的信息检索指信息查询(Information Search),是指用户根据需要,采用一定的方法,借助检索工具,从信息集合(信息库)中找出所需要信息的查找过程。广义的信息检索指的是首先将信息按一定的方式进行加工、整理、组织并存储起来,再根据用户特定的需要将相关信息准确地查找出来的过程。所以,广义的信息检索又称信息的存储与检索。

3.1.2 信息检索的分类

(1) 按检索对象对信息检索进行分类，可分为如下几种。

① 数据检索　数据检索（Data Retrieval）指根据用户需求，把数据从已有的数据库中查找出来的过程。例如，利用参考工具书、数据库等检索工具把数据、参数、公示等数据检索后，再经过选择、整理获得一些量化信息。如"近两年重庆市人口出生率是多少？"。

② 事实检索　事实检索（Fact Retrieval）是利用百科全书或数据库等检索工具，从存储事实的信息系统中查找出特定结果，其检索结果是基本事实。事实检索是情报检索的一种，也是情报检索中最复杂的一种情况。它以客观事实为检索对象，或对已有的数据进行处理后得出新的事实。事实检索要求检索系统不仅能够从数据集合中查出原有的数据或事实，还能够从已有的数据或事实中推导、演绎出新的数据或事实。

③ 文献检索　文献检索（Information Retrieval）是指以文献为检索对象，根据学习和工作的需要获取文献的过程。有相当一段时间，文献检索是靠人工查阅检索有历史价值的文章、图书或相关重要资料。随着计算机技术的发展，现在文献检索多由计算机技术实现。由于文献检索是要检索出包含所需要信息的文献，因此文献检索一般使用文摘、目录、索引、全文等检索工具及其对应的数据库和资源。

(2) 按检索手段划分，可分为手工检索和计算机检索。

① 手工检索（Manual Retrieval）　手工检索是指通过人工手动方式检索信息，主要使用的检索工具为书本、卡片、目录、索引、文摘等各类工具书。采用此种方式检索便于阅读、较灵活，但检索速度较慢，容易漏检，可与计算机检索互为补充。

② 计算机检索（Computer-based Retrieval）　计算机检索是指通过计算机设备，使用特定的检索指令与策略，从数据库中检索出所需信息。与手工检索相比，其检索效率高、速度快、范围广，不易漏检。目前，信息检索方法多以计算机检索为主，结合一定的使用工具书的手工检索为辅，共同完成信息检索。

3.1.3 信息检索的基本流程

对于不同的项目可采取不同的检索方法，总体上可分为如下几个步骤。

(1) 分析检索主题

检索之初需对待研究的主题进行全面了解，分析内容实质以及所涉及的范围与关系，甚至是明确待查研究的主要概念、次要概念等内容。

(2) 选择检索工具，确定检索策略

根据待查研究的内容和性质，选择恰当的检索工具，是检索得以成功实施的关键。在选择过程中，可从学科、语种、实践、经费、功能、方式、信息收录完整性和及时性等多方面考虑。常见的检索工具有以下几种。

① 书刊型检索工具　以图书、刊物形式出版的检索工具。

② 卡片型检索工具　将文献的主题、分类、著者等检索标识记录在卡片上供读者查阅。

③ 机读型检索工具　以计算机为主要手段进行信息检索，包括磁带、磁盘、光盘和网络数据库等各种形式。

(3) 确定检索途径

通常情况下检索工具会针对信息的内容特征提供多种检索途径，具体选择何种途径，可根据研究或待查项目的已知信息进行选择。常见的检索途径主要有以下几种。

① 分类途径　分类途径指按照文献信息所属学科类别，或分类目录、分类索引进行检索的途径。

② 主题途径　主题途径指通过文献信息的主题内容，依据主题索引或关键字进行检索的途径。

③ 著者途径　著者途径指根据已知文献著者或团体著者，以及著者目录进行检索的途径。

④ 序号及其他途径　常见的序号（也称号码）途径有专利号索引、报告号索引、国内统一刊号（CN号）、报告号等等。此外，还有专用符号索引，如元素符号、分子式、结构式索引。

（4）选择检索方法

检索方法有直接查找法，间接查找法，追溯查找法，循环查找法。直接查找法是指直接在原始文献或原件中查找所需信息。间接查找法首先通过检索工具查找到所需信息的线索，再由线索查找到原始文献，从而查找到所需信息。追溯查找法是通过文献或文章所附参考文献目录或注释的线索查找到所需信息的方法。循环查找法先利用检索工具查找一批文献，然后再利用文献所附的参考文献继续查找一批文献，如此循环，直至查询结果符合预期。

（5）检索实施

通过分析待查研究主题，选取合适的检索工具、数据库后，按照相应检索途径和检索方法，即可开始实施检索，获取符合目标需求的文献信息。通常，若检索结果不符合预期需求及效果，需做相应调整，如调整检索策略、方法等。

（6）获取原始文献

经过检索实施后，所得的结果为文献线索，根据文献线索中所提供的文献出处，可获取原文。在一些文摘、索引数据库中，若提供了文献出处并已购买全文，可直接链接到全文数据库。如果没有提供全文，可通过网络、特定机构提供的文献传递功能索取全文。

3.2　计算机检索技术

在计算机检索中，为使检索结果全面而准确，常用的检索技术有布尔逻辑检索、截词检索、位置检索、限制检索。

3.2.1　布尔逻辑检索

布尔逻辑检索主要利用布尔代数中的逻辑运算符与（AND）、或（OR）、非（NOT）进行检索，这是现代计算机检索中最常用的一种技术。

（1）逻辑与（AND）算符

用"AND"或者"*"表示，表示并且、相交的概念，使检索范围缩小，提高准确率和相关度。

【例1】　"A AND B"或"A * B"，表示所检索的内容中必须同时含有A和B。如图1-3-1阴影所示。

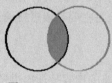

图 1-3-1　A AND B

(2) 逻辑或（OR）算符

用"OR"或者"+"表示，表示或者的概念，即平行、并列的概念，可扩大检索范围，防止漏检。

【例2】 "A OR B"或"A＋B"，表示所检索的内容中可同时含有 A 和 B，或含有两者之一。如图 1-3-2 阴影所示。

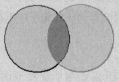

图 1-3-2　A OR B

(3) 逻辑非（NOT）算符

用"NOT"或者"－"表示，表示一种排斥关系，排除不需要的概念，可缩小检索范围，提高检索准确率。

【例3】 "A NOT B"或"A－B"，表示所检索内容含有 A 而不含有 B 的内容。如图 1-3-3 阴影所示。

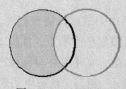

图 1-3-3　A NOT B

3.2.2　截词检索

截词检索常用的截词符有"?""$""*"等，不同的系统所使用的截词符也不同。按截断的位置分类可将截词检索分为前截断、中截断和后截断。而截断又可分为有限截断和无限截断。

① 前截断　例如："*data"可检索出 bigdata 等词。
② 中截断　例如："da? a"可检索出 data 等词。
③ 后截断　例如："data*"可检索出 database、dataset 等词，"dat?"可检索出 data、date 等词。

3.2.3　位置检索

在信息检索过程中，有时还需关注词与词之间的相互关系及前后次序，从而提高准确率，降低误检率。常用的位置算符主要有以下几种。

(1) （W）算符

该算符两侧的检索词必须紧密相连，除空格和标点符号外，不得插入其他词或字母，两词的词序不可以颠倒。例如，A(W)B，系统只检索含有"A B"词组的记录。

(2) （N）算符

该算符两侧的检索词必须紧密相连，除空格和标点符号外，不得插入其他词或字母，两词的词序可以颠倒。例如，A(N)B，系统可检索含"A B"和"B A"词组的记录。

(3)（F）算符

该算符表示其两侧的检索词必须在同一字段，例如同在题目字段、文摘字段、叙词字段中出现，词序不限，中间可插任意检索词项。例如，A(F)B，A、B 两词只要在同一字段中均可被检索。

(4)（S）算符

此算符两侧的检索词只要出现在记录中的同一个子字段，即可被检索。例如，文献中的一个句子就是一个子字段，不限制算符两侧检索词在此句子中的相对次序，也不限制中间间隔词语数量。

3.2.4 限制检索

为提高检索效率与准确率，有时候需缩小查找范围，此时可采用限制检索。采用该方法可将检索内容与过程限定在指定范围或字段中进行。常见的检索字段有题目（/TI）、文摘（/AB）、作者（/AU）、作者单位（/CS）、叙词（/DE）、刊名（/JN）、语种（/LA）等。

例如："（Data AND Structure）/TI,AB"表示在题目和文摘中查找同时含有"Data"和"Structure"两词的文献。

3.3 网络信息检索

网络信息检索主要指检索网络当中的虚拟信息资源、数字化信息。网络信息资源有着种类多样、数据量大、传播迅速、信息源复杂等特点。如文本、图像、音视频、软件、数据库等信息，在网络中数据量巨大，增长迅速，难寻源头与确保准确。通常互联网中大部分的信息是免费的，用户可直接获取甚至发布信息。目前，也有电子资源提供商在网络当中提供有偿的内容服务，如一些文献数据库。

3.3.1 网络搜索引擎

(1) 搜索引擎的基本概念

Internet 堪称一个信息海洋，如何在网上找到符合需求的信息非常重要。搜索引擎（Search Engine）的诞生，能有效帮助用户迅速、全面地查找到所需信息。它能接收用户的查询指令，利用软件自动搜索网上的信息，向用户提供符合查询需求的信息资源网址，提供建立索引和目录服务。

1990 年，加拿大蒙特利尔的麦吉尔大学的三位学生 Alan Emtage、Peter Deutsch、Bill Wheelan 发明了 Archie，它被称为现代搜索引擎的祖先。此后，诸如 Yahoo、Lycos、Google、Baidu 等被人熟知的搜索引擎陆续问世。目前，互联网的搜索引擎进入蓬勃发展时期，数量倍增，其检索信息量也相当庞大。

(2) 搜索引擎的一般原理

搜索引擎的工作原理可概括为 3 步，首先是从互联网上抓取网页，然后建立索引数据库，最后在索引数据库中搜索排序。当用户输入查找内容时，所有包含该内容的网页将被搜索到，在经过排序后，按照与输入内容相关度的高低依次排列显示。

① 网页抓取 利用搜索引擎对互联网上的网页信息进行自动收集，沿着网页 URL 搜索新的网页，重复这一过程，保证对网络资源跟踪的有效性和实时性。通常这个过程又称"爬行"，搜索引擎采用 Robots（自动采集器，又称 Spider）完成。

② 建立索引数据库　搜索引擎利用数据库管理系统将抓取到的网页信息进行提取、组织，形成索引项，建立网页索引数据库。提取的信息一般包含 URL、关键词、标题、摘要、位置、生成时间、大小、与其他网页的链接关系等等。并且，由于不同搜索引擎所采用的方式不同，同一网页索引记录的内容可能不尽相同。

③ 搜索排序　当用户输入检索内容后，搜索引擎从网页索引数据库中查找符合输入内容的所有相关网页。在检索过程中，搜索引擎利用检索策略模块将用户的输入请求转换成规范的检索式，再到索引数据库中检索数据，最后根据匹配度或相关度进行排序，由页面生成模块将排序结果及页面内容摘要等内容返回给用户。

3.3.2　搜索引擎的自定义搜索方法

（1）百度

百度（http://www.baidu.com）搜索引擎是目前常用的中文搜索引擎，在 2000 年 1 月 1 日成立中国子公司，创始人为李彦宏和徐勇。在创立之初，百度主要向一些门户网站如新浪、搜狐等提供中文网页信息检索服务，成为主要的搜索技术提供商，其基本搜索页面如图 1-3-4 所示。

图 1-3-4　百度搜索主页

百度提供的默认主页采用的是简单检索方式，包括新闻、网页链接、地图、直播、视频、贴吧、学术等多个检索模块。如直接在检索框中输入检索词，可直接进行简单检索。此外，也可将带有各种算符的检索式输入至检索框进行检索。将鼠标移至图 1-3-4 右上角的"设置"，可看见悬浮的提示菜单，如图 1-3-5 所示。

单击"高级搜索"，可进入到百度提供的高级搜索界面，如图 1-3-6 所示。高级搜索中提供了布尔检索、时间、网页格式、位置检索、站内搜索等选项。

图 1-3-5　百度主页提示菜单

图 1-3-6　百度高级搜索界面

第 3 章　计算机信息检索　61

【例4】在"高级搜索"界面中,在"包含全部关键词"处输入"数据 结构",文档格式选择"微软 Word(.doc)",如上图,执行检索,可得如图1-3-7所示检索结果。

图1-3-7　检索结果界面

(2) 百度学术

在百度搜索主页上方点击"学术"可进入到百度学术搜索界面,它是百度旗下提供中英文文献检索的学术资源搜索平台。其内容涵盖多个中外文数据库如中国知网、万方数据、维普期刊、SpringerLink 等等。默认界面依然是基本检索,如图1-3-8所示。

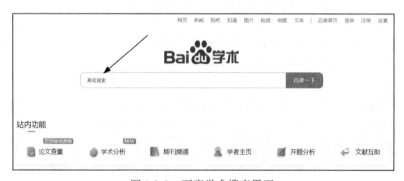

图1-3-8　百度学术搜索界面

点击搜索框左侧的"高级搜索",可进入至高级搜索界面,支持逻辑算符 AND-包含全部检索词,逻辑算符 OR-包含至少一个检索词,逻辑算符 NOT-不包含检索词,以及包含精确检索词,检索词位置,作者,机构,出版期刊、会议,发表时间,语种等限制。如图1-3-9所示。

输入图中检索内容,点击"搜索",可查看当前输入条件下的查询结果。检索结果分两部分,左侧为检索到的文献的时间、领域学科、核心期刊、获取方式、关键词、类型、作者等子类别,可分别点击进一步筛选。右侧为检索结果的题目、摘要、作者、期刊名、来源、时间及引用数量。如图1-3-10所示。

图 1-3-9　百度学术高级搜索界面　　　　图 1-3-10　百度学术高级搜索结果

单击图 1-3-10 中的一条文献题目，可进入到该文献的详细索引界面，包含来源期刊、摘要、作者、关键词、年份、网络来源、求助全文、相似文献等内容。如图 1-3-11 所示。

图 1-3-11　检索结果文献详细信息界面

3.3.3　常用学习网站与开放存取资源

（1）常用学习网站

网络资源丰富，数据量庞大，有较多网站专门提供针对性的信息服务，内容可靠而详细。下面介绍常用的与学习密切相关的网站。

① 中国教育在线　中国教育在线（http://www.eol.cn）是一家综合教育门户网站，发布各类权威招考、就业、辅导等教育信息。如图 1-3-12 所示。其资源涵盖高考、考研、留学等频

第 3 章　计算机信息检索　63

道，从幼儿教育到继续教育均有覆盖。

图 1-3-12　中国教育在线主页

② 爱课程 iCourse　爱课程（https://www.icourses.cn）是教育部、财政部"十二五"期间启动实施的"高等学校本科教学质量与教学改革工程"委托高等教育出版社建设的高等教育课程资源共享平台。如图 1-3-13 所示。该平台承担国家精品开放课程的建设、应用与管理工作。该网站资源包含在线开放课程、视频公开课、资源共享课，涵盖中国大学 MOOC，中国职教 MOOC 等内容，为广大高校师生提供优质资源共享和个性化教学资源服务。

图 1-3-13　爱课程主页

③ 智慧职教　智慧职教（职业教育数字化学习中心，https://www.icve.com.cn）是由高等教育出版社建设和运营的职业教育数字教学资源共享平台和在线教学服务平台，为广大职业教育教师、学生、企业员工和社会学习者提供优质数字资源和在线应用服务。如图 1-3-14 所示。

图 1-3-14　智慧职教主页

(2) 开放存取资源

开放存取（Open Access，简称 OA）是指文献在 Internet 中可被免费获取，允许用户阅读、下载、复制、传递或检索。作者提交开放存取作品时不期望得到金钱回报，而是提供这些开放作品使广大公众可以在网络上充分利用。按其包含的资源类型分类，开放存取分为 OA 期刊、OA 存储。OA 期刊旨在使所有用户都可以通过 Internet 无限制访问期刊原文。OA 存储又称 OA 仓储，在发展之初多采取预印本（还未正式出版，出于交流目的先通过网络或会议发布）形式在网上免费存取、检索。现在，有专门一些学术组织自发收集这样的开放存取学术信息，整理后存放服务器供用户免费访问。国内常用的开放存取资源有以下几种。

① 中国科技论文在线 （http://www.paper.edu.cn/），由教育部科技发展中心主办，给科研人员提供一个方便、快捷的交流平台。用户可以在线发表论文、检索科技期刊论文，提供国外免费数据库的链接。

② 中国预印本系统 （https://www.nstl.gov.cn/service_list.html）提供国内科研工作者自由提交的科技文章。目前访问该系统，需访问国家科技图书文献中心，注册用户后方可使用该系统。如图 1-3-15 所示。

图 1-3-15　中国预印本网络服务系统

第 3 章　计算机信息检索

③ 中华古籍资源库（http://read.nlc.cn/thematDataSearch/toGujiIndex）是"中华古籍保护计划"的重要成果，目前在线发布的古籍影像资源包括：国家图书馆藏善本古籍、《赵城金藏》、法国国家图书馆藏敦煌遗书等资源，资源总量超过 2.5 万部 1000 余万页。用户注册成为中国国家图书馆用户后，可访问该资源库内容。

3.4 专用信息检索平台

3.4.1 图书信息检索平台

目前国内常用的图书检索平台有中国国家数字图书馆、超星电子书、各省市地方数字图书馆（如重庆数字图书馆）。

（1）中国国家数字图书馆

中国国家图书馆（http://read.nlc.cn/user/index）前身是京师图书馆，先后有缪荃孙、陈垣、梁启超、蔡元培、袁同礼、任继愈等出任馆长。目前，国家图书馆是国家总书库，国家书目中心，国家古籍保护中心，国家典籍博物馆。中国国家数字图书馆提供国家图书馆藏资源的检索及在线阅读服务，内容包含图书、古籍、论文、期刊、音视频，少儿资源等。中国国家数字图书馆主页如图 1-3-16 所示。

图 1-3-16　中国国家数字图书馆主页

（2）超星电子书

超星电子图书数据库拥有百万电子图书全文，图书涵盖各学科领域，包括文学、经济、计算机等 50 余大类，为高校、科研机构的教学和工作提供了大量重要的参考资料。用户使用前需付费订购。超星电子书主页如图 1-3-17 所示。

（3）重庆数字图书馆

重庆数字图书馆（http://www.cqlib.cn/）是重庆图书馆为广大读者提供数字资源检索的平台。其主页如图 1-3-18 所示。重庆图书馆前身是为纪念在世界反法西斯战争中作出重大贡献的美国总统罗斯福，于 1947 年设立的"国立罗斯福图书馆"。目前为广大读者提供中文图书、报刊、地方文献、民国文献、古籍、联合国文献、外文文献、电子文献等检索和阅读服务。

图 1-3-17 超星电子书主页

图 1-3-18 重庆数字图书馆主页

3.4.2 期刊信息检索平台

目前国内常用的期刊信息检索平台有中国知网、万方数据期刊、维普中文科技期刊数据库。

（1）中国知网

1999 年 3 月，中国知识基础设施工程（China National Knowledge Infrastructure，CNKI）被提出，旨在全面打通知识生产、传播、扩散与利用各环节信息通道，打造支持全国各行业知识创新、学习和应用的交流合作平台。

CNKI 利用知识管理理念，结合搜索引擎、全文检索、数据库等相关技术实现知识汇聚与发现，可在海量信息中快速、高效、准确检索所需信息。其涵盖的资源主要有学术期刊、学位论文、会议、报纸、专利、标准等内容，为广大用户提供中外文文献搜索、知识搜索、数字搜索等系列服务。中国知网检索主页如图 1-3-19 所示。

《中国学术期刊（网络版）》（China Academic Journal Network Publishing Database，简称 CAJD），是第一部以全文数据库形式大规模集成出版学术期刊文献的电子期刊，实现中、外文期刊整合检索，可在中国知网检索主页中访问。其中，中文学术期刊 8530 余种，含北大核心期刊 1970 余种，网络首发期刊 2160 余种，共计 5780 余万篇全文文献，内容覆盖自然科学、工程技术、农业、哲学、医学、人文社会科学等各个领域。

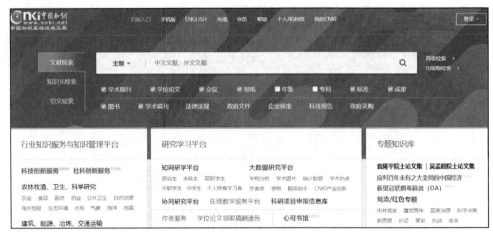

图 1-3-19　中国知网检索主页

点击搜索输入框右侧的"高级检索",可进入知网高级检索界面。如图 1-3-20 所示。输入检索内容如主题、作者、时间范围、是否精确查找等条件,并在检索按钮下方的蓝色模块内选择所属数据库,如总库、学术期刊、学位论文,可单独检索所选数据库中符合条件的内容。在该界面右侧,知网为用户提供了"高级检索使用方法"。

图 1-3-20　CNKI 高级检索界面

(2) 万方数据

万方数据成立于 1993 年,于 2000 年由中国科学技术信息研究所联合中国文化产业投资基金等五家单位成立万方数据股份有限公司,创立万方数据知识服务平台。平台主页如图 1-3-21 所示。经过 20 多年的发展,万方数据已成为一家以提供信息资源产品为基础,同时集信息内容管理解决方案与知识服务为一体的综合信息内容服务提供商。万方数据知识服务平台提供期刊、学位论文、会议论文、专利、科技报告、成果、标准、法规、地方志、视频等资源的检索服务,覆盖各研究层次。

点击主页搜索输入框右侧的"高级检索",进入万方数据知识服务平台的高级检索界面。如图 1-3-22 所示。值得一提的是,目前该平台所支持的检索技术中,不再支持"*"、"+"等布尔逻辑算符,使用 AND、OR 和 NOT 算符代替。

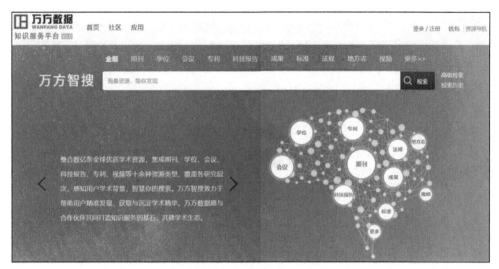

图 1-3-21　万方知识服务平台主页

图 1-3-22　万方知识服务平台高级检索界面

(3) 维普资讯网

维普资讯网（http://www.cqvip.com/）由重庆维普资讯有限公司于 2000 年上线向用户提供服务。重庆维普资讯有限公司前身为中国科技情报研究所重庆分所数据库研究中心，发展期间先后推出《中文科技期刊篇名数据库》《中国科技经济新闻数据库》《中文科技期刊数据库》《外文科技期刊数据库》等产品。其中《中文科技期刊数据库》目前已拥有 2000 余家大型机构用户，是我国数字图书馆建设的核心资源之一，包含 12000 余种期刊，文摘总量达 3000 万篇，包含社会科学、自然科学、工程技术、农业科学、医药卫生、经济管理、教育科学和图书情报等学科。维普网主页如图 1-3-23 所示。

点击检索框右侧的"高级检索"，可进入高级检索界面，如图 1-3-24 所示。在高级检索界面中，检索框中可支持"并且"（AND/and/*）"或者"（OR/or/+）"非"（NOT/not/-）三种简单逻辑运算。字段标识符主要有：U-任意字段、S-机构、M-题名、J-期刊、K-关键词、F-第一作者、A-作者、T-题名、C-分类号、R-文摘。

图 1-3-23 维普网主页

图 1-3-24 维普高级检索界面

3.4.3 会议和专业论文信息检索平台

为加强信息交流，越来越多的学会、协会、研究机构及国际学术组织每年都定期或不定期召开学术会议，在会议上提交、宣读、交流讨论所形成的一系列资料及出版物统称会议文献。会议文献与其他文献相比，具有专业鲜明、针对性强、内容新颖、极具学术争鸣、出版发行迅速等特点。一般情况下，会议文献代表着某一学科或研究方向的最新研究成果。常用的会议文献检索数据库及网站主要有以下几种。

(1)《中国学术会议文献数据库》

中国学术会议文献数据库是万方数据知识服务平台的系列产品之一，会议资源包括中文会议和外文会议，中文会议收录始于1982年，年收集约3000个重要学术会议。外文会议主要来源于NSTL外文文献数据库，收录了1985年以来世界各主要学会/协会、出版机构出版的学术会议论文共计 766 万篇全文。

（2）《中国重要会议论文全文数据库》

中国重要会议论文全文数据库是中国知网的会议论文数据库，重点收录 1999 年以来，中国科协系统及国家二级以上的学会、协会、高校、科研院所，政府机关举办的重要会议以及在国内召开的国际会议上发表的文献，部分重点会议文献回溯至 1953 年。目前，已收录国内会议、国际会议论文集 4 万本，累计文献总量 340 余万篇。

（3）中国科技论文在线

中国科技论文在线是经教育部批准，由教育部科技发展中心主办，针对科研人员普遍反映的论文发表困难，学术交流渠道窄，不利于科研成果快速、高效地转化为现实生产力而创建的科技论文网站。

3.4.4　学位论文信息检索平台

学位论文是高等学校、研究机构的毕业生为评定学位而撰写的论文，通常学位论文仅指硕士和博士学位论文，如中国优秀硕士学位论文全文数据库、中国学位论文全文数据库等。学位论文具有独创性、新颖性、专业性等特点，尤其是博士论文。国内常用的学位论文检索工具及数据库有以下几种。

（1）《中国学位论文全文数据库》

中国学位论文全文数据库（China Dissertations Database）由万方数据提供服务，收录始于 1980 年，年增 30 余万篇，涵盖基础科学、理学、工业技术、人文科学、社会科学、医药卫生、农业科学、交通运输、航空航天和环境科学等各学科领域。系统提供了简单检索、高级检索、专业检索等界面。其中，专业检索界面如图 1-3-25 所示，在界面右侧，有万方数据提供的"教你如何正确编写表达式"。

图 1-3-25　学位论文专业检索界面

（2）《中国优秀硕士学位论文全文数据库》《中国博士学位论文全文数据库》

《中国优秀硕士学位论文全文数据库》《中国博士学位论文全文数据库》是经国家新闻出版总署批准、清华控股有限公司主办的国家级硕士、博士学位论文综合性学术刊物，主要刊载自然科学、社会科学各领域基础研究和应用研究方面具有创新性的、高水平的、有重要意义的研究成果。原刊名为《中国优秀博硕士学位论文全文数据库》，从2007年7月起分为《中国博士学位论文全文数据库》和《中国优秀硕士学位论文全文数据库》两种期刊出版。

目前，《中国优秀硕士学位论文全文数据库》《中国博士学位论文全文数据库》出版500余家博士培养单位的博士学位论文40余万篇，780余家硕士培养单位的硕士学位论文450余万篇，覆盖基础科学、工程技术、农业、医学、哲学、人文、社会科学等各个领域。其检索界面如图1-3-26所示，其中包含基本检索、高级检索。主要的检索方法和规则与中国知网提供的检索方法一致，包含关键词、中文题名、摘要、姓名、引文等字段检索，二次检索（在结果中检索）、布尔逻辑检索等等。

图1-3-26　中国知网学位论文库检索界面

3.4.5　专利信息检索平台

专利文献内容新颖，数据可靠，对科学研究、产品开发、技术引进等方面具有前瞻指导作用。有经济学者提出，专利文献是衡量企业经营兴衰的"晴雨表"。在我国，出版的专利文献主要包括发明专利公报、实用新型专利公报、外观设计专利公报、发明专利申请公开说明书、发明专利说明书、实用新型专利说明书、专利年度索引。专利文献的检索则是通过一定方法，运用特定检索工具，从大量的专利文献中获取所需文献的过程。国内常用的专利信息检索网站如下。

（1）中国知识产权网

中国知识产权网（http://www.cnipr.com/）于1999年由知识产权出版社有限责任公司创办，内容涵盖视频访谈、行业资讯、产品服务等，提供覆盖知识产权全产业链流程一站式服务，现已发展为包含网站配套"两微一端"的全媒体融合平台。其提供的"CNIPR专利信息服务平台"可实现专利信息法律状态、失效专利、运行信息、国内专利、部分国外专利信息检索。在检索主页点击"高级检索"，可进入高级检索界面，如图1-3-27所示。

（2）国家知识产权局网

国家知识产权局网（http://www.cnipa.gov.cn/）是国家知识产权局的官方门户网站，在主页选择"服务"，点击"政务服务平台"，可进入到国家知识产权局网所提供的所有政务服务链接界面。选择"查询服务"，单击"专利检索及分析系统"，可进入到专利检索详细界面。如图1-3-28所示。在检索前，需注册为用户并实名认证。

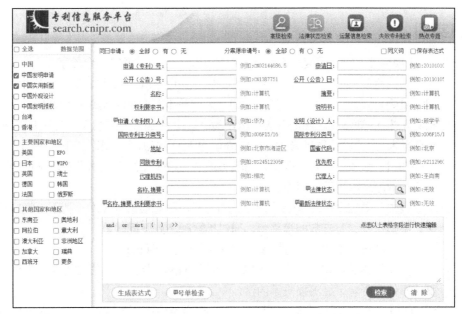

图 1-3-27 CNIPR 专利信息服务平台高级检索界面

图 1-3-28 国家知识产权局专利检索界面

本章小结　　本章介绍了信息检索的概念与分类，常用的检索技术——布尔逻辑检索、截词检索、位置检索和限制检索，常用网络搜索引擎，搜索引擎的自定义搜索方法，以及常用的学习网站与开放存取资源。关于专用信息检索平台，本章重点介绍国内各种专用信息的检索方法，如图书、期刊、会议和专业论文、学位论文、专利等信息。

项目实训

[项目1] 使用百度搜索引擎、中国知网、万方数据等平台检索

项目背景：2021年7月20日08时至7月21日06时，我国河南中北部出现大暴雨，郑州、新乡、开封、周口、焦作等地部分地区出现特大暴雨（250～350毫米），郑州城区局地500～657毫米；上述部分地区最大小时降雨量50～100毫米，郑州城区局地最大小时降雨量达120～201.9毫米（20日16～17时）；河南郑州、新乡、开封、周口、洛阳等地共有10个国家级气象观测站日雨量突破有气象记录以来历史极值。

要求：请结合布尔逻辑检索、截词检索、限制检索等技术，利用百度搜索引擎、中国知网、万方数据等平台，通过检索解决如下问题。

（1）根据检索资料，分析造成此次暴雨的直接原因。

（2）检索此次暴雨的全程信息，如持续时间，特大暴雨发生地点，各地突出重大事件及影响，经济损失等内容。

（3）在抢险救灾过程中，政府、机构、社会采取的相关政策、措施及反应有哪些。

[项目2] 使用期刊、图书、专利、学位论文检索平台检索信息

项目背景：王明想发明一个带有自动清洗功能的水杯，但他不知道市面上是否有同类产品，也不知道有没有人研究过此类物品。请结合本章节所介绍的期刊、图书、专利、学位论文检索平台，检索相关信息，解决如下问题：

（1）市面上是否有同类产品，如有，各有什么特色？

（2）是否有研究学者研究或发明类似物品，如有，各有什么不同？

（3）按上述物品的特征描述，结合检索资料，推断王明可以申请该专利吗？

第 4 章 文档处理

学习目的与要求

掌握文档的基本操作，如打开、复制、保存等，熟悉自动保存文档、保护文档、检查文档、将文档发布为 PDF 格式、加密发布 PDF 格式文档等操作

掌握文本编辑、文本查找和替换、段落格式设置等操作

掌握图片、图形、艺术字等对象的插入、编辑和美化等操作

掌握在文档中插入和编辑表格、对表格进行美化、灵活应用公式对表格中数据进行处理等操作

熟悉分页符和分节符的插入，掌握页眉、页脚、页码的插入和编辑等操作

掌握样式与模板的创建和使用，掌握目录的创建和编辑操作

熟悉导航任务窗格的使用，掌握页面设置操作

掌握打印预览和打印操作的相关设置

4.1 Word 2016 概述

Word 2016 是 Microsoft Office 2016 办公软件的组件之一，它的功能十分强大，主要用于文字编辑、表格制作、图文处理、版面设计和文档打印等。通过 Word 2016 中的创作和审阅工具可以轻松创建文档，多人可协同编辑文档内容。

4.1.1 Word 2016 的启动与退出

（1）Word 2016 的启动

① 单击"开始"按钮→"Word 2016"菜单命令或者双击桌面上已建立的 Word 2016 快捷方式图标，打开如图 1-4-1 所示对话框，单击"空白文档"即可启动 Word 2016。

② 直接双击由 Word 2016 建立的文档图标，启动软件同时打开该文档。

图 1-4-1 Word 2016 "启动" 对话框

(2) Word 2016 的退出

常用的方法有如下几种。

① 单击标题栏右侧的"关闭"按钮。

② 选择"文件"菜单→"关闭"命令。

③ 使用【Alt+F4】组合键。

退出 Word 2016 时，程序将首先关闭当前已打开的全部文档，如果其中的某个文档尚未存盘，则弹出相应的对话框，用户可根据提示信息进行操作。

4.1.2 Word 2016 的工作窗口及其组成

中文 Word 2016 的工作界面如图 1-4-2 所示，其组成元素主要包括标题栏、快速访问工具栏、"文件"菜单、选项卡、文档编辑区、状态栏、文档视图工具栏、缩放栏、滚动条、标尺等。

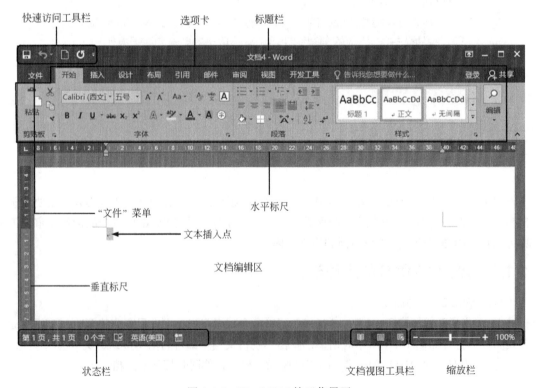

图 1-4-2 Word 2016 的工作界面

(1) 标题栏

标题栏位于 Word 窗口的顶端，中间显示当前正在编辑的文档的名称，默认的文件名是"文档 1""文档 2"等，其右侧有 3 个窗口控制按钮，分别是"最小化"按钮，"最大化"/"还原"按钮和"关闭"按钮。

(2) 快速访问工具栏

快速访问工具栏默认位于 Word 窗口标题栏左侧，其主要作用是使用户能快速启动经常使用的命令。

(3) "文件"菜单

Word 2016 的"文件"菜单中提供了一组和文件相关的操作命令，取代了以前版本中的"文件"菜单并增加了一些新功能。

(4) 选项卡

① "开始"选项卡　"开始"选项卡包括了剪贴板、字体、段落、样式和编辑等几个选项组，它包含了有关文字编辑和排版格式设置的各种功能，如图 1-4-3 所示。

图 1-4-3　"开始"选项卡

② "插入"选项卡　"插入"选项卡包括页面、表格、插图、加载项、媒体、链接、批注、页眉和页脚、文本和符号等几个选项组。主要用于在文档中插入各种对象，如图 1-4-4 所示。

图 1-4-4　"插入"选项卡

③ "设计"选项卡　"设计"选项卡包含主题、文档格式和页面背景三个选项组。其主要作用是对 Word 文档格式进行设计，对页面背景进行编辑，如图 1-4-5 所示。

图 1-4-5　"设计"选项卡

④ "布局"选项卡　"布局"选项卡包含页面设置、稿纸、段落、排列几个选项组，用于对文档页面进行相关的设置，如图 1-4-6 所示。

图 1-4-6 "布局"选项卡

⑤"引用"选项卡 "引用"选项卡包括目录、脚注、引文与书目、题注、索引和引文目录等几个选项组，用于在文档中插入目录、脚注与尾注等功能，如图 1-4-7 所示。

图 1-4-7 "引用"选项卡

⑥"邮件"选项卡 "邮件"选项卡包括创建、开始邮件合并、编写和插入域、预览结果和完成等几个选项组，主要用于在文档中进行邮件合并的相关操作，如图 1-4-8 所示。

图 1-4-8 "邮件"选项卡

⑦"审阅"选项卡 "审阅"选项卡包括校对、语言、中文简繁转换、批注、修订、更改、比较和保护等几个选项组，主要用于对文档进行审阅、校对和修订等操作，如图 1-4-9 所示。

图 1-4-9 "审阅"选项卡

⑧"视图"选项卡 "视图"选项卡包括视图、显示、缩放、窗口和宏等几个选项组，主要用于设置不同的窗口查看方式，便于用户进行操作，如图 1-4-10 所示。

图 1-4-10 "视图"选项卡

(5) 文档编辑区

文档编辑区是 Word 中最重要的部分，所有关于文本编辑的操作都将在该区域中完成，文档编辑区中有个闪烁的光标，称为文本插入点，用于定位文本的输入位置。

(6) 状态栏

状态栏位于 Word 工作窗口的底端左侧，主要用来显示当前文档的一些相关信息，如当前页面数、字数等。

(7) 文档视图工具栏

所谓"视图"，简单来说就是指文档的查看方式。对于同一个文档，Word 提供了多种不同的查看方式，用户可以根据需求选择不同的视图。

① 页面视图　页面视图可以显示页眉、页脚、图形对象、页面边距等元素，是最接近打印结果的视图，一般用于版面设计。

② 阅读视图　阅读视图以图书的分栏样式来显示 Word 2016 文档，选项卡、状态栏等对象被隐藏起来，适合用户阅读长篇文章。

③ Web 版式视图　Web 版式视图以网页的形式显示 Word 2016 文档，可根据窗口的大小自动调整每一行所显示的文字内容。

④ 大纲视图　大纲视图适合于编辑文档的大纲，可以方便地查看和修改文档的结构。在大纲视图中，可以只显示某一个级别的标题，也可以展开文档显示整个文档的内容。

⑤ 草稿视图　草稿视图取消了页面边距、分栏、页眉页脚和图片等元素，仅显示标题和正文，是最节省计算机系统硬件资源的视图方式。当然现在计算机系统的硬件配置都比较高，基本上不存在由于硬件配置偏低而使 Word 2016 运行遇到障碍的问题。

(8) 缩放栏

缩放栏由"缩放级别"按钮和"缩放滑块"组成，主要用于设置文档的显示比例。

(9) 标尺

标尺位于文档编辑区的左侧和上侧，分为垂直标尺和水平标尺，主要用于确定文本和对象在纸张上的位置。除此以外，通过标尺上的按钮还可以设置制表位、段落缩进等。

4.2　Word 2016 基本编辑排版操作

本节主要介绍 Word 2016 文档的新建与保存操作；输入文本与插入特殊符号操作；删除、复制、移动、查找与替换等基本编辑操作；设置字符格式与段落格式的操作；设置首字下沉与分栏操作；设置页眉与页脚等操作。

4.2.1　文档的基本操作

(1) 新建空白文档

空白文档是最常使用的文档，可以用以下方法之一来创建。

① 在启动 Word 2016 时，选择"空白文档"模板。

② 选择"文件"→"新建"命令，在打开的列表框中单击"空白文档"即可。

③ 单击快速访问工具栏上的"新建"按钮。

④ 使用【Ctrl+N】组合键。

(2) 通过模板创建文档

Word 2016 提供了很多固定的模板文档，如简历、宣传册、求职信等，用户创建某种类型的模板文档后，只需在相应的位置输入需要的信息，就可快速完成该文档的制作。

(3) 保存 Word 文档

Word 2016 文档的保存方法分为"保存"和"另存为"两种，这两种方法都可以将文档保存下来，不同之处是"保存"操作会将原文件覆盖，而"另存为"操作则是在不覆盖原文件的情况下在另外的位置保存文档。

① 保存文档　保存文档的常用方法有如下几种。

a. 选择"文件"→"保存"命令。

b. 单击"快速访问工具栏"上的"保存"按钮。

c. 使用【Ctrl+S】组合键。

如果文档之前被保存过，那将执行保存操作，Word 会自动用修改后的内容覆盖原内容并进行保存。若文档未保存过，Word 会自动打开"另存为"对话框，用户可在其中指定文档名称和保存位置。

② 另存为文档　另存为文档是将保存过的文档重新保存为另一个文档，但原文档不会发生变化。选择"文件"→"另存为"命令，打开"另存为"对话框，设置文档保存位置并输入文件名，再单击"保存"按钮，如图 1-4-11 所示。

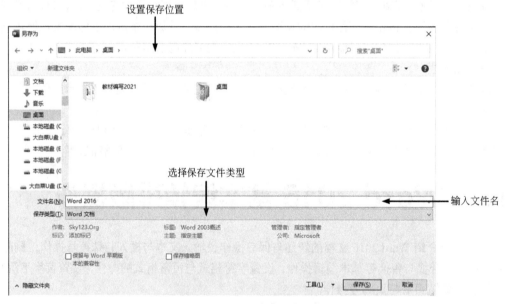

图 1-4-11　"另存为"对话框

③ 自动保存文档　Word 提供了自动保存文档的功能，当遭遇突然停电、电脑死机时，可以恢复最近一次保存的文档，把损失降低到最小。

单击"文件"→"选项"菜单命令，打开"Word 选项"对话框，选择"保存"选项，如图 1-4-12 所示。用户可以设置"保存自动恢复信息时间间隔"，最后单击"确定"按钮。

(4) 保护文档

在 Word 中为了防止他人查看文档信息，可以对文档进行加密保护，也可以通过"限制编辑"来控制其他人对此文档所做的更改类型。

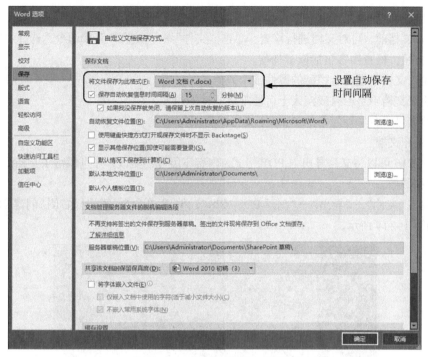

图 1-4-12 "Word 选项"对话框

① 单击"文件"→"信息"菜单命令，选择中间的"保护文档"按钮，在打开的下拉列表中选择"用密码进行加密"选项。

② 在打开的"加密文档"对话框中输入密码，如"A_b"，单击"确定"按钮，如图 1-4-13 所示。

③ 完成设置后，保存文档，再次打开时，系统将打开"密码"对话框，输入正确密码后，才能打开该文档。

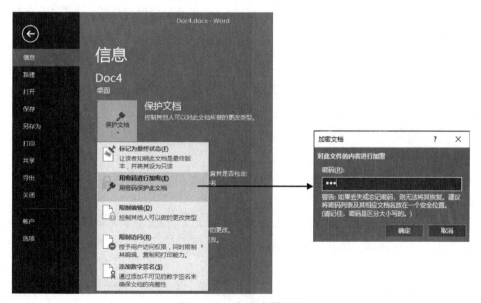

图 1-4-13 加密文档设置

(5) 检查文档

在发布文档前,可对文档进行检查,单击"文件"→"信息"菜单命令,选择中间的"检查文档"按钮,检查内容包括以下几项。

① 检查文档中是否有隐藏的属性或个人信息。

② 检查文档中是否有残疾人士可能难以阅读的内容。

③ 检查是否有早期版本的 Word 不支持的功能。

(6) 发布文档

Word 2016 可以将文档导出为 PDF 格式,内容不能轻易更改,并且保留了文档的布局、格式、字体和图像。

① 单击"文件"→"导出"→"创建 PDF/XPS 文档"菜单命令,再选择右侧"创建 PDF/XPS"按钮,如图 1-4-14 所示。

图 1-4-14　导出文档界面

② 打开"发布为 PDF 或 XPS"对话框,设置文件名及文档保存位置,单击"发布"按钮,如图 1-4-15 所示。

图 1-4-15　"发布为 PDF 或 XPS"对话框

③ 如果要设置加密 PDF 文档，则在对话框中单击"选项"按钮，打开"选项"对话框，勾选"使用密码加密文档"选项，单击"确定"按钮，打开"加密 PDF 文档"对话框，设置密码，完成后单击"确定"的按钮。如图 1-4-16、图 1-4-17 所示。

图 1-4-16 "选项"对话框

图 1-4-17 "加密 PDF 文档"对话框

4.2.2 输入与编辑文本

创建或打开一个 Word 文档后，用户便可根据需要输入文本，然后对其文本进行编辑操作，包括选择、删除、复制和移动、查找和替换，以及撤销与恢复等。

（1）输入文本

在 Word 2016 中输入文本的方法十分简单，只需在文档编辑区中定位光标插入点（闪烁的黑色光标"|"），然后依次输入相应内容即可。

① 输入普通文本　在文档中定位插入点位置，切换至中文输入法后，即可输入文本。文本输入满一行后，光标会自动跳转到下一行开始位置，如需手动换行，按"Enter"键即可。

② 输入符号　结合"Shift"键，按键盘上符号对应按键即可输入符号。但需要注意的是输入法状态，如果当前是中文输入法状态，输入的是中文符号；如果当前是英文输入状态，则输入的是英文符号。

③ 插入特殊符号　在输入文本时，会碰到一些键盘上没有的特殊符号（如一些数学符号、单位符号等），除了可以使用汉字输入法的软键盘以外，还可以使用 Word 提供的"插入"符号功能，操作方法如下。

a. 定位光标插入点，选择"插入"选项卡→"符号"选项组中的"符号"按钮，在打开的列表框中，显示的是最近使用过的符号，点击就可以直接插入该符号。如果需要插入其他符号，则单击列表框下方的"其他符号"按钮，打开"符号"对话框，如图 1-4-18 所示。

b. 在"符号"选项卡"字体"下拉列表框中选择需要的字体，在"子集"下拉列表框中选择符号的类型，在符号列表框中选定所需要插入的符号，再单击"插入"按钮就可以将符号插入到文档的插入点位置。

④ 插入日期和时间

a．将插入点定位到要插入日期和时间的位置。

b．单击"插入"→"文本"→"日期和时间"按钮，打开"日期和时间"对话框，如图 1-4-19 所示。

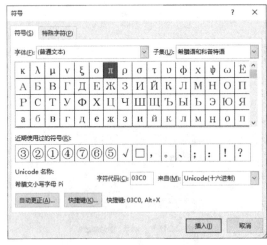

图 1-4-18 "符号"对话框

图 1-4-19 "日期和时间"对话框

c．在"语言"下拉列表框中选定"中文（中国）"或"英语（美国）"，在"可用格式"列表框中选定所需要的格式，如果选定"自动更新"复选框，则所插入的日期和时间会自动更新，否则会保持插入时的日期和时间。

还可以使用以下快捷键来插入日期和时间：【Alt+Shift+D】（插入当前日期）、【Alt+Shift+T】（插入当前时间）。

(2) 选择文本

要对文本进行编辑操作，首先要选择文本。选择文本操作主要包括选择单个词组、选择整行文本、选择整段文本、选择任意文本和全选等多种方式，文本被选中后，会以深色背景显示。

① 选择单个词组　在需要选择的词组中双击鼠标即可选择该词组。

② 选择整行文本　将鼠标移至选择行左侧与纸张边界空白处，当鼠标指针变成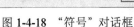形状时，单击鼠标即可选择整行文本。

③ 选择整段文本

a．将鼠标移至段落左侧与纸张边界空白处，当鼠标指针变成⒜形状时，双击鼠标即可选择整段文本。

b．将鼠标移至段落中的任一位置，快速连续单击鼠标左键 3 次即可选择整段文本。

④ 选择任意长度文本　首先将光标定位至要选择区域的开始位置，然后拖动鼠标至文本区域的结束位置，即可选择该文本区域。

⑤ 全选文本

a．将鼠标移至文档左侧与纸张边界空白处，当鼠标指针变成⒜形状时，快速连续单击鼠标左键 3 次即可选择文档全部内容。

b．使用【Ctrl+A】组合键。

(3) 插入与删除文本

① 插入文本 在"插入"方式下,将插入点定位到要插入的位置,输入新的文本就可以了,插入点右侧的文本会自动向后移动;在"改写"方式下,则插入点右侧的文本将会被新输入的文本所替代。用户在输入时,一定注意查看状态栏上相应的信息。

可以通过"Insert"键来切换"插入"和"改写"状态。

② 删除文本 要删除文档中的文本内容,首先定位插入点到要删除的位置,按"Backspace"键可以删除插入点之前的文本,按"Delete"键可以删除插入点之后的文本。

如果要删除的文本内容较多,可先选择要删除的文本,再按"Backspace"键或"Delete"键。

(4) 复制文本

① 首先选中需要复制的文本,单击"开始"→"剪贴板"→"复制"按钮或按【Ctrl+C】组合键。

② 定位插入点到目标位置,单击"开始"→"剪贴板"→"粘贴"按钮或按【Ctrl+V】组合键。

(5) 移动文本

① 首先选中需要移动的文本,单击"开始"→"剪贴板"→"剪切"按钮或按【Ctrl+X】组合键。

② 定位插入点到目标位置,单击"开始"→"剪贴板"→"粘贴"按钮或按【Ctrl+V】组合键。

(6) 查找和替换文本

Word 2016 提供了强大的文本查找与替换功能,用户不仅可以方便地查找需要的文本,而且还可以将原文本替换为其他文本。

① 查找文本 单击"开始"→"编辑"→"查找"按钮,或直接按【Ctrl+F】组合键,将打开左侧导航窗格,在搜索框中输入需要查找的文本,如果在文档中查找到该文本,将会以不同颜色突出显示文本。

② 替换文本

a. 单击"开始"→"编辑"→"替换"按钮,或直接按【Ctrl+H】组合键,将打开"查找和替换"对话框。

b. 在"查找内容"下拉列表框中输入需要查找的文本,如输入"Microsoft",在"替换为"下拉列表框中输入替换后的内容,如输入"微软",如图 1-4-20 所示。

图 1-4-20 "查找和替换"对话框

c. 单击"替换"按钮后,系统将自动查找并替换插入点后第一个符合要求的文本,如果需要对文档中所有满足条件的文本进行替换，则单击"全部替换"按钮。

（7）撤销与恢复操作

在编辑文档过程中，Word 2016 会自动将所做的操作记录下来，当出现错误时，可单击快速访问工具栏中的"撤销"按钮或按【Ctrl+Z】组合键来撤销错误的操作。而恢复操作和撤销操作相对应，只有进行了撤销操作后，才能进行恢复操作，单击快速访问工具栏中的"恢复"按钮或按【Ctrl+Y】组合键，可将文档恢复到最近一次撤销操作之前的状态，如图 1-4-21 所示。

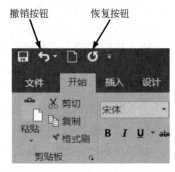

图 1-4-21　"撤销"和"恢复"操作

4.2.3　设置字符格式

Word 的字符格式主要是指文档中文本的字体、字号、颜色等参数，用户可以根据需要对文本设置不同的格式，使文档更美观，重点更突出。字符格式可以通过"字体"选项组和"字体"对话框来进行设置。

（1）使用"字体"选项组进行设置

首先选中要设置格式的文本，打开"开始"选项卡，在"字体"选项组中单击相应的按钮或选择相应的选项即可进行相应设置，如图 1-4-22 所示。

图 1-4-22　"字体"选项组

① 字体　可以设置黑体、楷体等字体，不同的字体有不同的外观，Word 默认的中文字体是"宋体"。

② 字号　设置文字的大小，默认为"五号"，其度量单位有"字号"和"磅"两种。最大的字号为"初号"，最小的字号为"八号"；当用"磅"作度量单位时，磅值越大文字越大。

③ 字形　设置加粗、倾斜等文字的特殊外观样式。

④ 下划线　设置文字各种下划线效果。

⑤ 删除线　设置文字中间删除线效果。

⑥ 下标与上标　可将选中的文本设置为下标与上标效果。

⑦ 文本效果　设置文本的各种外观效果，如发光、阴影等。

⑧ 突出显示　将选中的文本设置为突出显示效果。

⑨ 字体颜色　设置文本各种颜色效果。

⑩ 字符底纹　设置文本底纹效果。

⑪ 字符边框　设置文本边框效果

⑫ 拼音指南　在所选文字上面添加拼音效果。

⑬ 更改大小写　在编辑英文文档时，单击"更改大小写"按钮，在打开的下拉列表中可选择"句首字母大写""大写""小写"等转换选项。

⑭ 增大、缩小字体　单击相应按钮，可增大、缩小字体。

⑮ 清除格式　可清除所选文本的所有格式效果，恢复到默认的字符格式。

（2）使用"字体"对话框进行设置

首先选定要设置格式的文本，单击"开始"→"字体"选项组右下角的 按钮或单击右键，在打开的快捷菜单中选择"字体"，打开"字体"对话框，如图 1-4-23 所示。

① 在"字体"选项卡中,可设置字体、字形、字号、字体颜色、下划线、着重号等,在预览框中可看到设置字体后的效果。

② 在"高级"选项卡中,可以设置字符间距、缩放及位置等。

③ 确认效果后单击"确定"按钮。

(3) 格式复制

在 Word 中可以将设置好的格式复制到另一部分文本上,使其具有相同的格式。如在对长文档进行编辑时,有多处文本需要设置为相同格式,不用对每一处文本分别设置格式,可以先设置好一处文本的格式,然后将格式复制到其他文本。

① 选择已设置好格式的文本。

② 单击"开始"→"剪贴板"选项组中的"格式刷"按钮,此时鼠标指标变为刷子形。

③ 移动鼠标指针到目标文本开始处,拖动鼠标到结束处,松开鼠标左键即完成格式的复制。

图 1-4-23 "字体"对话框

4.2.4 设置段落格式

在 Word 中,每按一次"Enter"键便产生了一个段落标记,段落标记不仅是一个段落结束的标志,同时还包含了该段落的格式信息。Word 的一个段落可能是一段文本、一个空行或一句话,其中可以包含图片、图形、表格等多种对象。

设置段落格式可以使用"段落"对话框或者"段落"选项组,如图 1-4-24、图 1-4-25 所示。

(1) 设置段落对齐方式

Word 段落对齐方式包括左对齐、居中对齐、右对齐、两端对齐和分散对齐等。设置段落对齐的方法主要有以下两种。

① 使用"段落"选项组按钮设置 选择要设置的段落,在"开始"→"段落"选项组中单击相应的对齐按钮。

② 使用"段落"对话框进行设置 选择要设置的段落,单击"开始"→"段落"选项组右下角的 按钮或单击右键,在打开的快捷菜单中选择"段落",打开"段落"对话框,在对话框中的"对齐方式"下拉列表中进行设置。

图 1-4-24 "段落"对话框

图 1-4-25 "段落"选项组

(2) 设置段落缩进

缩进是指段落与页面左右边距之间的距离。段落缩进的方式有左缩进、右缩进、首行缩进和悬挂缩进 4 种，可以使用标尺和"段落"对话框进行设置。

① 使用标尺进行设置　选择要设置的段落，用鼠标拖动标尺上的缩进滑块进行设置，如图 1-4-26 所示。

图 1-4-26　"标尺"缩进滑块

② 使用"段落"对话框进行设置　选择要设置的段落，单击"开始"→"段落"选项组右下角的 按钮或单击右键，在打开的快捷菜单中选择"段落"，打开"段落"对话框，在对话框中的"缩进"选项区中进行设置。

(3) 设置段间距和行距

Word 中的段间距是指段落之间的距离，包括段前间距和段后间距。行距是指文档中各行之间的距离。段间距和行距可以通过"段落"选项组或者"段落"对话框来进行设置。

① 使用"段落"选项组按钮设置　选定段落，单击"开始"→"段落"→"行和段落间距"按钮，在打开下拉列表框中进行设置，如图 1-4-27 所示。

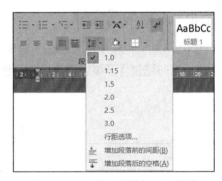

图 1-4-27　"行和段落间距"菜单

② 使用"段落"对话框进行设置　选定段落，打开"段落"对话框，在"间距"栏设置"段前"和"段后"间距，在"行距"下拉列表框中设置行距。

(4) 设置段落边框和底纹

Word 可以为段落设置边框和底纹，使文档重点突出，格式美观。具体操作方法如下。

① 设置段落边框　选定要设置的段落，单击"开始"→"段落"→"边框"按钮右侧箭头，在弹出的菜单中选择"边框和底纹"菜单命令，打开"边框和底纹"对话框，选择"边框"选项卡，在"设置"选项区选择边框类型，然后设置边框线条样式、边框颜色及宽度，最后在"应用于"下拉列表中，选择"段落"，单击"确定"按钮，如图 1-4-28 所示。

图 1-4-28　"边框和底纹"对话框

② 设置段落底纹　选择要设置底纹的段落，打开"边框和底纹"对话框，选择"底纹"选项卡，在"填充"列表区中选择一种填充颜色，在"图案"选项区设置样式和颜色，最后在"应用于"下拉列表中，选择"段落"，单击"确定"按钮。

4.2.5　设置项目符号和编号

在文档编辑中，有时需要在段落前添加编号或特定的符号，手工输入不仅效率低下，而且容易出错。Word 可以自动在段落前添加符号或编号。

（1）添加项目符号

选择需要添加项目符号的段落，在"开始"→"段落"选项组中单击"项目符号"按钮右侧的箭头，在打开的列表中选择一种项目符号，即可对段落添加项目符号，如图 1-4-29 所示。如果用户需要使用另外的项目符号样式，则在列表中选择"定义新项目符号"命令，打开"定义新项目符号"对话框进行设置。

（2）添加编号

选择需要添加编号的段落，在"开始"→"段落"选项组中单击"编号"按钮右侧的箭头，在打开的编号库中选择一种编号，即可对段落添加编号，如图 1-4-30 所示。如果在"编号库"下拉列表中没有合适的编号，可以选择"定义新编号格式"命令，打开"定义新编号格式"对话框进行设置。

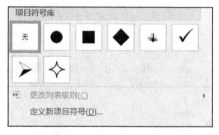

图 1-4-29　"项目符号库"列表

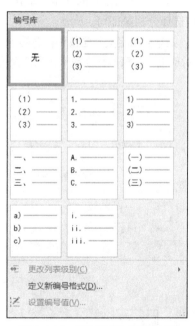

图 1-4-30　"编号库"下拉列表

4.2.6　设置首字下沉

首字下沉是指段落的第一个字符采用突出的格式显示，可使文档中的文字更加醒目，重点更突出。设置首字下沉的方法如下。

（1）将插入点定位到要设置首字下沉的段落，单击"插入"→"文本"→"首字下沉"按钮，打开"首字下沉"对话框，如图1-4-31所示。

（2）在对话框中设置位置、字体、下沉行数以及和正文的距离等内容，最后单击"确定"按钮。

4.2.7 版面设置

文档的版面设置包括页边距、纸张大小、纸张方向，以及分栏等。

（1）设置页边距、纸张大小和纸张方向

页边距是指文档内容与纸张边缘之间的距离。默认的Word纸张大小为A4（21厘米×29.7厘米），纸张方向为"纵向"。用户可以根据需要进行调整，具体操作方法如下。

① 单击"布局"→"页面设置"选项组右下角的按钮，打开"页面设置"对话框，如图1-4-32所示。

图1-4-31 "首字下沉"对话框

② 在"页边距"选项卡中设置上、下、左、右页边距及纸张方向；在"纸张"选项卡中设置纸张大小，最后单击"确定"按钮。

（2）分栏设置

分栏设置可将一个页面设置为几个小的版面，增强文档的可读性，在报刊中经常使用。分栏的操作方法如下。

① 选择要分栏排版的文本，单击"布局"→"页面设置"→"栏"按钮，在打开的下拉列表中选择分栏数即可。

② 如果要自定义分栏数和栏宽等内容，则在"分栏"下拉列表中选择"更多栏"命令，打开"栏"对话框，如图1-4-33所示，可设置分栏数、栏宽和间距及分隔线等，最后单击"确定"按钮。

图1-4-32 "页面设置"对话框

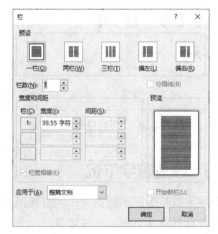

图1-4-33 "分栏"对话框

（3）插入分页符

Word 具有自动分页的功能，当文字或其他内容超过一页时，Word 会自动分页。如果用户需要手工分页，可采用以下的方法。

定位插入点到需要分页的位置，单击"布局"→"页面设置"→"分隔符"→"分页符"菜单命令；或使用键盘组合键【Ctrl+Enter】。

（4）添加水印

Word 提供了文档"水印"功能，"水印"也是页面背景的形式之一。为文档添加"水印"的操作方法如下。

单击"设计"→"页面背景"→"水印"按钮，在打开的下拉列表中选择一种水印效果即可。如果下拉列表中的水印不能满足用户的需要，则可以单击下拉列表中的"自定义水印"命令，打开"水印"对话框。在"水印"对话框中，可选择图片或文字水印，并设置文字的字体、字号、颜色等属性，如图 1-4-34 所示。

图 1-4-34 "水印"对话框

4.2.8 页眉和页脚操作

页眉和页脚是文档中用来存放提示信息的区域，如页码、日期、标题等内容。页眉是位于文档顶部的区域，页脚是位于文档底部的区域。

（1）添加页眉和页脚内容

① 单击"插入"→"页眉和页脚"→"页眉"按钮，在打开的列表中选择一种页眉样式，这时将激活页眉的编辑状态，在页眉中可以输入需要的文字或插入图片，如图 1-4-35 所示。

图 1-4-35 添加文档页眉

② 如果需要输入页脚内容，操作方法类似，单击"插入"→"页眉和页脚"→"页脚"按钮，在打开的列表中选择一种页脚样式，这时插入点将定位到页脚位置，用户可输入页脚内容。

（2）添加页码

对于一个长文档而言，页码是必不可少的。Word 提供了单独的"插入页码"功能，用户可以方便地在页眉和页脚中插入页码。具体操作方法如下。

① 单击"插入"→"页眉和页脚"→"页码"按钮，在打开的下拉菜单中选择所需的页码位置，如图 1-4-36 所示。

② 如果要更改页码的格式，则在"页码"下拉菜单中选择"设置页码格式"命令，打开"页码格式"对话框，可设置编号格式、起始页码等属性，如图 1-4-37 所示。

图 1-4-36 "页码"下拉菜单　　图 1-4-37 "页码格式"对话框

4.2.9 文档打印

对文档完成编辑、排版后，经常需要以纸质形式打印出来，以便于查阅和存档。在打印前，可先预览打印效果，并设置打印参数，确认无误后，再进行打印。

（1）打印预览

选择"文件"→"打印"命令，出现打印预览及打印设置页面。左侧为菜单栏，中间为打印参数选项，右侧为预览窗格，如图 1-4-38 所示。

在打印预览窗格中，可调整预览窗格右下角的"显示比例"滑块，实现放大或缩小方式的预览。如果对文档效果不满意，可以重新回到编辑界面进行修改。

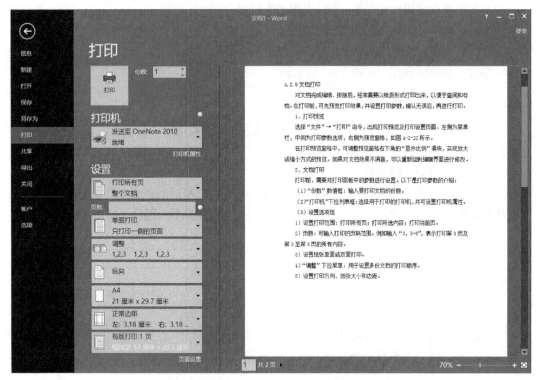

图 1-4-38　打印预览及打印设置页面

（2）文档打印

打印前，需要对打印面板中的参数进行设置。以下是打印参数的介绍。

① "份数"数值框：输入要打印文档的份数。

② "打印机"下拉列表框：选择用于打印的打印机，并可设置打印机属性。

③ 设置选项组

a. 设置打印范围：打印所有页；打印选定区域；打印当前页面；自定义打印范围。

b. 页数：可输入打印的页码范围。例如输入"3，5-8"，表示打印第 3 页及第 5 至第 8 页的所有内容。

c. 设置纸张单面或双面打印。

d. "对照"下拉菜单：用于设置多份文档的打印顺序。

e. 设置打印方向、纸张大小和边距。
f. 设置每版打印的页数。

4.3 Word 2016 的图文混排操作

图文混排是 Word 的特色功能之一，可以在文档中插入图片、艺术字、文本框、自选图形等对象，实现图文并茂的效果。

4.3.1 插入与编辑图片

（1）插入图片

在文档中可以插入计算机中的图片文件，具体操作方法如下。

定位插入点到需要插入图片的位置，单击"插入"→"插图"→"图片"按钮，打开如图 1-4-39 所示的"插入图片"对话框，选择要插入的图片，单击"插入"按钮。

图 1-4-39 "插入图片"对话框

（2）图片的编辑操作

在文档中插入图片以后，可以对图片进行编辑操作，包括设置图片大小、颜色、环绕方式等。首先选中图片，可通过"图片工具"→"格式"选项卡来完成图片的编辑操作，如图 1-4-40 所示。

图 1-4-40 图片"格式"选项卡

① "调整"选项组

a. "删除背景"按钮：可以删除图片背景，并设置删除区域的大小。

b. "校正"按钮：可调整图片的亮度和对比度、锐化和柔化效果。

c. "颜色"按钮：可调整图片的饱和度、色调和重新着色效果。

d. "艺术效果"按钮：可设置图片的各种艺术效果，如虚化、混凝土等。

e. "压缩图片"按钮：可以打开对话框，设置"压缩图片"的具体内容。

f. "更改图片"按钮：可以打开"插入图片"对话框，重新选择插入的图片。

g. "重置图片"按钮：将图片恢复到设置之前的最初状态。

② "图片样式"选项组　在"图片样式"选项组中，选择列表框中的任意一种样式，即可为选中的图片添加该样式。

a. "图片边框"按钮：可为图片添加边框效果，并设置边框的粗细、颜色等。

b. "图片效果"按钮：可为图片添加阴影、映像、发光等效果。

c. "图片版式"按钮：可以把图片转换为 SmartArt 图形，实现图片与文字或其他对象的组合排列。

③ "排列"选项组　选中图片后，可以通过"排列"选项组来设置图片与文字的位置关系、图片的对齐、旋转等效果。

a. "位置"按钮：设置图片在文档中的位置及文字的环绕方式。例如选择"中间居中，四周型文字环绕"，则图片位于文档正中间位置，文字环绕在图片四周。

b. "环绕文字"按钮：设置图片和文字间的位置关系，例如选择"浮于文字上方"，则图片位于文字的上方，会遮挡住文字。

c. "上移一层"和下"移一层"按钮：当多图片对象位于同一位置时，设置图片间的叠放顺序。

d. "选择窗格"按钮：显示"选择"任务栏窗格，这使得能够更加轻松地选择对象、更改其顺序或更改其可见性。

e. "对齐"按钮：设置多张图片的对齐方式。

f. "组合"按钮：可对多张图片进行组合操作，成为一张图片，也可实现取消组合操作。

g. "旋转"按钮：可设置图片的旋转效果。

④ "大小"选项组　"大小"选项组可以对图片进行裁剪及设置图片的大小。

a. "裁剪"按钮：单击"裁剪"按钮，通过图片上的控制点可以对图片进行裁剪操作。单击"裁剪"按钮下的箭头，在打开的菜单中还可以设置"裁剪为形状"等操作。

b. "高度"和"宽度"数值框：设置图片的高度与宽度。

如果需要进一步设置，可单击"大小"选项组右下角 按钮，打开"布局"对话框，设置图片的缩放比例、文字环绕等，如图 1-4-41 所示。

图 1-4-41　"布局"对话框

4.3.2 插入与编辑图形

Word 2016 中提供了多种形状的图形，包括线条、箭头、矩形、椭圆等，用户可以根据需要将各种图形插入到文档中。

（1）插入图形

单击"插入"→"插图"→"形状"按钮，在打开的下拉列表中选择所需要的图形，如图 1-4-42 所示。这时鼠标指针会变成"十"形状，移动鼠标光标到要插入图形的位置，按住鼠标左键不放并拖动鼠标，即可绘制出各种图形。在拖动鼠标的同时，按住"Shift"键，可绘制等比例图形，如正圆形、正方形等。

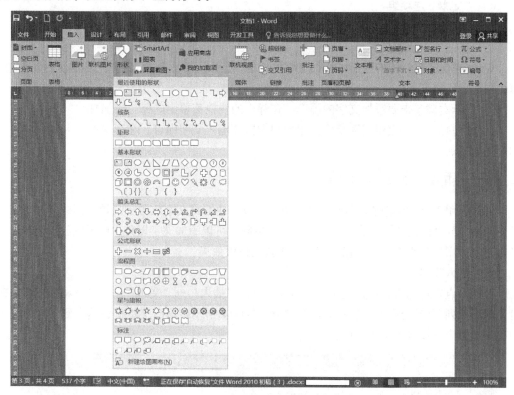

图 1-4-42 "形状"下拉列表

（2）编辑图形

选定插入的图形，用户可以通过"绘图工具"→"格式"选项卡来对图形进行编辑，如图 1-4-43 所示。该选项卡中的"排列"选项组和"大小"选项组的操作方法与前面介绍的图片"格式"选项卡基本类似。下面主要介绍其他选项组的功能。

图 1-4-43 绘图工具"格式"选项卡

①"插入形状"选项组　可以通过单击"插入形状"选项组列表框中的形状按钮，在文档中插入新的图形。

a."编辑形状"按钮：单击"编辑形状"按钮，在打开的下拉菜单中选择"更改形状"命令，可以更改当前的形状样式；选择"编辑顶点"命令，可拖动图形周围的编辑控制点，可改变其形状。

b."文本框"按钮：可在文档中绘制横排或竖排文本框。

② "形状样式"选项组　在"形状样式"选项组左侧的列表框中，可以为图形选择一种样式。在该选项组的右侧有 3 个按钮：形状填充、形状轮廓和形状效果。

a."形状填充"按钮：可以设置图形的填充颜色、填充图片、渐变和纹理填充效果。

b."形状轮廓"按钮：可以设置图形的轮廓颜色、轮廓线条粗细等效果。

c."形状效果"按钮：可以设置图形的阴影、映像、柔化边缘等效果。

③ "文本"选项组

主要用于设置图形中文字的排列方向和对齐方式。

(3) 在图形中添加文字

Word 提供了在封闭的图形中添加文字的功能，使用户可以方便地在图形中输入提示信息，具体操作步骤如下。

① 鼠标右键单击要添加文字的图形，在弹出的快捷菜单中选择"添加文字"命令。

② 此时插入点将定位到形状中，用户根据需要输入文字即可。在形状中输入的文字将与图形一起移动。

4.3.3　插入与编辑文本框

通过使用 Word 提供的文本框对象，用户可以方便地将文本放置于文档页面的任何位置，不受段落、页面设置等因素的影响。在文本框中除了可以添加文字以外，还可以放置图片、图形等对象，用户利用文本框可以实现更为丰富的排版效果。

(1) 插入文本框

将插入点定位到需要插入文本框的位置，单击"插入"→"文本"→"文本框"按钮，在打开的下拉列表中选择一种文本框样式，如图 1-4-44 所示，这时文本框将插入到文档中，用户在文本框中直接输入文字即可。

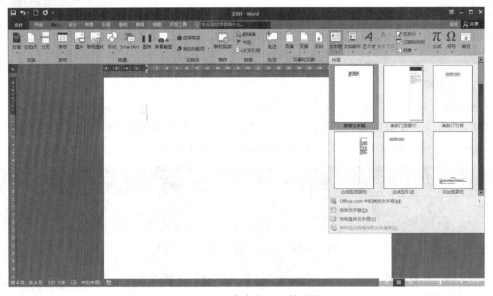

图 1-4-44　"文本框"下拉列表

(2) 绘制文本框

如果 Word 2016 提供的文本框样式不能满足用户的需求,用户可以在文档中绘制文本框,并自定义文本框样式。具体操作方法如下。

单击"插入"→"文本"→"文本框"按钮,在打开的下拉列表中选择"绘制横排文本框"或"绘制竖排文本框"命令,鼠标指针会变成"✚"形状,移动鼠标光标到要插入文本框的位置,按住鼠标左键不放,从左上角到右下角拖拖动鼠标至合适大小,即可绘制出文本框。

(3) 编辑文本框

选定文本框以后,用户可以通过"绘图工具"→"格式"选项卡来对文本框进行编辑,"格式"选项卡中各选项组的操作方法和前面介绍的图形操作相类似。

4.3.4 插入与编辑艺术字

艺术字是 Word 中一种具有特殊效果的文字,经常用于广告、海报、贺卡等文档。在文档中使用艺术字,可使其呈现不同的艺术效果,让文档格式更美观。

(1) 插入艺术字

① 定位插入点到需要插入艺术字的位置,单击"插入"→"文本"→"艺术字"按钮,在打开的下拉列表中选择所需要的艺术字样式,如图 1-4-45 所示。

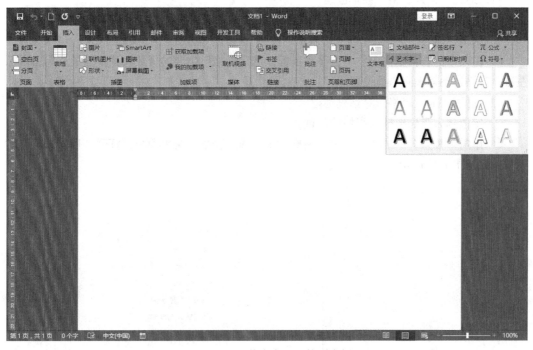

图 1-4-45 "艺术字"下拉列表框

② 在文档中将出现"请在此放置您的文字"艺术字,用户可输入所需要的文本,并设置字体、字号等。

(2) 编辑艺术字

选定艺术字后,"绘图工具"→"格式"选项卡自动被激活,可通过该选项卡上的"艺术字样式""排列""大小"等选项组来对艺术字进行编辑。

①"艺术字样式"选项组　在"艺术字样式"选项组"快速样式"列表框中,可以为艺术字重新选择一种样式。在该选项组的右侧有3个按钮:文本填充、文本轮廓和文本效果。

　　a."文本填充"按钮:可以设置艺术字的填充颜色及渐变填充效果。
　　b."文本轮廓"按钮:可以设置艺术字的轮廓颜色、轮廓线条粗细等效果。
　　c."文本效果"按钮:可以设置艺术字的阴影、映像、发光等效果。
②"文本"选项组　主要用于设置艺术字文本的排列方向和对齐方式。
③"排列"选项组　可设置艺术字的位置、环绕方式、叠放顺序、对齐等。
④"大小"选项组　用于设置艺术字对象的高度与宽度。

4.4　Word 2016 的表格操作

Word 中的表格是由行和列的方式组合而成,表格中小的方格被称为单元格。Word 2016 不仅提供了多种在文档中插入表格的方法,并且还可以对表格进行各种编辑、美化操作。

4.4.1　创建表格

(1) 通过"插入表格"菜单创建
① 定位插入点到要插入表格的位置。
② 单击"插入"→"表格"→"表格"按钮,打开"插入表格"菜单,如图1-4-46所示。
③ 在菜单的表格框内向右下方移动鼠标,选定表格所需要的行数和列数。最后单击鼠标左键,表格自动插入到当前位置。
(2) 通过"插入表格"对话框创建
① 定位插入点到要插入表格的位置。
② 单击"插入"→"表格"→"表格"→"插入表格"菜单命令,打开"插入表格"对话框,如图1-4-47所示。

图 1-4-46　"插入表格"菜单

图 1-4-47　"插入表格"对话框

③ 在对话框中分别设置表格的列数和行数,最后单击"确定"按钮。
(3) 绘制表格
Word 2016 提供了"绘制表格"工具,可以创建具有斜线、多样式边框和较为复杂的表格,具体操作方法如下。

① 单击"插入"→"表格"→"绘制表格"菜单命令。

② 鼠标指针变成 ∥ 形状,在需要插入表格的位置处按住鼠标左键不放并拖动,绘制出表格外部框线,调整至合适大小,释放鼠标即可绘制出表格边框。

③ 在需要的位置处依次绘制出表格的横线、竖线及斜线。完成表格的绘制后,按下键盘上的"Esc"键,或再次单击"插入"→"表格"→"绘制表格"命令,退出表格绘制状态。

4.4.2 编辑表格

在创建表格后,定位插入点到相应单元格,就可以输入文本。用户也可以根据需要,对表格进行编辑,如行列的插入与删除、合并与拆分单元格、调整表格的行高与列宽等。Word 2016 提供了对表格进行编辑的"表格工具"→"布局"和"设计"选项卡,如图1-4-48和图1-4-49所示。

图1-4-48 表格工具"布局"选项卡

图1-4-49 表格工具"设计"选项卡

(1) 选择表格行、列

对表格进行编辑操作时,一定要先选定,再操作。

① 选择一个单元格:鼠标光标移到单元格左侧,鼠标指针变成 ➤ 形状时,单击鼠标左键。

② 选择行:鼠标光标移动到表格行左侧,鼠标指针变成 ⇗ 形状时,单击鼠标左键。

③ 选择列:鼠标光标移动到表格列的上边界处,鼠标指针变成 ↓ 形状时,单击鼠标左键。

④ 选择连续多个单元格:从左上角单元格拖动鼠标至右下角单元格。

⑤ 选择不连续多个单元格:先选中单元格或单元格区域,再按住"Ctrl"键选择其余单元格。

⑥ 选择整个表格:定位插入点到表格任意单元格内,鼠标单击表格左上角 ⊕ 图标。

(2) 调整表格行高和列宽

① 拖动鼠标进行调整 将鼠标指针定位到要调整行高或列宽的表格边框线上,当指针变成上、下或左、右双向箭头时,按住鼠标左键拖动表格边框线至合适位置,松开左键即可。

② 使用表格工具"布局"选项卡 选择要进行调整的表格行或列,打开"表格工具"→"布局"→"单元格大小"选项组,在"高度"和"宽度"数值框中输入行高和列宽。

(3) 插入表格行或列

① 使用"布局"选项卡 定位插入点到相应单元格,打开"表格工具"→"布局"→"行

和列"选项组,如图 1-4-50 所示,单击"在上方插入""在下方插入""在左侧插入""在右侧插入"按钮完成相应操作。

图 1-4-50　表格"行和列"选项组

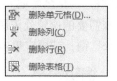

图 1-4-51　"删除"下拉菜单

② 使用快捷菜单　定位插入点到相应单元格,单击鼠标右键,在弹出的快捷菜单中选择"插入"命令,选择相应的菜单命令。

(4) 删除表格行或列

① 使用"布局"选项卡　定位插入点到相应单元格,打开"表格工具"→"布局"→"行和列"选项组,单击"删除"按钮,在打开的下拉菜单中选择相应操作,如图 1-4-51 所示。

② 使用快捷菜单　选中要删除的表格行或列,单击鼠标右键,在弹出的快捷菜单中选择"删除行"或"删除列"命令。

(5) 合并和拆分单元格

在对复杂表格进行编辑时,经常需要把多个单元格合并为一个,或者把一个单元格拆分成多个单元格。

① 合并单元格　选择要合并的多个相邻单元格,单击"表格工具"→"布局"→"合并"→"合并单元格"按钮。

② 拆分单元格　选择要拆分的一个或多个单元格,单击"表格工具"→"布局"→"合并"→"拆分单元格"按钮,打开"拆分单元格"对话框,如图 1-4-52 所示,输入要拆分成的"列数"与"行数",单击"确定"按钮

(6) 设置单元格对齐方式及文字方向

① 设置单元格对齐方式　用户可根据需要设置单元格中文本的对齐方式,操作方法如下:先选择要设置对齐方式的单元格或单元格区域,打开"表格工具"→"布局"→"对齐方式"选项组,再单击相应的对齐方式按钮,如图 1-4-53 所示。

图 1-4-52　"拆分单元格"对话框

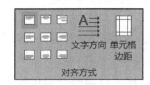

图 1-4-53　单元格"对齐方式"选项组

② 设置单元格文字方向　先选定单元格或单元格区域,打开"表格工具"→"布局"→"对齐方式"选项组,再单击"文字方向"按钮,可切换单元内文本的排列方向。

(7) 设置表格边框和底纹

Word 2016 提供了多种方法来设置表格的边框和底纹,使表格样式更美观。

① 设置表格边框

a. 选定要设置边框的单元格区域或整个表格，单击"表格工具"→"设计"→"边框"选项组右下角的 按钮，打开"边框的底纹"对话框，如图1-4-54所示。

b. 在"设置"区域选择边框的显示方式。"无"选项表示单元格区域或整个表格不显示边框；"方框"选项表示单元格区域或整个表格只显示四周的边框；"全部"选项表示单元格区域或整个表格显示相同样式的边框；"虚框"选项表示单元格区域或整个表格四周为设置的边框样式，内部默认为细实线；"自定义"选项表示单元格区域或整个表格的边框线条可由用户自定义效果。

c. 在"样式"列表框中可设置边框的线条样式；在"颜色"下拉列表框中可选择边框的颜色；在"宽度"下拉列表框中选择边框线条的宽度；在"预览"区域，可以单击某个位置的按钮来确定是否显示该边框线条。

d. 最后单击"确定"按钮。

② 设置表格底纹　选定要设置底纹的单元格区域或整个表格，打开"表格和边框"对话框，切换到"底纹"选项卡，设置填充颜色和图案等。

③ 表格套用格式　Word 2016 提供了多种漂亮的表格样式，用户可以直接使用，这就是表格自动套用格式。具体操作方法：先选择表格，打开"表格工具"→"设计"→"表格样式"选项组，在列表样式中选择需要的样式即可，如图1-4-55所示。

图1-4-54　"边框和底纹"对话框

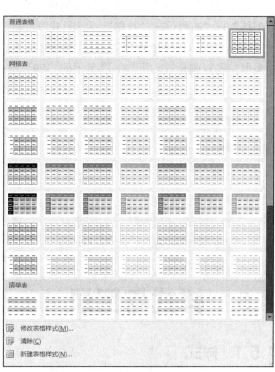

图1-4-55　"表格样式"列表

4.4.3　表格数据的计算

在 Word 中，表格中的数据能进行求和、求平均值、求最大值、最小值这样的简单计算。计算主要通过公式或者函数来实现，用于表格计算的函数共有18个，这些函数都可以直接选择，不用输入。下面我们简单介绍一下其中几个常用函数的使用。

以成绩表为例，我们要统计每位同学的总分及课程平均分，如图 1-4-56 所示。

学号	姓名	语文	数学	计算机	总分
20210001	李春林	90	85	92	267
20210002	甘信伟	86	90	84	260
20210003	李春丽	95	90	92	277
20210004	刘栋梁	90	85	88	263
20210005	张大明	75	80	82	237
课程平均分		87.2	86	87.6	

图 1-4-56 成绩表

（1）计算总分

首先定位插入点到第 2 行最后 1 列单元格，也就是"总分"下方的单元格，单击"表格工具"→"布局"→"数据"→"公式"按钮，打开"公式"对话框，在"公式"栏中输入公式"=SUM(LEFT)"，单击"确定"，如图 1-4-57 所示。接着统计其他同学的总分，我们可以对公式进行复制操作，再按下键盘上的"F9"键，更新结果，完成所有同学的总分统计。

（2）计算平均分

首先定位插入点到最后 1 行第 3 列单元格，也就是"课程平均分"右侧的单元格，单击"表格工具"→"布局"→"数据"→"公式"按钮，打开"公式"对话框，在"公式"栏中输入公式"=AVERAGE(ABOVE)"，如图 1-4-58 所示。接着统计其他课程的平均分，和统计总分操作类似，先复制公式，再按下键盘上的"F9"键，更新结果，完成所有课程的平均分统计。

图 1-4-57 统计总分"公式"对话框

图 1-4-58 统计平均分"公式"对话框

4.5 样式与目录

4.5.1 样式

样式是字体格式与段落格式的设置组合。在进行长文档编辑时，如果对文档内容逐一设置格式，不仅效率低，而且还容易出现错误。使用样式可以快速定义文档中标题、正文的格式，使文档具有风格一致的专业外观。

（1）应用与修改样式

Word 2016 提供了多种内置样式，用户可直接使用样式，也可以对样式进行修改。

① 应用样式　选择要应用样式的文本，例如选择"4.5　样式与目录"，单击 "开始"→"样式"→"标题 2"按钮，如图 1-4-59 所示。再选中"4.6　小结"，应用样式"标题 2"，使用相同的方法，为文档中同级别标题文本应用相同样式，设置统一外观风格。

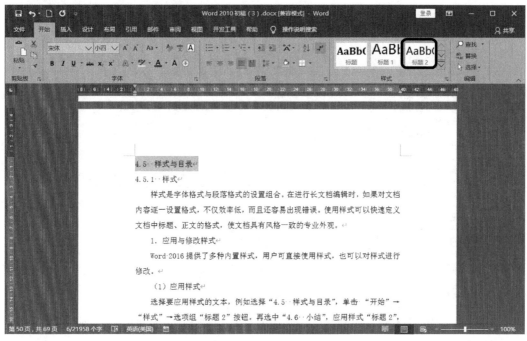

图 1-4-59　设置标题样式

② 修改样式　内置样式可能不完全符合用户的需求，用户可对样式进行修改。例如，修改"标题 2"样式，选择 "开始"→"样式"选项组，右键单击"标题 2"按钮，在打开的快捷菜单中选择"修改"命令，弹出"修改样式"对话框。例如，设置字体为黑体、三号、红色，如图 1-4-60 所示，这样文档中所有的"标题 2"文本样式都进行了修改。如果单击"格式"按钮，可进一步设置字体、段落、边框等样式，最后单击"确定"按钮。

(2) 新建样式

在 Word 2016 中，除可选用已有的样式外，还可以自定义样式，即创建样式。用户可以制作出十分漂亮的样式，并且把它添加到样式库，使用十分方便。自定义样式可以设置字体、段落、边框、快捷键、文字效果等。

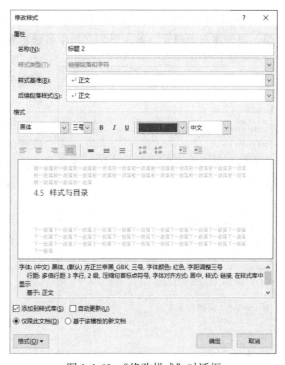

图 1-4-60　"修改样式"对话框

第 4 章　文档处理　　103

单击"开始"→"样式"选项组右下角按钮，打开"样式"任务窗格，选择"新建样式"按钮，打开"根据格式化创建新样式"对话框，如图1-4-61、图1-4-62所示。根据需要，设置样式"名称""样式类型""样式基准""字体""段落格式"等，最后单击"确定"按钮。

图1-4-61 "样式"任务栏窗格

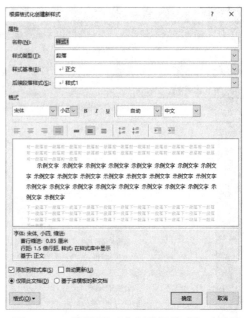

图1-4-62 "根据格式化创建新样式"对话框

4.5.2 创建自动目录

Word 2016中提供了自动生成和自动更新目录的功能，既节省了时间，又可以减少排版错误。要创建自动目录，首先要为文档中各级标题文本设置"标题1""标题2""标题3"等样式（具体操作方法参见4.5.1样式），然后定位插入点到要创建目录的位置，单击"引用"→"目录"→"目录"→"自动目录1"菜单命令，如图1-4-63所示。

创建自动目录以后，如果标题文字或者页码发生改变，可将鼠标光标放在目录区域，单击右键，在弹出的快捷菜单中选择"更新域"菜单命令，可对整个目录或页码进行更新，如图1-4-64所示。

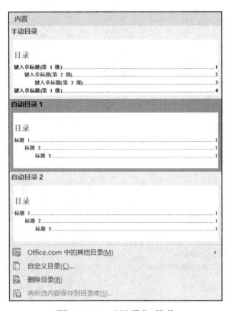

图1-4-63 "目录"菜单

图1-4-64 "更新域"操作

本章小结

本章主要介绍了 Word 2016 的工作界面和基本操作。主要内容包括 Word 2016 的窗口组成，文档的创建和保存，文本编辑，插入特殊符号，字符与段落的格式设置，页面设置，图文混排，表格的制作与编辑，样式与目录等操作。

项目实训

[项目 1] Word 2016 基本编辑操作

要求：使用 Word 2016 录入文档内容，并按要求进行排版，如图 1-4-65 所示。

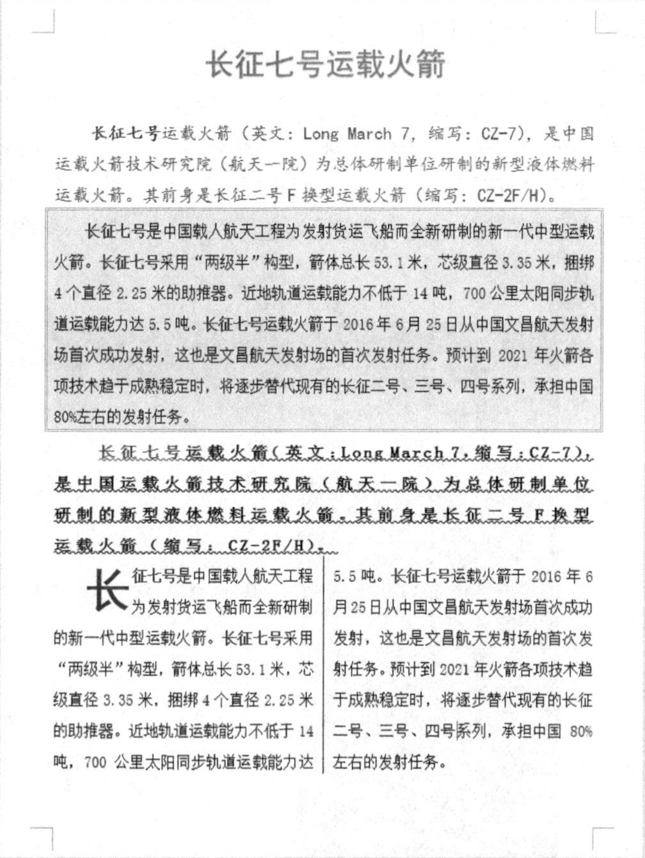

图 1-4-65 "Word 2016 基本编辑操作"最终效果图

（1）录下以下文本内容，要求正确输入汉字、英文、标点符号。

第 4 章 文档处理

长征七号运载火箭

长征七号运载火箭（英文：Long March 7，缩写：CZ-7），是中国运载火箭技术研究院（航天一院）为总体研制单位研制的新型液体燃料运载火箭。其前身是长征二号F换型运载火箭（缩写：CZ-2F/H）。

长征七号是中国载人航天工程为发射货运飞船而全新研制的新一代中型运载火箭。长征七号采用"两级半"构型，箭体总长53.1米，芯级直径3.35米，捆绑4个直径2.25米的助推器。近地轨道运载能力不低于14吨，700公里太阳同步轨道运载能力达5.5吨。长征七号运载火箭于2016年6月25日从中国文昌航天发射场首次成功发射，这也是文昌航天发射场的首次发射任务。预计到2021年火箭各项技术趋于成熟稳定时，将逐步替代现有的长征二号、三号、四号系列，承担中国80%左右的发射任务。

（2）设置纸张大小为B5，左右页边距均为1.5cm，上下页边距均为2cm。

选择"布局"→"页面设置"选项组，打开"页面设置"对话框完成相应设置。

（3）标题设置为黑体，24磅，居中对齐，"填充：蓝色，着色1；阴影"文本效果，段后间隔1行。

选中标题，打开"开始"→"字体"选项组，在"字体"下拉列表框设置黑体、在"字号"下拉列表框设置24磅；单击"文本效果和版式"按钮右侧箭头，在打开的列表中选择"填充：蓝色，主题1；阴影"文本效果。单击"开始"→"段落"选项组右下角按钮，打开"段落"对话框，在"常规"设置区设置对齐方式为"居中"，在"间距"设置区设置段后间距为1行，如图1-4-66、图1-4-67所示。

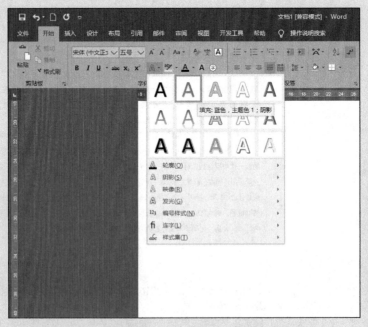

图1-4-66 "文本效果"下拉列表

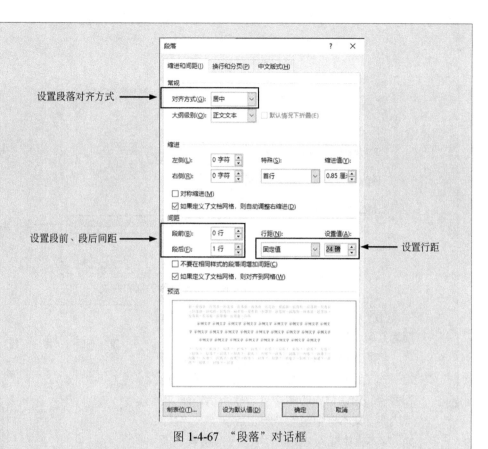

图 1-4-67 "段落"对话框

（4）将正文内容复制 1 份到文档末尾，每段首行缩进 2 个字符，行间距为固定值 24 磅；正文第一自然段设置为楷体四号、蓝色；第二自然段文字设置为宋体、小四号，添加双细线边框，边框宽度 0.75 磅，边框颜色为浅绿色；设置橙色，个性色 2，淡色 80%底纹；第三自然段设置宋体小四号、加粗、缩放 120%、字间距加宽 1.5 磅，添加波浪下划线；第四自然段分为两栏，栏间距为 1.5 字符，加分隔线。

选中正文文本，单击右键，在弹出的快捷菜单中选择"复制"命令，再定位插入点到文档末尾，单击右键，在弹出的快捷菜单中选择"粘贴"命令（也可使用"开始"→"剪贴板"选项组上的按钮或快捷组合键完成）；再次选中所有正文文本，打开"段落"对话框，设置首行缩进 2 个字符，行间距为固定值 24 磅；选中第一自然段，使用"字体"选项组上相应按钮设置楷体、四号、蓝色效果；选中第二自然段，使用"字体"选项组上相应按钮设置宋体、小四号效果，再单击"段落"选项组"边框"按钮右侧箭头，在弹出的下拉菜单中选择"边框和底纹"命令，打开"边框和底纹"对话框，按要求设置边框和底纹效果，如图 1-4-68 所示；选中第三自然段，打开"字体"对话框完成相应设置；选中第四自然段，单击"布局"→"页面设置"→"栏"按钮，在打开的菜单中选择"更多栏"命令，打开"栏"对话框，如图 1-4-69 所示，完成相应设置。

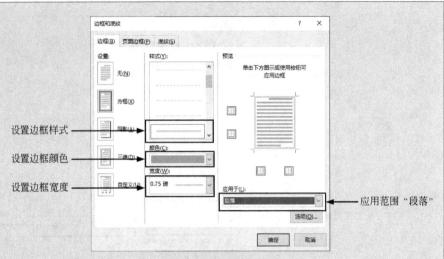

图 1-4-68 设置段落边框和底纹

（5）将正文中所有的"长征七号"格式替换为红色，加粗效果。

将插入点定位到文档正文开始处，单击"开始"→"编辑"→"替换"按钮，打开"查找和替换"对话框，如图 1-4-70 所示，在"查找内容"文本框中输入"长征七号"，在"替换为"文本框中输入"长征七号"，在"搜索选项"中设置"向下"，并选中"替换为"文本，单击"格式"按钮，打开"替换字体"对话框，设置文本加粗、红色效果，完成设置后，单击"全部替换"按钮。

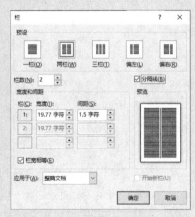

图 1-4-69 分栏设置

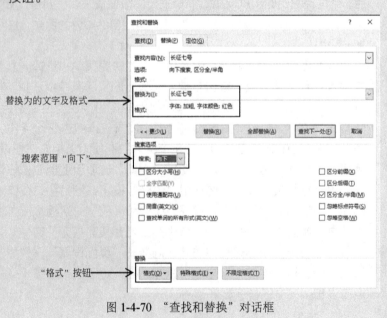

图 1-4-70 "查找和替换"对话框

(6)设置第四自然段首字下沉效果,下沉文字为黑体,下沉2行。

定位插入点到第四自然段,单击"插入"→"文本"→"首字下沉"按钮,在下拉菜单中选择"首字下沉选项"菜单命令,打开"首字下沉"对话框,如图1-4-71所示,按要求设置字体为黑体,下沉行数为2,单击"确定"按钮。

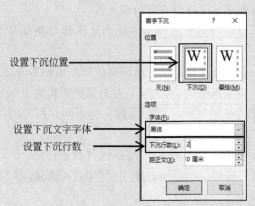

图 1-4-71 "首字下沉"对话框

(7)将编辑好的文档取名为 JSJ1.docx 存放于学生文件夹。

[项目2] Word 2016 图文混排

要求:完成文档中文本、艺术字、图片、文本框等对象的混合排版操作,如图1-4-72所示。

图 1-4-72 "Word 2016 图文混排操作"最终效果图

(1)录下以下文本内容,要求正确输入汉字、英文、标点符号。

虚拟现实技术

虚拟现实技术(VR)是一种多源信息融合的交互式的三维动态视景和实体行为的系统仿真,使用户沉浸到该环境中。

虚拟现实技术的特征：

多感知性：指的是视觉感知、听觉感知、触觉感知、运动感知，甚至还包括味觉、嗅觉感知等。理想的虚拟实现应该具有一切人所具有的感知功能。

存在感：指用户感到作为主角存在于模拟环境中的真实程度。理想的模拟环境应该达到使用户难辨真假的程度。

交互性：指用户对模拟环境内物体的可操作程度和从环境得到反馈的自然程度。

自主性：指虚拟环境中的物体依据现实世界物理运动定律动作的速度。

（2）设置纸张大小为A4，左右页边距均为2.5cm，上下页边距均为2cm。

选择"布局"→"页面设置"选项组，打开"页面设置"对话框完成相应设置。

（3）设置正文为宋体，小四号，1.5倍行距。

打开"开始"选项卡，使用"字体"选项组和"段落"选项组上相应列表和按钮完成设置。

（4）标题设置为艺术字样式："填充-白色，轮廓-着色1，阴影"，隶书、小初号，上下型环绕方式，右对齐，文本填充效果为渐变"红色-黄色-蓝色"，方向为"线性向右"。

选中标题文字，单击"插入"→"文本"→"艺术字"按钮，打开"艺术字样式"列表框，选择所需样式，如图1-4-73所示。

输入文字"虚拟现实技术"，打开"开始"选项卡，通过"字体"选项组上的按钮设置隶书、小初号；单击"绘图工具"→"格式"→"排列"→"位置"→"其他布局选项"菜单，打开"布局"选项卡，设置对齐方式为"右对齐"；单击"绘图工具"→"格式"→"排列"→"环绕文字"→"上下型环绕"，如图1-4-74、图1-4-75所示。

图1-4-73 "艺术字样式"列表

图1-4-74 "布局"选项卡

图 1-4-75　设置"上下型环绕"

选中艺术字,单击"绘图工具"→"格式"→"艺术字样式"→"文本填充"→"渐变"→"其他渐变"菜单命令,打开"设置形状格式"任务窗格,依次设置"渐变光圈"及方向"线性向右",如图 1-4-76 所示。

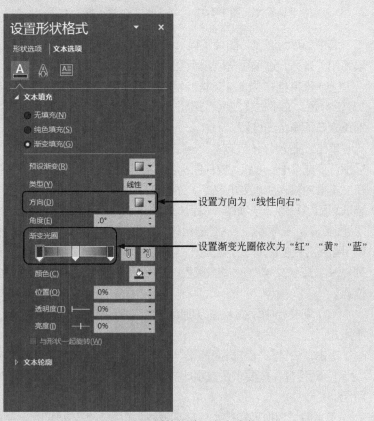

图 1-4-76　"设置形状格式"任务窗格

(5)在文档中插入图片,设置图片高度为3cm、宽度为4.5cm;样式为"矩形投影";位置"顶端居左,四周型文字环绕;"。

单击"插入"→"插图"→"图片"按钮,打开"插入图片"对话框,选择需要插入的图片,单击"插入"按钮,如图1-4-77所示。

图 1-4-77 "插入图片"对话框

选中图片,通过"图片工具"→"格式"→"大小"选项组、"图片样式"选项组和"排列"选项组分别设置图片大小、样式及位置。

(6)在文档中插入文本框,输入所需文字,设置文字竖排,楷体,小四号,1.5倍行距,文本框样式为"透明-黑色,深色1","四周型"文字环绕,并移动到正文右下角合适位置。

单击"插入"→"文本"→"文本框"→"绘制竖排文本框"菜单命令,鼠标指针变成"✚"形状,按住鼠标左键拖动至合适大小,在文档中绘制出文本框,在文本框内输入所需要的文字,然后选中文本框内文字,通过"开始"→"字体"选项组和"段落"选项组,设置楷体,小四号,1.5倍行距;选中文本框,打开"绘图工具"→"格式"→"形状样式"选项组,在"主题样式"列表中选择"透明-黑色,深色1"样式,如图1-4-78所示;单击"绘图工具"→"格式"→"排列"→"环绕文字"→"四周型"命令,然后将文本框移动到正文右下方合适位置。

(7)在文档中添加"虚拟现实"文字水印,文字为黑体、红色、48磅、水平版式。

单击"设计"→"页面背景"→"水印"→"自定义水印"菜单命令,打开"水印"对话框,按要求设置水印文字、字体、字号、颜色、版式,如图1-4-79所示。

(8)将"虚拟现实技术"文字设置为页眉,楷体小四号,蓝色,右对齐,页眉样式为空白;在页脚底端插入页码,起始页为"5",宋体,五号,左对齐。

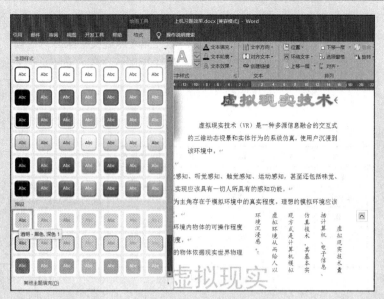

图 1-4-78 设置文本框主题样式

页眉设置：单击"插入"→"页眉和页脚"→"页眉"→"空白"菜单命令，进入页眉编辑状态，输入文字，并设置楷体小四号，蓝色，右对齐格式。

页脚设置：单击"插入"→"页眉和页脚"→"页码"→"页面底端"→"普通数字1"菜单命令，在页脚中插入页码。选中页码，设置宋体，五号，左对齐格式；单击"页眉和页脚工具"→"页眉和页脚"→"页码"→"设置页码格式"菜单命令，将打开"页码格式"对话框，如图1-4-80所示，按要求设置起始页码为5。

图 1-4-79 "水印"设置对话框　　图 1-4-80 "页码格式"设置对话框

（9）将编辑好的文档取名为 JSJ2.docx 存放于学生文件夹。

[项目3] Word 2016 表格操作

要求：完成表格的创建及编辑。

（1）创建学生成绩表

① 创建如图 1-4-81 所示"成绩表"，输入表格中的数据，表格标题为楷体、三号、蓝色，居中对齐。

第4章　文档处理　113

首先输入表格标题"成绩表",并打开"开始"选项卡,按要求设置格式为楷体、三号、蓝色,居中对齐方式;定位插入点到文档第二行行首,单击"插入"→"表格"→菜单命令,在"表格"列表中用鼠标选择5列6行,如图1-4-82所示。

成绩表				
学号	姓名	语文	数学	计算机
20210001	李春林	90	85	92
20210002	甘信伟	86	90	84
20210003	李春丽	95	90	92
20210004	刘栋梁	90	85	88
20210005	张大明	75	80	82

图 1-4-81 "成绩表"最终效果　　　图 1-4-82 插入"表格"菜单

② 设置表格第1行高度为1cm,其余各行高度为0.8cm;第1、2列宽度为3cm,其余各列宽度为2.5cm。

选中表格第1行,打开"表格工具"→"布局"→"单元格大小"选项组,在"表格行高"数值框中输入"1厘米";使用相同方法设置其余行高及列宽。

③ 设置表格自动套用格式:"网格表4-着色5"。

选中表格,打开"表格工具"→"设计"→"表格样式"选项组,在样式列表中选择"网格表4-着色5",如图1-4-83所示。

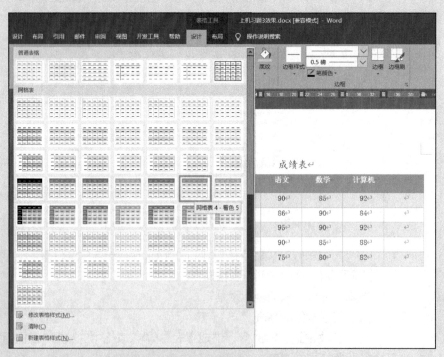

图 1-4-83 "表格样式"列表

④ 设置表格内文字为宋体，小四号，水平居中对齐，整个表格在页面居中。

选中表格，在"开始"→"字体"选项组中设置宋体、小四号；单击"表格工具"→"布局"→"对齐方式"→"水平居中"按钮；单击"开始"→"段落""居中"→按钮。最后定位插入点，输入表格内容。

（2）创建课程表

① 创建如图1-4-84所示"课程表"，表格标题为黑体、三号，深红色，居中对齐。

课程表

时间\星期		星期一		星期二		星期三		星期四		星期五	
		科目	教师	科目	教师	科目	教师	科目	教师	科目	教师
上午	1、2										
	3、4										
午休											
下午	5、6										
	7、8										
晚上	9、10										

图1-4-84 "课程表"最终效果

定位插入点，输入表格标题"课程表"，选中后，打开"开始"→"字体"选项组设置黑体、三号、深红色，打开"开始"→"段落"选项组设置居中对齐；定位插入点到课程表下面一行行首，单击"插入"→"表格"→"插入表格"菜单命令，打开"插入表格"对话框，输入表格列数12，行数8，如图1-4-85所示，最后单击"确定"按钮。

② 设置表格宽度为17cm，各行高度为0.8cm，表格内文字为宋体、五号、水平居中对齐；表格在页面居中。

选中表格，单击"表格工具"→"布局"→"表"→"属性"按钮，打开"表格属性"对话框，设置表格宽度为17cm，行高0.8cm，如图1-4-86所示，最后单击"确定"按钮。

图1-4-85 "插入表格"对话框

图1-4-86 "表格属性"对话框

选中表格,打开"开始"→"字体"选项组,设置宋体、五号;单击"表格工具"→"布局"→"对齐方式"→"水平居中"按钮;单击"开始"→"段落"→"居中"按钮,完成设置。

③ 根据需要合并单元格,并输入内容。

选中要合并的两个或多个单元格区域,单击"表格工具"→"布局"→"合并"→"合并单元格"按钮,完成表格单元格的合并,并输入内容。

④ 设置表格外框线样式为实线,宽度 3 磅,深红色,内部框线为实线,0.75 磅,蓝色;设置表格第 1、2 行底纹为"橙色,个性色 6,淡色 80%。"

选中表格,单击"表格工具"→"设计"→"边框"→"边框和底纹"菜单命令,打开"边框和底纹"对话框,按要求设置外部框线和内部框线效果,如图 1-4-87、图 1-4-88 所示。

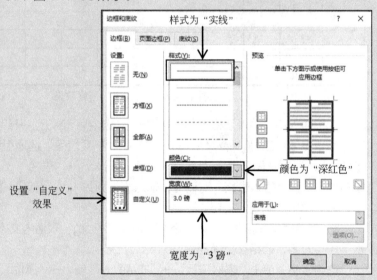

图 1-4-87 "边框和底纹"对话框设置外部边框线条

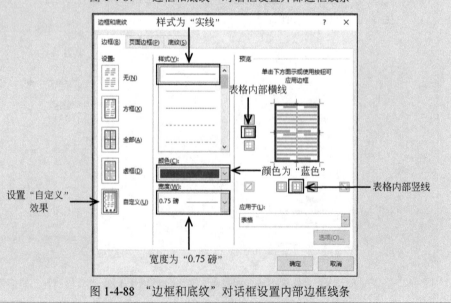

图 1-4-88 "边框和底纹"对话框设置内部边框线条

选中表格第 1、2 行，单击"表格工具"→"设计"→"表格样式"→"底纹"按钮，打开菜单按要求设置底纹颜色，如图 1-4-89 所示。

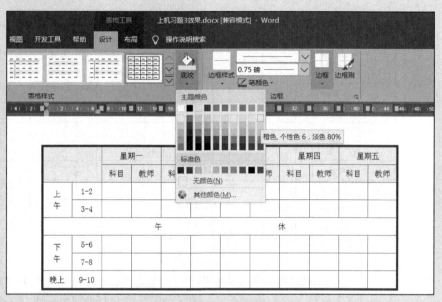

图 1-4-89　设置表格底纹

⑤ 绘制表格表头斜线效果。

定位插入点到表格左上角，打开"表格工具"→"设计"→"边框"选项组，设置边框线样式为实线，宽度为 0.75 磅，颜色为蓝色，然后单击"表格工具"→"设计"→"边框"→"斜下框线"菜单命令，如图 1-4-90 所示。

图 1-4-90　"边框"选项组设置斜线样式、宽度和颜色

第 4 章　文档处理　117

（3）创建成绩登记表

① 创建如图 1-4-91 所示"成绩登记表"。

成绩登记表

序号	姓名	平时作业	课堂提问	平时测验	平时成绩		半期成绩		期末成绩		总成绩
					成绩	换算分(20%)	成绩	换算分(30%)	成绩	换算分(50%)	
1	李春林										
2	邓燕										
3	甘信伟										
4	吕颂										
5	张驰										
6	李宏利										
7	付雪梅										
8	林小雨										

图 1-4-91 "成绩登记表"最终效果

② 操作步骤如下：先输入标题，设置标题为黑体、三号、居中对齐。定位插入点，插入表格，设置表格合适行高，列宽，根据要求对单元格进行合并拆分，设置单元格对齐方式，最后输入文本。大家可通过思考，用学过的表格操作方法来完成。

③ 表格其余设置参见样表，将编辑好的文档取名为 JSJ3.docx 存放于学生文件夹。

第 5 章
电子表格处理

学习目的与要求

掌握 Excel 2016 电子表格的基本概念
掌握 Excel 2016 的基本操作，数据的输入和编辑、工作表和工作簿的使用以及表格格式化的使用方法
掌握 Excel 2016 公式、函数和图表的使用方法
掌握 Excel 2016 排序、筛选和分类汇总等数据操作方法
掌握 Excel 2016 工作表的页面设置、打印及数据保护的方法

5.1　Excel 2016 概述

　　Excel 2016 是微软公司开发的 Office 2016 办公集成软件中的组件之一，主要用于电子表格数据的处理。其功能强大，使用方便，囊括了数据的录入、编辑、排版、计算、图表显示、筛选、汇总等多项功能。通过它对各种复杂数据进行处理、统计、分析变得简单化，还能用图表的形式形象地把数据表示出来。随着计算机应用的普及，Excel 2016 已经广泛应用于办公、财务、金融、审计等众多领域。在大数据时代，学会使用 Excel 2016 处理和分析数据已是每一个人进入职场的必备技能。

5.1.1　Excel 2016 的基本功能

　　① 表格的制作　Excel 2016 可以快速地建立和导入数据，并能对数据方便灵活地处理，以及能对表格进行丰富的格式化设置。

　　② 数据的计算　Excel 2016 拥有非常强大的数据计算功能，提供了简单易学的公式操作方法和丰富的函数来完成各种计算。

　　③ 图表的显示　Excel 2016 可以快捷地建立图表，并对图表进行精美地修饰，使其更直观地表示表格中的数据，增加数据的可读性。

④ 数据的处理　Excel 2016 具有强大的数据库管理功能，可以对数据进行排序、筛选和分类汇总等各项操作。

5.1.2　Excel 2016 的基本概念

（1）Excel 2016 的启动

下列方法之一可以启动 Excel 2016。

① 单击"开始"→"Excel 2016"，即可启动 Excel 2016。

② 双击桌面上 Excel 2016 的快捷图标。

（2）Excel 2016 的窗口组成

Excel 2016 的窗口如图 1-5-1 所示。

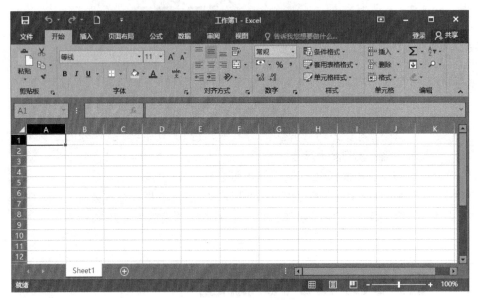

图 1-5-1　Excel 2016 的窗口

① 选项卡　Excel 2016 包含文件、开始、插入、页面布局、公式、数据、审阅、视图等选项卡，单击选项卡可以打开相应的功能区，每个功能区有多个组，通过组里面的按钮可以实现各种数据操作。

a."开始"选项卡　在此选项卡中包含了剪贴板、字体、对齐方式、数字、样式、单元格、编辑 7 个组，如图 1-5-2 所示。

图 1-5-2　"开始"选项卡

b."插入"选项卡　在此选项卡中包含了表格、插图、加载项、图表、演示、迷你图、筛选器、链接、文本和符号 10 个组，如图 1-5-3 所示。

图 1-5-3 "插入"选项卡

c."页面布局"选项卡　在此选项卡中包含了主题、页面设置、调整为合适大小、工作表选项、排列 5 个组，如图 1-5-4 所示。

图 1-5-4 "页面布局"选项卡

d."公式"选项卡　在此选项卡中包含了函数库、定义的名称、公式审核、计算 4 个组，如图 1-5-5 所示。

图 1-5-5 "公式"选项卡

e."数据"选项卡　在此选项卡中包含了获取外部数据、获取和转换、连接、排序和筛选、数据工具、预测和分级显示 7 个组，如图 1-5-6 所示。

图 1-5-6 "数据"选项卡

f."审阅"选项卡　在此选项卡中包含了校对、中文简繁转换、见解、语言、批注、更改 6 个组，如图 1-5-7 所示。

图 1-5-7 "审阅"选项卡

g."视图"选项卡　在此选项卡中包含了工作簿视图、显示、显示比例、窗口、宏 5 个组，如图 1-5-8 所示。

第 5 章　电子表格处理　121

图 1-5-8 "视图"选项卡

② 名称框与编辑栏　名称框与编辑栏位于选项卡下方。名称框，用来显示当前单元格或单元格区域名称；编辑栏，用于编辑或显示当前单元格的值或公式，如图 1-5-9 所示。

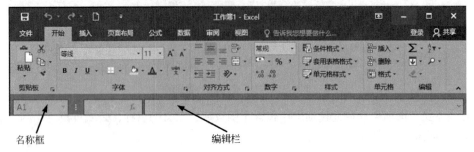

图 1-5-9 名称框与编辑栏

(3) 工作簿、工作表和单元格

① 工作簿　工作簿就是一个 Excel 文件，其默认扩展名为 .xlsx。

② 工作表　一个工作簿默认有一张工作表，命名为 Sheet1，如图 1-5-10 所示。

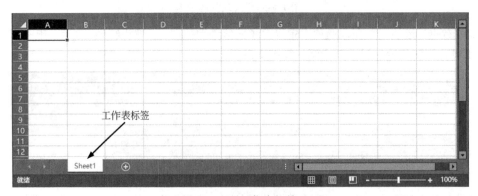

图 1-5-10 工作表标签

右击工作表标签可以对工作表进行插入、删除、重命名等操作，如图 1-5-11 所示。

③ 单元格　在工作表中行列交汇处的区域称为单元格，每一个单元格都有一个地址，地址由"列标"和"行号"组成，列标由字母表示，行号由数字表示，列在前，行在后，例如：第 2 列、第 3 行的单元格地址是 B3。

Excel 2016 的工作表共有 16384 列，列标由左至右从 A-XFD 的字母编号，行号由上至下从 1-1048576 的数字编号。

图 1-5-11 右击工作表标签

（4）退出 Excel 2016

用下列方法之一可以退出 Excel 2016 应用程序。

① 单击窗口右上角"关闭"按钮 ×。

② 使用【Alt+F4】组合键。

5.2 Excel 2016 基本操作

5.2.1 建立和保存工作簿

（1）建立工作簿

选择以下方法之一可以建立新的空白工作簿。

① 单击"文件"选项卡，选择"新建"，单击"空白工作簿"。

② 使用【Ctrl+N】组合键。

（2）保存工作簿

① 保存新工作簿，单击"文件"选项卡里的"保存"或者"另存为"，单击"浏览"，选择存储路径，设置文件名、文件类型，如图 1-5-12 对话框所示，单击保存。

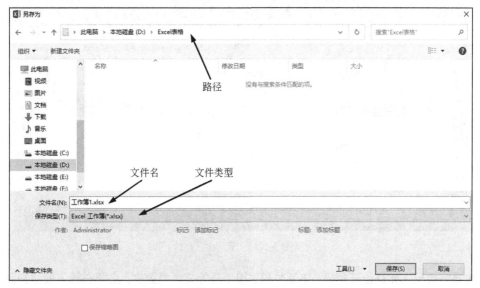

图 1-5-12 "另存为"对话框

② 保存旧工作簿，单击"文件"选项卡里的"保存"进行保存，或者单击"另存为"，重新选择存储路径和设置新的文件名及文件类型后进行保存。

5.2.2 输入和编辑工作表数据

在工作表中输入和编辑数据前必须先选定某个单元格将其激活，输入数据是一项基本操作，主要包括文本输入、数值输入、日期和时间输入、逻辑值输入、数据验证等。

（1）输入数据

① 文本输入 文本包括汉字、字母、数字、空格及键盘上所有可以输入的符号。首先选

第 5 章 电子表格处理 123

中需要输入文本的单元格，然后输入文本，最后按"Enter"键即可。

在默认情况下，文本数据在单元格内靠左对齐进行显示。如果输入的文本数据超过了单元格宽度，若右侧单元格无内容，则会扩展显示到右侧单元格上；若右侧单元格有内容，则当前单元格数据会被截断显示，想要看单元格中的全部内容，可以单击该单元格，此时数据会完整地显示在编辑栏中，如图 1-5-13 所示。

图 1-5-13　文本数据的显示

如果要在同一单元格显示多行数据可以单击"开始"选项卡→"对齐方式"组→"自动换行"，如图 1-5-14 所示，或者在输入数据的过程中使用【Alt+Enter】组合键。

图 1-5-14　自动换行

如果需要输入如身份证号码、电话号码、职工号等文本型数字，必须在输入前添加英文状态下的单引号" ' "，完成输入后该单元格的左上角会显示一个绿色的三角形，如图 1-5-15 所示。

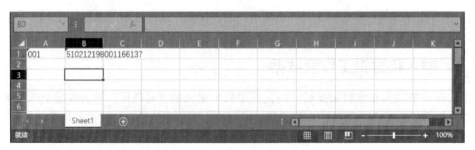

图 1-5-15　文本型数字的输入

② 数值输入　数值一般由数字、+、-、小数点、$、%等组成，选中需要输入数据的单元格，然后输入数值，最后按"Enter"键即可。

在默认情况下，数值数据在单元格内靠右对齐进行显示。如果输入的数值数据超过了单元格宽度，数据会以科学计数法进行显示，如图 1-5-16 所示。

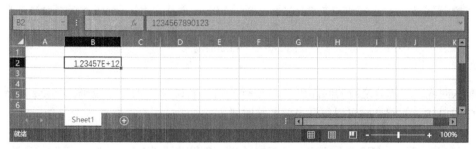

图 1-5-16　科学计数法显示

如果数值数据显示为"####"，如图 1-5-17 所示，说明该单元格的宽度不够，可以调整单元格宽度用于显示完整的数据。

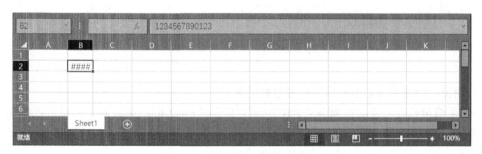

图 1-5-17　数值显示为"####"

如果要显示分数，必须在该单元格前输入零和空格，再输入分数，如"0 3/5"，就可以显示为分数形式"3/5"，如图 1-5-18 所示，而在编辑栏中显示实际值的大小。

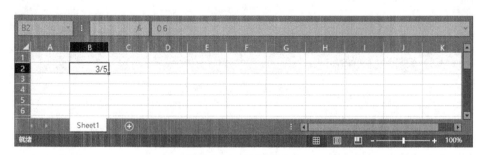

图 1-5-18　分数的输入

③ 日期和时间输入　输入日期，年月日之间的间隔用"-"或"/"进行分隔，格式为"年-月-日"或"年/月/日"，如图 1-5-19 所示，使用【Ctrl+;】组合键可以得到当前系统日期。

图 1-5-19 日期的输入

输入时间，时和分之间的间隔用"："进行分隔，格式为"时:分"，如图 1-5-20 所示，使用【Ctrl+Shift+;】组合键可以得到当前系统时间。

图 1-5-20 时间的输入

日期和时间在单元格中默认的对齐方式是右对齐。

④ 逻辑值输入　逻辑数据有"TRUE"（真）和"FALSE"（假）两个，可以直接在单元格中输入"TRUE"或"FALSE"，也可以通过公式计算的方式得到逻辑值，如图 1-5-21 所示，在单元格中输入公式"=10>2"，结果显示为"TRUE"。

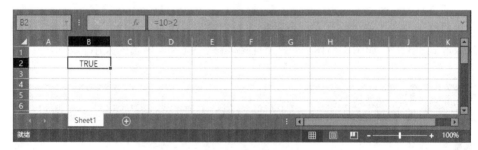

图 1-5-21 逻辑值的输入

⑤ 数据验证　数据验证功能可以使单元格的数据在下拉列表中进行选择。

【例1】制作档案表，录入性别列，选择 B2:B10，单击"数据"选项卡→"数据工具"组→"数据验证"，选择"数据验证"，如图 1-5-22 所示。打开图 1-5-23 所示的菜单，在"允许"里选择"序列"，在"来源"里输入"男,女"（注：用英文逗号进行分隔），单击"确定"，在 B2:B10 任意一个单元格右侧单击按钮，选择所需数据，如图 1-5-24 所示。

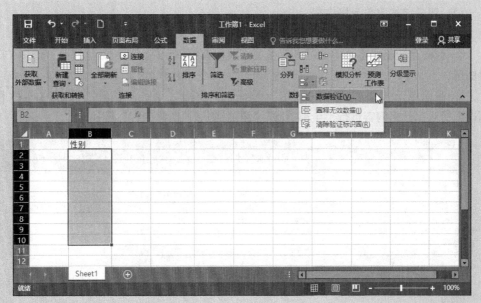

图 1-5-22 数据验证

图 1-5-23 设置数据验证

图 1-5-24 选择数据

第 5 章 电子表格处理

(2) 删除或修改单元格内容

① 删除单元格内容　选择要删除内容的单元格，敲击"Delete"键即可。

② 修改单元格内容　单击或者双击要修改内容的单元格，完成数据修改，敲击"Enter"键即可。

③ 清除单元格内容　单击"开始"选项卡→"编辑"组→"清除"，如图 1-5-25 所示，可以选择对单元格内容进行"全部清除""清除格式""清除内容"等操作。

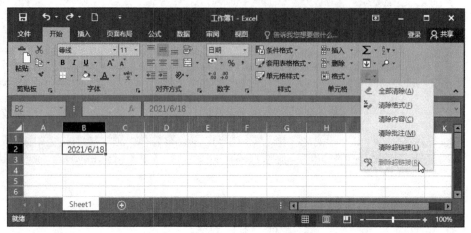

图 1-5-25　清除单元格内容

(3) 复制或移动单元格内容

① 选择需复制或移动的单元格或单元格区域，使用【Ctrl+C】或【Ctrl+X】组合键，单击目标位置，使用【Ctrl+V】组合键即可完成复制或移动操作。

② 选择需复制或移动的单元格或单元格区域，单击右键，选择"复制"或"剪切"命令，右击目标位置，打开图 1-5-26 所示的菜单，在"选择性粘贴"里选所需粘贴的内容即可。

(4) 填充数据序列

利用填充柄进行填充，选定一个单元格或者单元格区域时，右下角会出现一个独立的深色矩形方块，该方块就是填充柄。将鼠标移至需进行填充数据的单元格右下角，当光标变为黑色实心十字箭头时，如图 1-5-27 所示，按住鼠标左键拖至填充的最后一个单元格，松开鼠标，单击"自动填充选项"，如图 1-5-28 所示，选择"复制单元格""填充序列"等命令。

图 1-5-26　选择性粘贴

填充复杂数据，在第一个单元格中输入序列的开始值，选择单元格区域，如图 1-5-29 所示，单击"开始"选项卡→"编辑"组→"填充"→"系列"，选择和设置序列选项，如图 1-5-30 所示，单击"确定"，得到图 1-5-31 的效果。

自定义序列，单击"文件"选项卡→"选项"→"高级"→"常规"栏目下单击"编辑自定义列表"，在"输入序列"里输入任意序列，如图 1-5-32 所示，单击"确定"。

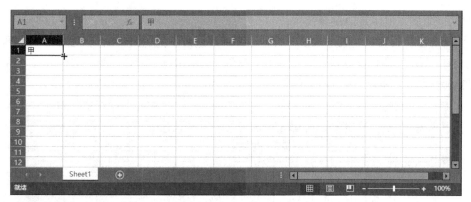

图 1-5-27 填充数据

图 1-5-28 自动填充选项

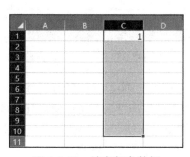

图 1-5-29 填充复杂数据

图 1-5-30 序列

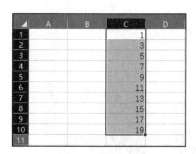

图 1-5-31 序列填充

图 1-5-32 自定义序列

5.2.3 使用工作表和单元格

(1) 使用工作表

① 选定工作表 单击工作表左下角的工作表标签,可以在不同工作表之间进行切换。

② 操作工作表 右击工作表左下角的工作表标签,可以对工作表进行插入、删除、重命

第 5 章 电子表格处理 129

名、移动或复制、显示及隐藏等操作。

③ **拆分工作表窗口** 工作表窗口拆分后,可以通过不同的窗口浏览工作表的不同部分,如图 1-5-33 所示。选择任意单元格,单击"视图"选项卡→"窗口"组→"拆分",然后通过鼠标拖动分隔条,调整各窗口的位置和大小。

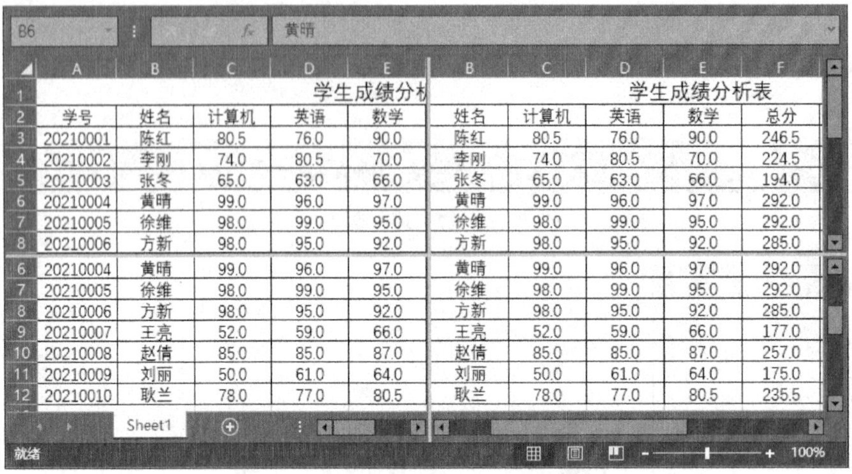

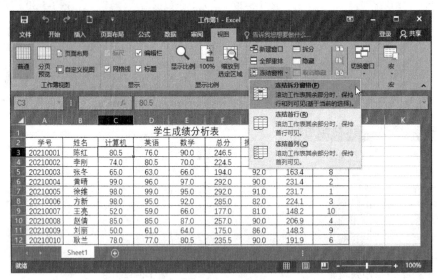

图 1-5-33 拆分工作表窗口

已经拆分过的窗口,单击"视图"选项卡→"窗口"组→"拆分"可以取消拆分。

④ **冻结工作表窗口** 工作表窗口冻结后,可以使前几行或前几列始终显示在工作表窗口内。选择 C3 单元格,单击"视图"选项卡→"窗口"组→"冻结窗口",如图 1-5-34 所示,选择"冻结拆分窗口",调整后效果如图 1-5-35 所示。

图 1-5-34 冻结窗口

(2) 使用单元格

① 选定一个单元格 使用鼠标单击所需单元格即可。

② 选定一个单元格区域 使用鼠标单击单元格区域左上角,按住鼠标拖至区域右下角单元格即可。

图 1-5-35 冻结窗口效果

③ 选定不连续的单元格区域　使用鼠标选定一个单元格或单元格区域，按住"Ctrl"键不放，再选定其他单元格或单元格区域。

④ 插入、删除行列　选定需插入或删除行列的单元格，单击"开始"选项卡→"单元格"组→"插入"或"删除"，如图 1-5-36 所示。

⑤ 单元格命名　选定需命名的单元格，在名称框中输入单元格的名字即可，如图 1-5-37 所示。

图 1-5-36　插入、删除行列

图 1-5-37　单元格命名

⑥ 批注　批注可以为单元格添加注释，单击"审阅"选项卡→"批注"组→"新建批注"，即可编辑批注，如图 1-5-38 所示，添加完成后该单元格右上角会出现一个三角形标识。

图 1-5-38　批注

第 5 章　电子表格处理

5.3 工作表的格式化

对工作表进行格式化操作，能使数据更加突出地显示，Excel 2016 有很丰富的格式化内容，使用这些格式能更有效地表述工作表数据，制作出美观的表格，满足用户个性化要求。

5.3.1 设置单元格格式

单击"开始"选项卡→"字体""对齐方式"或"数字"组右下角的按钮都可以打开"设置单元格格式"对话框，其中包含了"数字""对齐""字体""边框""填充"和"保护"共 6 个选项卡。

（1）设置数字格式

选择需要设置数字格式的单元格，打开"设置单元格格式"对话框，选择"数字"选项卡，如图 1-5-39 所示，可以对数字进行各种设置，包含常规、数值、货币、会计专用、日期、时间等类型。

图 1-5-39　设置数字格式

（2）设置对齐方式

选择需要设置对齐方式的单元格，打开"设置单元格格式"对话框，选择"对齐"选项卡，如图 1-5-40 所示，可以对数据进行各种设置，包含水平、垂直方向的对齐方式、自动换行、缩小字体填充、合并单元格等操作。

（3）设置单元格边框

选择需要设置框线的单元格，打开"设置单元格格式"对话框，选择"边框"选项卡，如图 1-5-41 所示，可以对表格边框进行各种设置，包含线条的样式、颜色以及边框的位置。

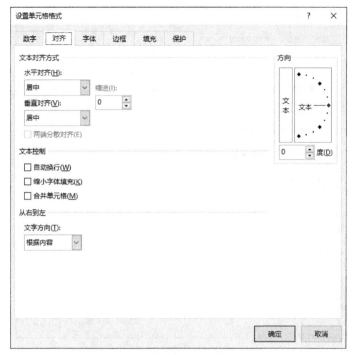

图 1-5-40　设置对齐方式

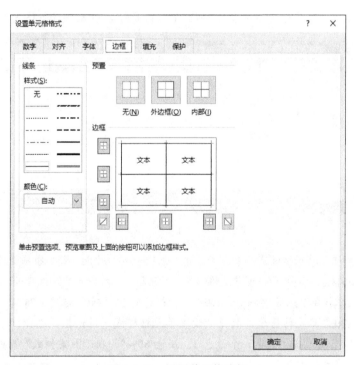

图 1-5-41　设置单元格边框

(4) 设置单元格颜色

选择需要设置颜色的单元格，打开"设置单元格格式"对话框，选择"填充"选项卡，如图 1-5-42 所示，可以对单元格进行各种颜色的设置。

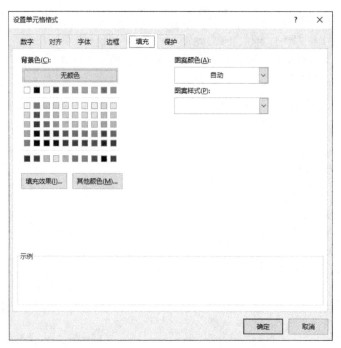

图 1-5-42　设置单元格颜色

【例2】　现有"商品销售情况表",如图 1-5-43 所示,对表格进行格式化操作。

图 1-5-43　商品销售情况表

1. 选定 A1:E7 单元格区域,单击"开始"选项卡→"对齐方式"组→"居中"按钮。选定 A1:E1 单元格区域,打开"设置单元格格式"对话框,选择"对齐"选项卡,"水平对齐"选择"居中","文本控制"选择"合并单元格",单击"确定"按钮;选定 A7:C7,重复以上操作。

2. 选定 A2:E2 单元格区域,打开"设置单元格格式"对话框,选择"填充"选项卡,在"图案颜色"里面选择"蓝色,个性色1,淡色60%",在"图案样式"里面选择"12.5%灰色",单击"确定"按钮。

3. 选定 C3:D6 及 D7 单元格区域,打开"设置单元格格式"对话框,选择"数字"选项卡,在"分类"中选择"货币","小数位数"设置为2,单击"确定"按钮。选定 E3:E6 单元格区域,打开"设置单元格格式"对话框,选择"数字"选项卡,在"分类"中选择"百分比","小数位数"为2,单击"确定"按钮。

4. 选定 A2:E7 单元格区域，打开"设置单元格格式"对话框，选择"边框"选项卡，在"样式"中选择粗实线，在"预置"中选择"外边框"，在"样式"中选择细实线，在"预置"中选择"内部"，单击"确定"按钮，格式化以后的表格如图 1-5-44 所示。

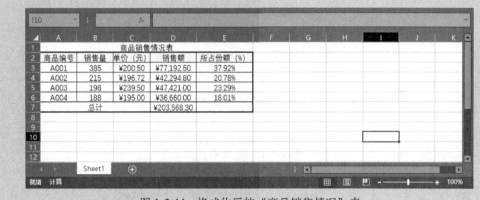

图 1-5-44　格式化后的"商品销售情况"表

5.3.2　设置列宽和行高

（1）设置列宽

① 将鼠标移至两列列标之间的分割线上，鼠标指针变成水平双向箭头，如图 1-5-45 所示，按住鼠标左右拖动即可改变列宽。

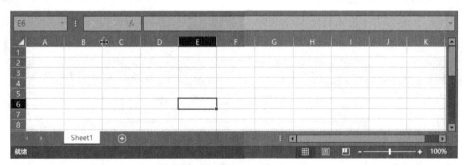

图 1-5-45　拖动改变列宽

② 选定要改变列宽的任意一个或多个单元格，单击"开始"选项卡→"单元格"组→"格式"，打开图 1-5-46 所示的窗口，单击"列宽"命令，设置列的宽度。

（2）设置行高

① 将鼠标移至两行行号之间的分割线上，鼠标指针变成垂直双向箭头，按住鼠标上下拖动即可改变行高。

② 选定要改变行高的任意一个或多个单元格，单击"开始"选项卡→"单元格"组→"格式"，单击"行高"命令，设置行的宽度。

5.3.3　设置条件格式

条件格式是当单元格中的数据满足某个条件设定时，系统会自动将其以设定的格式显示出来。单击"开始"选项卡→"样式"组→"条件

图 1-5-46　设置列宽

格式",如图 1-5-47 所示,根据需求选择不同的选择项。

图 1-5-47　条件格式

【例3】 如图 1-5-48 所示,选定 A1:D3 单元格区域,设置条件格式,选择"突出显示单元格规则"里的"介于",打开图 1-5-49 所示的对话框,设置值 70~80 之间,格式为"绿填充色深绿色文本",单击"确定"按钮,效果如图 1-5-50 所示。

图 1-5-48　选定设置条件格式的数据

图 1-5-49　设置条件

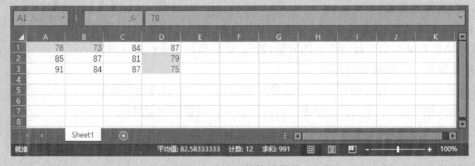

图 1-5-50　条件格式效果

5.3.4 自动套用格式

自动套用格式可以把系统自带的表格样式快速应用于表格中，选择需格式化的单元格区域，单击"开始"选项卡→"样式"组→"套用表格格式"，打开图 1-5-51 所示的对话框，选择任意一种样式。

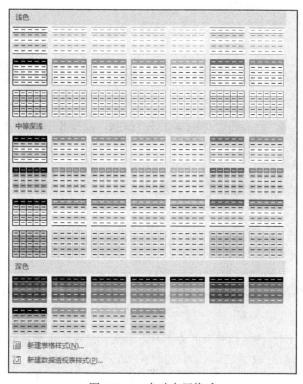

图 1-5-51　自动套用格式

5.4　公式与函数

公式和函数是 Excel 2016 的核心功能，是最基本最重要的应用工具。公式和函数由等号"="开头，标志着计算的开始，可以包含运算符、常量、单元格地址和函数等。使用公式和函数可以高效地完成数据计算和数据分析处理，不但省事而且可以避免手工计算的繁杂和错误，数据修改后，计算的结果也会自动地更新。

5.4.1 公式的使用

公式以等号"="开头，可以进行算术、关系等运算，可以使用的运算符如下：＋（加）、－（减）、＊（乘）、／（除）、％（百分号）、^（乘方）、&（字符连接符）、＝（等于）、<>（不等于）、>（大于）、>=（大于等于）、<（小于）、<=（小于等于）。

选定计算结果放置的单元格，首先输入等号，然后输入参与计算的数值、运算符、单元格地址（注：单元格地址可以通过手动输入、单击、拖动等方式获得），确定公式无误后敲击回车，即可得到结果，如："=3+5"（3 加 5）、"=A2/B5"（A2 除以 B5）、"=5^3"（5 的 3 次方）。

【例4】利用公式计算图 1-5-52 中的"实际收入"部分,"实际收入=(基本工资+奖金)*(1-扣税)"。

图 1-5-52　工资发放清单

1. 选定单元格 F4,输入公式"=(C4+D4)*(1-E4)",如图 1-5-53 所示,敲击回车得到"张小东"的"实际收入"部分。

图 1-5-53　公式计算

2. 选定单元格 F4,将鼠标移至其右下角,当鼠标变成黑色十字箭头,如图 1-5-54 所示,按住鼠标向下拖动至 F6 单元格,用数据填充的方式完成所有人员实际收入的计算,如图 1-5-55 所示。

图 1-5-54　选中填充柄

图 1-5-55　数据填充

5.4.2 函数的使用

Excel 2016 为用户提供了多种类别的函数，如图 1-5-56 所示，给用户进行数据运算和分析带来了极大的方便。

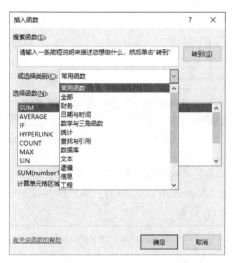

图 1-5-56 插入函数

函数包含"财务""日期与时间""数学与三角函数""统计""查找与引用""数据库""文本""逻辑""信息"和"工程"等多个类别的函数，函数的插入一般有三种方法：一是直接输入；二是利用编辑栏中的插入函数按钮 ；三是在"公式"选项卡的"函数库"组中进行选择。

函数的组成：等号、函数名、参数，如"=SUM（A1:B5）"。

函数以等号"="开头，可以进行多种类别的计算，可以使用的常用函数如下（函数名不区分大小写）：SUM（求和）、AVERAGE（算术平均值）、COUNT（包含数字的单元格的个数）、COUNTA（非空单元格的个数）、COUNTIF（条件计数）、MAX（最大值）、MIN（最小值）、SUMIF（条件求和）、RANK.EQ（相对排名）等。

参数即参加运算的数，参数间使用冒号"："、逗号"，"等进行分隔，冒号代表连续的区域，如"A1:B2"，代表"A1、A2、B1、B2"4 个单元格；逗号代表间断的区域，如"A1,B2"，代表"A1、B2"2 个单元格。

参数可以是常数、单元格地址、单元格区域或函数名等。如在图 1-5-57 的 D3 单元格中输入函数"=SUM（A1:B2,C5,6,MAX(A1:B2))"，其含义是："=A1+A2+B1+B2+C5+6+'A1:B2 中的最大值'"，其结果为"22"，在编辑栏中显示所使用的函数。

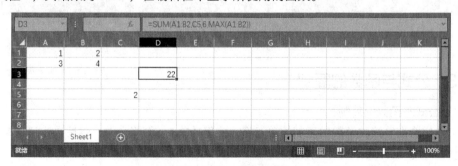

图 1-5-57 函数示例

【例5】 利用函数计算图 1-5-58 中的"应发工资"部分。

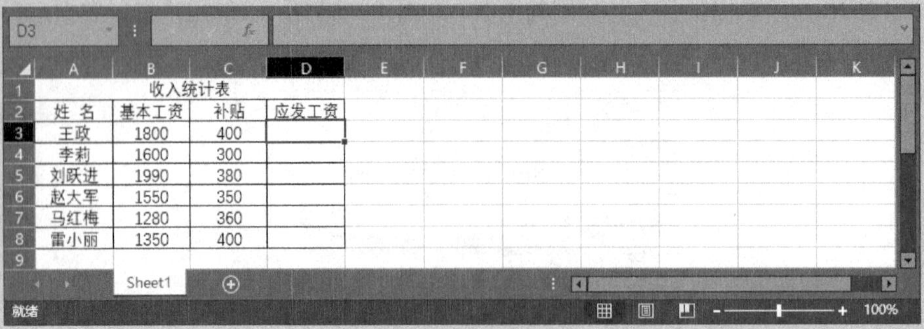

图 1-5-58　收入统计表

选定 D3 单元格，输入函数"=SUM(B3:C3)"，如图 1-5-59 所示（参数区域可以通过输入或鼠标拖动的方式获取），敲击回车，选定 D3 单元格，拖动填充柄，使用数据填充的方法计算其余结果，如图 1-5-60 所示。

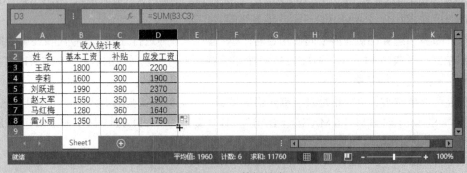

图 1-5-59　函数计算

图 1-5-60　数据填充

5.4.3　公式与函数的复制

(1) 公式与函数的复制

① 选定含有公式或函数需复制的单元格，使用【Ctrl+C】组合键，然后选定目标单元格，使用【Ctrl+V】组合键，即可完成复制。

② 选定含有公式或函数需复制的单元格，使用数据填充的方法，即可将公式或函数复制

到相邻的单元格中。

（2）单元格地址的引用

在公式与函数进行复制时，单元格地址的正确使用十分重要。单元格地址分为相对地址、绝对地址和混合地址三种，据实际计算的需求使用不同的地址。

① 相对地址　在计算中单元格所使用的地址默认为相对地址，如 A1、C5 等。相对地址在复制过程中会根据相对移动的位置来改变公式和函数中的地址。如图 1-5-61 所示，在 D3 单元格中输入公式"=B3*C3"，敲击回车，然后使用数据填充的方法得到下面几行的"销售额"，D4、D5、D6 单元格的公式会自动填充为"=B4*C4""=B5*C5""=B6*C6"，如图 1-5-62 所示。

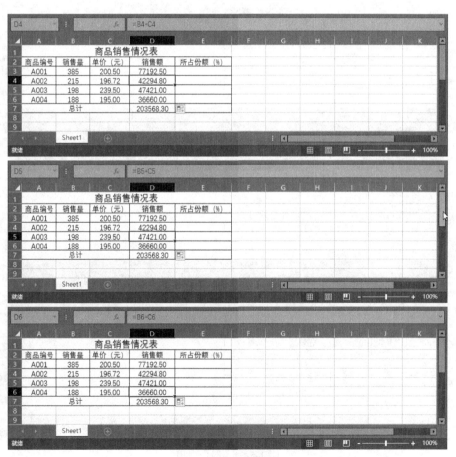

图 1-5-61　计算销售额

图 1-5-62　相对引用

② 绝对地址　绝对地址就是在相对地址前加上符号"$"，如$A$1、$C$5 等。绝对地址能使该地址在公式或函数引用中固定不变，不受位置变化的影响。

③ 混合地址　混合地址就是在相对地址的列或行前面加上符号"$"，如$A1、C$5 等。混合地址相对部分会随位置变化，绝对部分固定不变。如图 1-5-63 所示，在 E3 单元格中输入公式"=D3/D$7"，敲击回车，然后使用数据填充的方法得到下面几行的"所占份额"，E4、E5、E6 单元格的公式会自动填充为"=D4/D$7""=D5/D$7""=D6/D$7"，如图 1-5-64 所示。

图 1-5-63　计算所占份额

图 1-5-64　混合引用

5.5 图表

5.5.1 图表的基本概念

图表是将工作表中的数据用图形表示出来，图表具有较好的视觉效果，用户可以更直观地观察数据，可以帮助用户更好地分析和比较数据。

（1）图表的类型

Excel 2016 提供了多种图表类型，如柱形图、折线图、饼图、条形图、面积图、散点图、股价图、曲面图、雷达图、树状图、旭日图等，其中还有很多子类型，方便用户根据实际情况创建不同类型的图表。

（2）图表的构成

一个图表主要包含了以下几个部分，如图 1-5-65 所示。

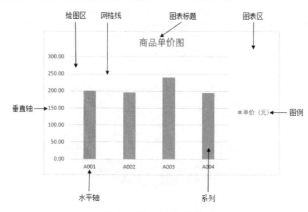

图 1-5-65　图表的构成

5.5.2 图表的创建

根据图表存放位置的不同，图表分为"嵌入式图表"和"独立式图表"。

嵌入式图表：是指图表和数据源放置在同一张工作表中。

独立式图表：是指图表单独存放在一个工作表中。

两种图表的创建方法基本相同，选中数据源，选择"插入"选项卡的"图表"组里的子图表类型即可。

【例6】　以图 1-5-66 中"商品编号"和"所占份额"为数据源，建立图表。

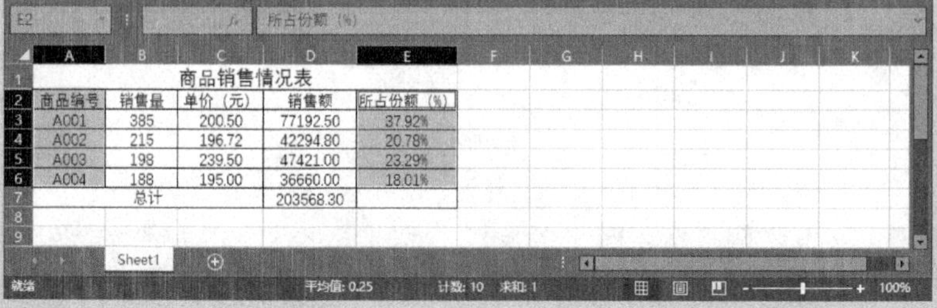

图 1-5-66　商品销售情况表

1. 同时选定表中 A2:A6 和 E2:E6 单元格区域，单击"插入"选项卡→"图表"组→"插入饼图或圆环图"→"三维饼图"，如图 1-5-67 所示，得到图 1-5-68 所示的效果。

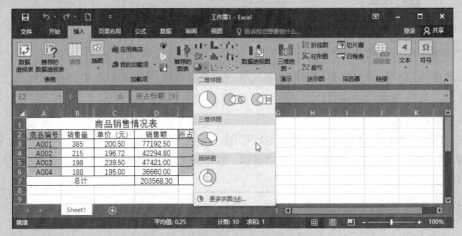

图 1-5-67　插入图表

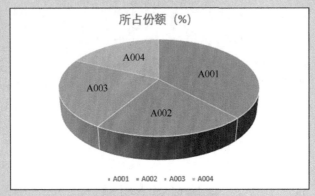

图 1-5-68　三维饼图

2. 选定图表，单击"设计"选项卡→"图表布局"组→"快速布局"→"布局 6"，如图 1-5-69 所示，得到图 1-5-70 所示的效果。

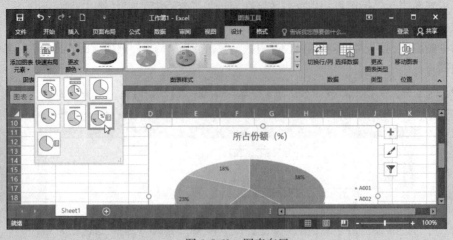

图 1-5-69　图表布局

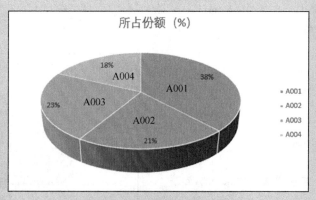

图 1-5-70　图表布局效果

3. 选定图表，单击"设计"选项卡→"图标布局"组→"添加图表元素"→"数据标签"→"数据标注"，得到如图 1-5-71 所示的效果。

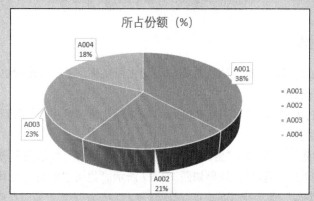

图 1-5-71　设置数据标签

4. 选定图表，单击"设计"选项卡→"图标布局"组→"添加图表元素"→"图例"→"底部"，得到如图 1-5-72 所示的效果。

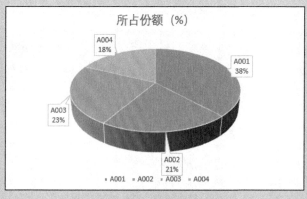

图 1-5-72　设置图例

5. 以上创建的就是"嵌入式图表"。可以选定图表，单击"设计"选项卡→"位置"组→"移动图表"，打开"移动图表"对话框，如图 1-5-73 所示，选择"新工作表"，定义新工作表名字，默认的名字为"Chart1"，点击"确定"，将"嵌入式图表"转换为"独立式图表"，如图1-5-74所示。

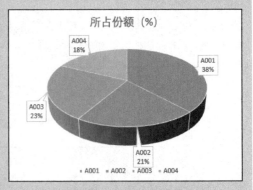

图1-5-73　移动图表　　　　　　　　　图1-5-74　独立式图表

"嵌入式图表"和"独立式图表"可以通过以上方法相互切换。

5.5.3　修改图表

图表创建完成后，图表信息会随着数据源的变化而变化。完成创建后也可以继续对图表的类型、数据源等进行修改。

选定图表区，右击鼠标，如图1-5-75所示，选择相应的命令，对图表进行修改。

（1）修改图表类型

单击图1-5-75所示菜单中的"更改图表类型"命令，选择"柱形图"里的"簇状柱形图"，如图1-5-76所示，单击"确定"，效果如图1-5-77所示。也可以使用"设计"选项卡"类型"组里的"更改图表类型"命令来完成。

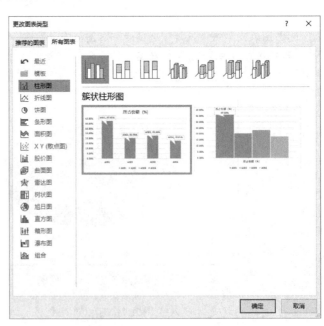

图1-5-75　右击图表区　　　　　　　　图1-5-76　更改图表类型

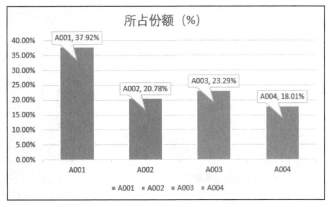

图 1-5-77 更改类型后的图表

(2) 修改数据源

单击图 1-5-75 所示菜单中的"选择数据"命令，打开图 1-5-78 所示菜单可以对数据源进行添加、编辑、删除等操作。也可以使用"设计"选项卡"数据"组里的"选择数据"命令来完成。

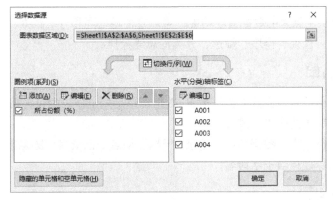

图 1-5-78 修改数据源

5.5.4 图表的修饰

图表完成后可以进一步对图表进行修饰，使其能有更好的视觉效果。图表的修饰可以对图表进行图表样式、图表标题、坐标轴、图例、数据标签、网格线、形状填充、形状轮廓、形状效果等操作。

选定图表，选择"设计"选项卡或"格式"选项卡，如图 1-5-79 所示，进行相应设置，或者右击图表的不同区域，打开相应的菜单，选择相应区域的格式设置命令，如右击绘图区，如图 1-5-80 所示，选择"设置绘图区格式"，在打开的对话框中设置绘图区的格式，如图 1-5-81 所示。

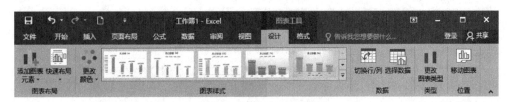

图 1-5-79 设计、格式选项卡

第 5 章 电子表格处理　147

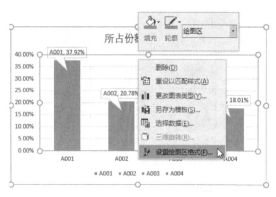

图 1-5-80　右击绘图区　　　　　　图 1-5-81　设置绘图区格式

5.6　数据管理

Excel 2016 提供了强大的数据管理功能，可以方便地管理和分析数据，实现数据的输入、修改、增加、删除、查询、排序、筛选、分类汇总等操作。

5.6.1　数据清单

对数据进行操作前需首先建立数据清单，数据清单是指工作表中包含相关数据的一系列数据行，也即是工作表中的一张二维表。

数据清单中的行相当于数据库中的记录，行标题相当于记录名；数据清单中的列相当于数据库中的字段，列标题相当于字段名。

5.6.2　数据排序

数据排序是指按一定规律对数据进行整理，加快对数据的查询速度。用户可以按数据表中的一列或多列对表格进行升序或者降序操作。

（1）按单列进行排序

【例7】　对图 1-5-82 中的"学生信息表"，按年龄进行排序。

图 1-5-82　学生信息表

1. 选定数据表"出生日期"列中的任意一个单元格，单击"开始"选项卡→"编辑"组→"排序和筛选"，打开图 1-5-83 所示菜单，选择"升序"或"降序"。

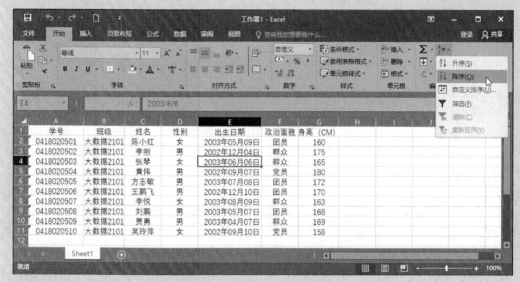

图 1-5-83　排序和筛选下拉列表

2. 选定数据表"出生日期"列中的任意一个单元格，单击"数据"选项卡→"排序和筛选"组，如图 1-5-84 所示，选择"升序"或"降序"。

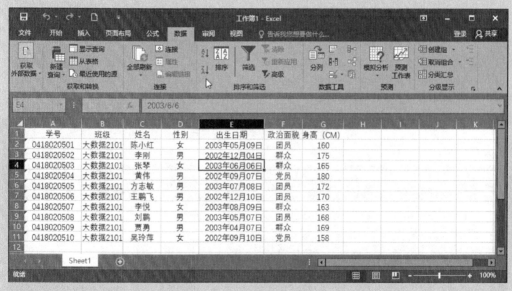

图 1-5-84　排序和筛选组

3. 选定数据表"出生日期"列中的任意一个单元格，单击图 1-5-83 中的"自定义排序"或图 1-5-84 中的"排序"，打开图 1-5-85 所示对话框，"主要关键字"选择"出生日期"，"排序依据"选择"数值"，"次序"选择"升序"或"降序"，单击"确定"。

第 5 章　电子表格处理　149

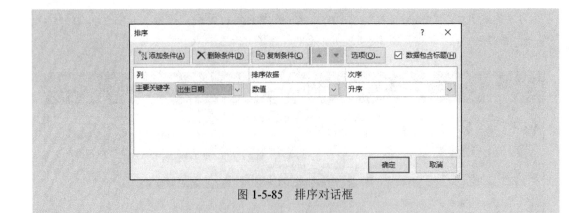

图 1-5-85　排序对话框

(2) 按多列进行排序

【例 8】　对图 1-5-82 中的"学生信息表"进行数据整理，查询不同性别身高由高到低的情况。

选定数据表中的任意一个单元格，打开"排序"对话框，"主要关键字"选择"性别"，"排序依据"选择"数值"，"次序"选择"升序"或"降序"；单击"添加条件"，"次要关键字"选择"身高（CM）"，"排序依据"选择"数值"，"次序"选择"降序"，如图 1-5-86 所示，单击"确定"，效果如图 1-5-87 所示。

图 1-5-86　按多列进行排序

图 1-5-87　按多列进行排序的效果

（3）排序选项

根据排序的实际需求可能需要设置不同的排序方案，单击"排序"对话框中的"选项"，打开图 1-5-88 进行排序"方向""方法"等设置。

5.6.3 数据筛选

筛选就是把数据清单中满足特定条件的记录快速地找出来，把其余记录进行隐藏，方便查看。

图 1-5-88　排序选项

（1）自动筛选

① 单列条件筛选　筛选条件只涉及某一列的为单列条件筛选。

【例9】对图 1-5-89 中的"某单位员工收入情况表"进行自动筛选，筛选条件是"1650<财政工资<1900"。

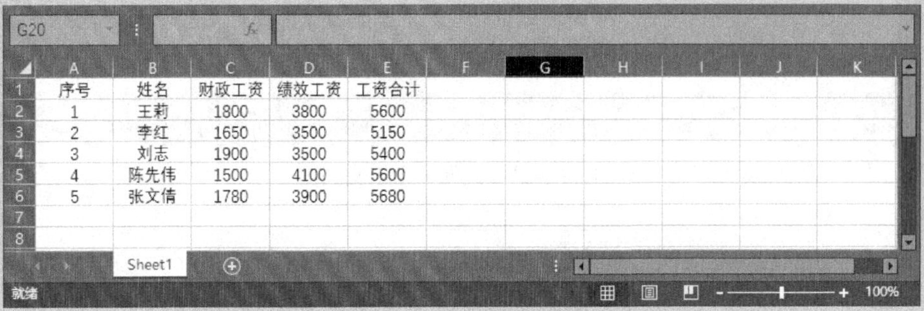

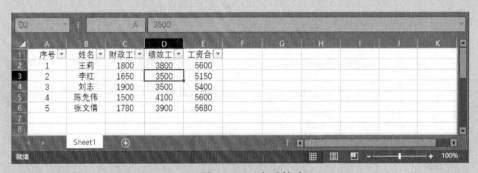

图 1-5-89　某单位员工收入情况表

1. 选定表格数据区域中任意一个单元格，单击"开始"选项卡→"编辑"组→"排序和筛选"→"筛选"，或者单击"数据"选项卡→"排序和筛选"组→"筛选"，工作表中的列标题变成下拉列表框，如图 1-5-90 所示。

图 1-5-90　自动筛选

2. 单击"财政工资"下拉列表框，选择"数字筛选"，在下一级菜单选项中选择"自定义筛选"，如图 1-5-91 所示。

3. 打开"自定义自动筛选方式"对话框，在第一个下拉列表框中选择"大于"，在右侧输入框中输入"1650"；选中"与"；在第二个下拉列表框中选择"小于"，在右侧输入框中输入"1900"，如图 1-5-92 所示，单击"确定"按钮，完成自动筛选，结果如图 1-5-93 所示。

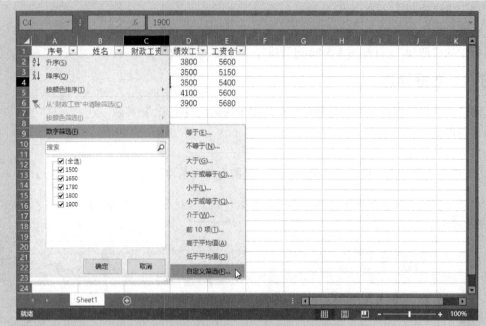

图 1-5-91　选择"自定义筛选"

图 1-5-92　自定义自动筛选方式

图 1-5-93　单列筛选后的结果

4. 完成筛选后不满足条件的记录被隐藏,方便用户查看满足条件的记录。

② 清除筛选　单击"开始"选项卡→"编辑"组→"排序和筛选"→"清除",或者单击"数据"选项卡→"排序和筛选"组→"清除",如图 1-5-94 所示,即可清除之前的筛选,将隐藏的数据恢复显示。

图 1-5-94 清除自动筛选

③ 多列条件筛选 筛选条件涉及多列的为多列条件筛选。

【例10】 对图 1-5-89 中的"某单位员工收入情况表"进行自动筛选,筛选条件是"财政工资>=1780 且绩效工资=3500"。

1. 清除之前的筛选,恢复显示被隐藏的数据。
2. 在"财政工资"列和"绩效工资"列分别进行自动筛选,其设置分别如图 1-5-95 和图 1-5-96 所示。
3. 分别完成筛选,结果如图 1-5-97 所示。

图 1-5-95 设置财政工资条件

图 1-5-96 设置绩效工资条件

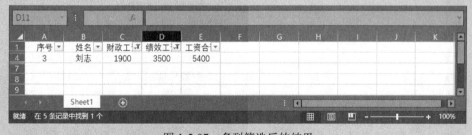

图 1-5-97 多列筛选后的结果

④ 自动筛选小结 逻辑关系中的"与"就是生活中说的"且",表示不同条件必须同时满足;"或"关系表示不同条件满足其中之一即可。自动筛选能完成多种逻辑关系的条件筛选。

a. 单列与关系 如"1650<财政工资<1900",意思为"财政工资大于 1650 且小于 1900"。
b. 单列或关系 如"财政工资>=1780",意思为"财政工资大于或者等于 1780"。
c. 多列间且关系 如"财政工资>=1780 且绩效工资=3500"

注:自动筛选无法完成多列间或关系的筛选,如"财政工资>=1780 或绩效工资=3500"。

(2) 高级筛选

高级筛选能完成各种逻辑关系的条件筛选。高级筛选的两个要素,如图 1-5-98 所示。

第 5 章 电子表格处理 153

图 1-5-98 高级筛选区域示例

列表区，数据清单所包含的整个区域，即数据区。

条件区，一般手工输入在列表区的下方，至少保持一行的间隔。条件区的字段名必须和列表区的字段名完全一样。条件位于同行代表"且"关系，不同行代表"或"关系。

【例 11】 对图 1-5-89 中的"某单位员工收入情况表"进行高级筛选，筛选条件是"财政工资>=1780 或绩效工资=3500"。

1. 手工在列表区的下方输入条件区，如图 1-5-98 所示，条件位于不同行代表"或"关系。

2. 单击"数据"选项卡→"排序和筛选"组→"高级"按钮，打开"高级筛选"对话框，点击"列表区域"，使用鼠标拖动工作表中数据所在的相应区域，点击"条件区域"，使用鼠标拖动工作表中条件所在的相应区域，或者手工输入相应区域的绝对地址，如图 1-5-99 所示。

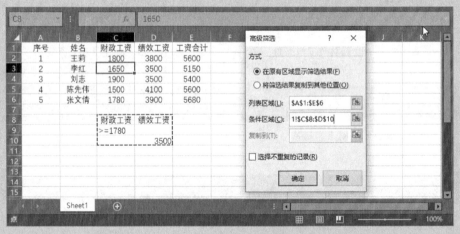

图 1-5-99 高级筛选

3. 选择"在原有区域显示筛选结果"隐藏不满足条件的记录，或选择"将筛选结果复制到其他位置"，单击"复制到"，在工作表中选择筛选结果需显示的位置，单击"确定"，完成高级筛选。

5.6.4 数据分类汇总

分类汇总是指按数据清单的某一列对数据进行汇总，统计同类记录的相关信息，包含求和、计数、平均值、最大值、最小值、乘积等。汇总前必须先按分类字段对数据清单进行排序。

(1) 创建分类汇总

【例12】 对图 1-5-82 中的 "学生信息表" 的数据进行统计，了解男女生的平均身高。

1. 选定 "性别" 列的任意一个单元格，然后对数据清单进行 "升序" 或 "降序" 排序，使数据清单按 "性别" 进行分类，效果如图 1-5-100 所示。

图 1-5-100　对数据清单进行排序

2. 选定数据清单中的任意一个单元格，单击 "数据" 选项卡→ "分级显示" 组→ "分类汇总"，如图 1-5-101 所示。

图 1-5-101　选择分类汇总按钮

3. 打开 "分类汇总" 对话框，在 "分类字段" 中选择 "性别"，"汇总方式" 选择 "平均值"，"选定汇总项" 勾选 "身高（CM）"，如图 1-5-102 所示，单击 "确定"，完成分类汇总，效果如图 1-5-103 所示。

图 1-5-102　设置分类汇总

第 5 章　电子表格处理　155

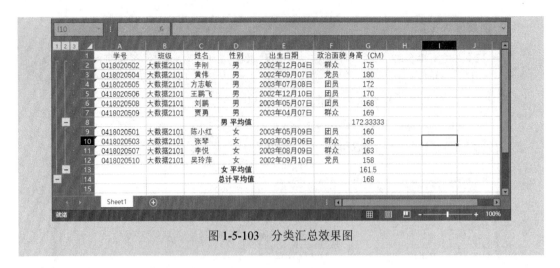

图 1-5-103 分类汇总效果图

(2) 删除分类汇总

选定已创建分类汇总的数据清单中的任意一个单元格,打开"分类汇总"对话框,单击左下角"全部删除"按钮,即可删除已有的分类汇总。

(3) 隐藏和显示分类汇总数据

当数据记录较多时,为了方便查看汇总信息,可以单击图 1-5-103 左侧的"-"或"+"按钮来隐藏或显示数据,也可以单击左上角的 3 个按钮 1 2 3,3 个按钮分别代表显示 3 个不同级别的信息。

5.6.5 数据合并

数据合并指的是将不同区域的数据进行合并,不同区域包括同一工作表或不同工作表区域。

【例 13】 对图 1-5-104 "销售情况表"中两个分店的销售数据进行合并。

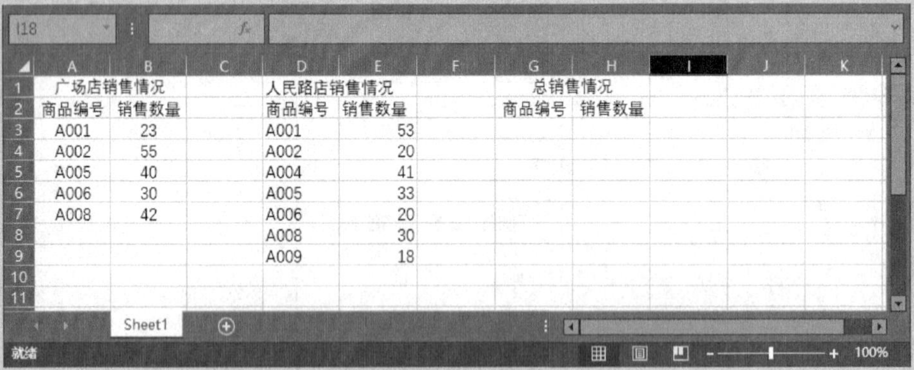

图 1-5-104 销售情况表

1. 选定 G3 单元格,单击"数据"选项卡→"数据工具"组→"合并计算"按钮,如图 1-5-105 所示。

2. 打开"合并计算"对话框,在"函数"下拉列表框中选择"求和",单击"引用位置",用鼠标拖动 A3:B7 单元格区域,单击"添加"按钮,用鼠标拖动 D3:E9 单元格区域,单击"添加"按钮,"标签位置"选择"最左列",如图 1-5-106 所示,单击"确定"完成合并,效果如图 1-5-107 所示。

图 1-5-105　选择合并计算按钮

图 1-5-106　设置合并计算

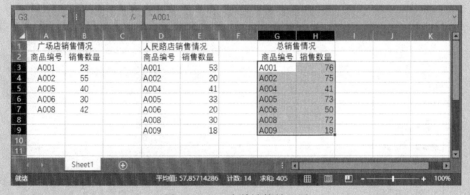

图 1-5-107　合并计算效果图

5.6.6　数据透视表

数据透视表是更为灵活的一种数据统计和分析方法,它可以同时变换多个需要统计的字段,统计包含求和、计数、最大值、最小值等。

【例 14】 对图 1-5-108 "产品销售情况表"中的数据建立数据透视表。

1. 单击"插入"选项卡→"表格"组→"数据透视表",如图 1-5-109 所示。
2. 打开"创建数据透视表"对话框,点击"表/区域",选择 A1:F8 单元格区域,选择"现有工作表",单击"位置",选择 A11 单元格,如图 1-5-110 所示,单击"确定"。

第 5 章　电子表格处理

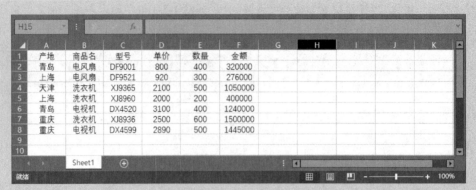

图 1-5-108　产品销售情况表

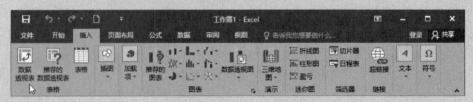

图 1-5-109　选择数据透视表按钮

3. 对右侧"数据透视表字段"对话框进行相应设置，在"选择要添加到报表的字段"中选择"产地""商品名"和"金额"，然后在"在以下区域间拖动字段"进行字段位置的调整，"列"为"商品名"，"行"为"产地"，"值"为"求和项：金额"，如图 1-5-111 所示。

图 1-5-110　设置创建数据透视表对话框

图 1-5-111　设置数据透视表字段

4. 完成设置后效果如图 1-5-112 所示。选定数据透视表，在"数据透视表字段"对话框中可以对数据透视表进行修改。

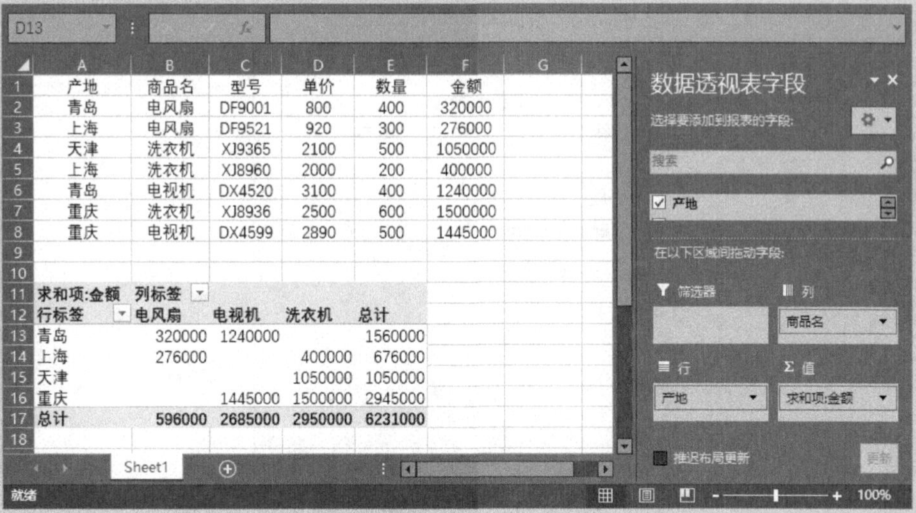

图 1-5-112 数据透视表效果图

5.7 工作表的打印

5.7.1 页面设置

在工作表打印之前，可以在"页面布局"选项卡中对工作表进行设置，包含页边距、纸张方向、纸张大小、打印区域、分隔符等。

单击"页面布局"选项卡，在"页面设置"组里选择相应选项，或者单击右下角"页面设置"按钮，如图 1-5-113 所示，打开"页面设置"对话框，如图 1-5-114 所示，进行相关设置。

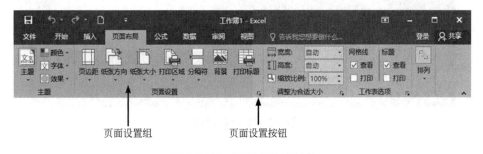

图 1-5-113 页面布局选项卡

5.7.2 打印预览

在打印之前单击"文件"选项卡→"打印"按钮，如图 1-5-115 所示，在窗口的右侧可以预览打印效果，如果不满意可以继续对工作表进行相应设置。

图 1-5-114　页面设置对话框

5.7.3　打印

设置完成后,单击图 1-5-115 中的"打印"按钮,即可进行打印操作。

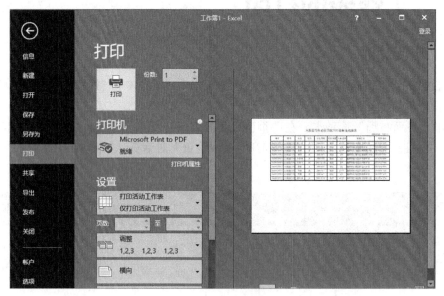

图 1-5-115　打印预览

5.8　数据保护

为了提升数据的安全性,可以使用一些安全保护机制使数据得到有效保护,如设置密码,禁止无关人员访问数据;保护工作表,禁止无关人员修改数据等。

5.8.1 保护工作簿

未保护的工作簿任何人都能打开并进行修改，为了提高数据的安全性可以设置密码对工作簿进行保护。

① 打开未保护的工作簿。

② 单击"文件"选项卡→"另存为"→"浏览"，打开"另存为"对话框，设置好保存的路径、文件名及类型，打开"工具"下拉列表框，如图 1-5-116 所示，选择"常规选项"命令，打开"常规选项"对话框，如图 1-5-117 所示，设置相应的密码，单击"确定"，要求用户再输入一次密码，单击"确定"。

图 1-5-116 "工具"下拉列表

图 1-5-117 设置常规选项

③ 返回"另存为"对话框，单击"保存"即可。

④ 打开设置了密码的工作簿需要输入正确的密码才能进行相应的操作。

5.8.2 保护工作表

未保护的工作表任何人都能打开并进行修改，为了提高数据的安全性可以设置密码对工作表进行保护。

① 打开需要保护的工作表。

② 单击"审阅"选项卡→"更改"组→"保护工作表"，打开"保护工作表"对话框，如图 1-5-118 所示，设置保护项，输入密码，单击"确定"，再次输入密码，单击"确定"即可。

图 1-5-118 保护工作表

本章小结

本章介绍了微软 Office 2016 办公软件中的一个重要组件——Excel 2016 电子表格软件的使用，其主要功能是对表格数据进行组织、计算、分析和统计，可以通过形式多样的图表来表现数据，也可以对数据进行排序、筛选、分类汇总、合并计算等操作。

项目实训

[项目1]建立数据表

要求：使用 Excel 2016 建立新生档案表，如图 1-5-119 所示。

图 1-5-119　新生档案表

（1）输入数据。

① 单击 A1 单元格输入"大数据与自动化学院 2021 级新生档案表"，在 A2 单元格中输入"制表时间：2021-9-9"，在 A3:I3 单元格区域中分别录入"学号""班级""姓名""性别""出生日期""政治面貌""入学成绩""家庭住址"和"联系电话"。

② 在 A4 单元格中输入"'0418020501"（注：学号前加上英文单引号），然后将鼠标移动至 A4 单元格右下角，当鼠标变成黑色十字箭头时，按住鼠标向下拖动至 A13 单元格，完成学号的输入。

③ 在 B4 单元格中输入"大数据 2101"，然后将鼠标移动至 B4 单元格右下角，当鼠标变成黑色十字箭头时，按住鼠标向下拖动至 B13 单元格，单击右下角的"自动填充选项"选择"复制单元格"命令，如图 1-5-120 所示，完成班级的输入。

④ 在 C4:C13、H4:H13、I4:I13 单元格区域中，按图 1-5-119 完成数据录入即可。

⑤ 在 D4:D13、F4:F13 单元格区域中，分别使用数据验证的方法进行数据录入，选择相应的单元格区域，单击"数据"选项卡→"数据工具"组→"数据验证"→"数据验证"，打开图 1-5-121

图 1-5-120　自动填充

所示对话框，"允许"选择"序列"，在"来源"中，分别录入"男,女"和"党员,团员,群众"，单击"确定"完成设置，最后使用鼠标单击每个单元格旁边的按钮进行数据选择。

⑥ 在 E4:E13 中输入出生日期的数据，年月日之间的间隔使用"-"或"/"进行分隔，如"2003-5-9"或"2002/12/4"。

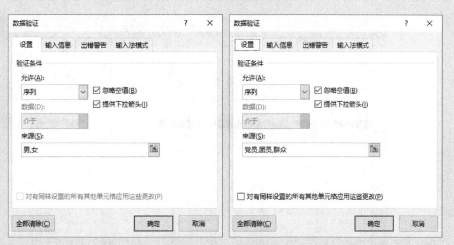

图 1-5-121 数据验证

⑦ 在 G4:G13 中输入"入学成绩"（注：成绩前不加英文单引号），完成输入后效果如图 1-5-122 所示。

图 1-5-122 完成输入后的学生档案表

（2）格式化表格。

① 选择 A1:I1 单元格区域，单击"开始"选项卡→"对齐方式"组→"合并后居中"→"合并后居中"，如图 1-5-123 所示，在"字体"组中，将字体设为"宋体"，字号设为"14"，颜色设为"紫色"。

② 选择 A2:I2 单元格区域，单击"开始"选项卡→"对齐方式"组→"合并后居中"，然后单击"对齐方式"组中的"右对齐"。

③ 选择 A3:I13 单元格区域，单击"开始"选项卡→"对齐方式"组→"居中"；选择 H4:I13 单元格区域，单击"开始"选项卡→"对齐方式"组→"左对齐"。

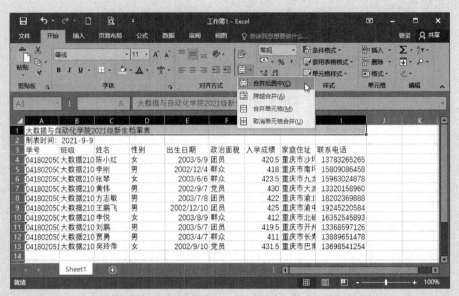

图 1-5-123　合并后居中

④ 选择 E4:E13 单元格区域，单击"开始"选项卡→"数字"组，单击右下角"数字格式"按钮，打开"设置单元格格式"对话框，选择"分类"中的"日期"，在"类型"中选择"2012 年 3 月 14 日"，如图 1-5-124 所示，然后选择"分类"中的"自定义"选项，在类型中将"yyyy"年"m"月"d"日";@"改为"yyyy"年"mm"月"dd"日";@"，如图 1-5-125 所示，单击"确定"。

图 1-5-124　设置日期格式

图 1-5-125　设置自定义日期格式

⑤ 调整行高，第 1 行 "22"，第 3 行 "18"，第 4-13 行 "15"，其余各行使用默认值。调整列宽，拖动调整，使各列列宽能较好地显示数据，效果如图 1-5-126 所示。

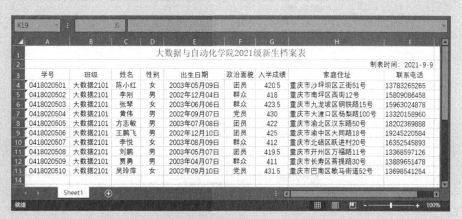

图 1-5-126　调整行列后的效果

⑥ 选择 G4:G13 单元格区域，单击 "开始" 选项卡→ "数字" 组，单击右下角 "数字格式" 按钮，打开 "设置单元格格式" 对话框，选择 "分类" 中的 "数值"，"小数位数" 设置为 "2"，如图 1-5-127 所示，单击 "确定"，完成数值格式的设置。

第 5 章　电子表格处理　165

图 1-5-127　设置数值格式

⑦ 选择 A3:I13 单元格区域，单击右键，在弹出的菜单中选择"设置单元格格式"命令，打开"设置单元格格式"对话框，选择"边框"选项卡，在"样式""颜色"和"预置"中选择所需的选项，"外边框"使用黑色粗线，"内部"使用红色虚线，如图 1-5-128 所示，单击"确定"。

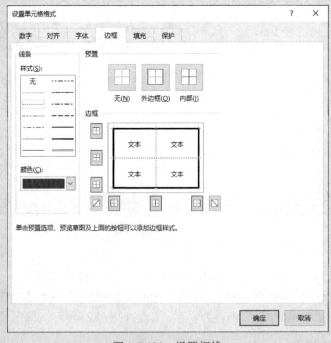

图 1-5-128　设置框线

⑧ 选择 A3:I3 单元格区域，打开“设置单元格格式”对话框，选择“填充”选项卡，在“背景色”中选择浅蓝色，如图 1-5-129 所示，单击“确定”。选择 A4:A13 单元格区域，将背景色填充为橙色。

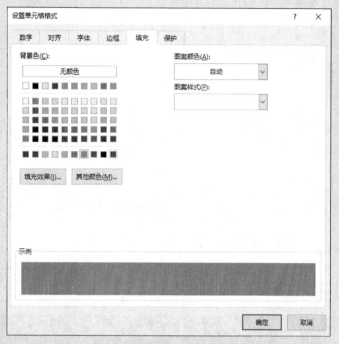

图 1-5-129　填充颜色

⑨ 双击工作表标签“Sheet1”，将工作表的名字改为“大数据专业”，如图 1-5-130 所示。

大数据与自动化学院2021级新生档案表

制表时间：2021-9-9

学号	班级	姓名	性别	出生日期	政治面貌	入学成绩	家庭住址	联系电话
0418020501	大数据2101	陈小红	女	2003年05月09日	团员	420.50	重庆市沙坪坝区正街51号	13783265265
0418020502	大数据2101	李刚	男	2002年12月04日	群众	418.00	重庆市南坪区西街12号	15809086458
0418020503	大数据2101	张琴	女	2003年06月06日	群众	423.50	重庆市九龙坡区钢铁路15号	15963024878
0418020504	大数据2101	黄伟	男	2002年09月07日	党员	430.00	重庆市大渡口区杨梨路100号	13320158960
0418020505	大数据2101	方志敏	男	2003年07月08日	团员	422.00	重庆市渝北区汉东路50号	18202369888
0418020506	大数据2101	王鹏飞	男	2002年12月10日	团员	425.00	重庆市渝中区大同路18号	19245220584
0418020507	大数据2101	李悦	女	2003年08月09日	群众	412.00	重庆市北碚区跃进村20号	16352545893
0418020508	大数据2101	刘鹏	男	2003年05月07日	团员	419.50	重庆市开州区万福路11号	13368597126
0418020509	大数据2101	贾勇	男	2003年04月07日	群众	411.00	重庆市长寿区菩提路30号	13889651478
0418020510	大数据2101	吴玲萍	女	2002年09月10日	党员	431.50	重庆市巴南区歌马街道52号	13698541254

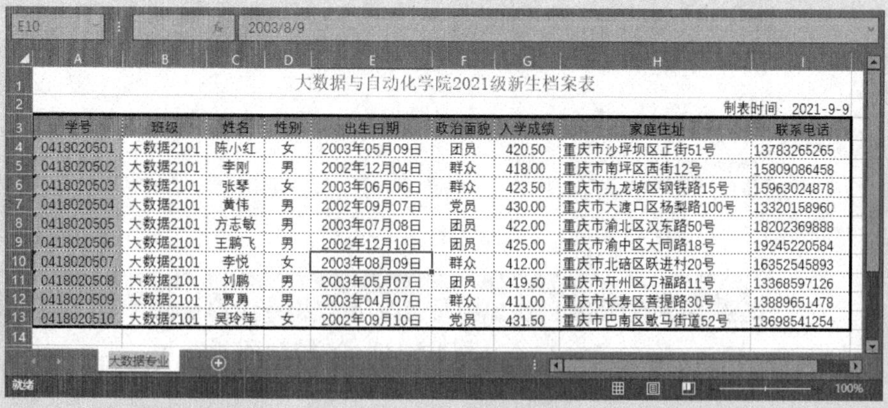

图 1-5-130　重命名工作表

⑩ 单击“文件”选项卡中的“保存”，将文件进行保存操作，如图 1-5-131 所示。

图 1-5-131 保存文件

[项目 2] 公式与函数

要求:完成图 1-5-132 "学生成绩分析表"中所有的计算以及图 1-5-133 "成绩分析图"的制作。

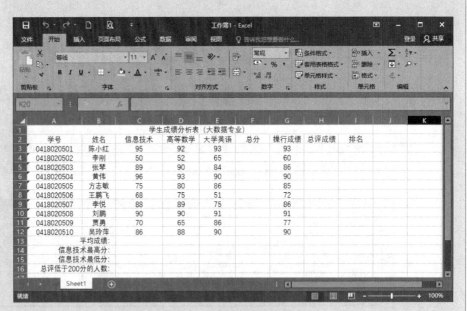

图 1-5-132 学生成绩分析表

(1)总分的计算。

① 选定 C3:F12 单元格区域。

② 单击"开始"选项卡→"编辑"组→"自动求和"→"求和",如图 1-5-134 所示,完成所有学生的"总分"的计算。

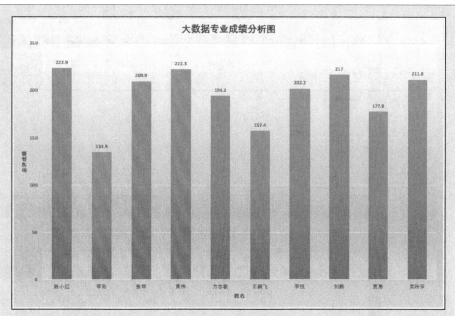

图 1-5-133　成绩分析图

图 1-5-134　自动求和

（2）总评成绩的计算（总评成绩=总分×70%+操行成绩×30%）。

① 选定 H3 单元格，输入公式"=F3*0.7+G3*0.3"（注：在 Excel 公式计算中用"*"号代替乘号），如图 1-5-135 所示，敲击回车，计算出"陈小红"同学的总评成绩。

② 选定 H3 单元格，使用数据填充的方法，计算出其余同学的总评成绩，如图 1-5-136 所示。

（3）平均成绩的计算。

① 选定 C3:H13 单元格区域。

第 5 章　电子表格处理

图 1-5-135　计算"陈小红"的总评成绩

图 1-5-136　计算其余同学的总评成绩

② 单击"开始"选项卡→"编辑"组→"自动求和"→"平均值",如图 1-5-137 所示,完成"平均成绩"的计算。

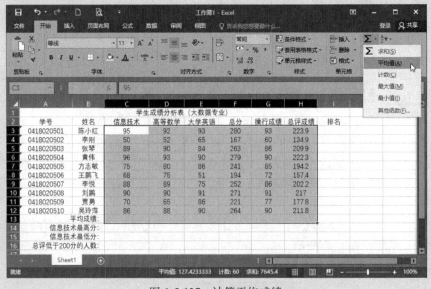

图 1-5-137　计算平均成绩

（4）计算信息技术课程的最高分。

① 选定 C14 单元格。

② 单击"开始"选项卡→"编辑"组→"自动求和"→"最大值"，如图 1-5-138 所示。

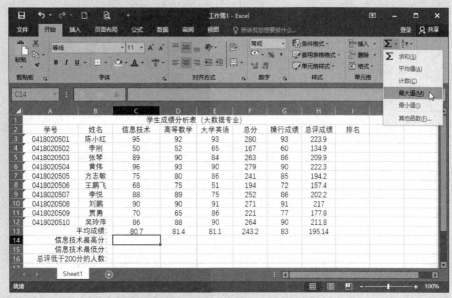

图 1-5-138　信息技术课程最高分

③ 将函数的参数部分修改为 C3:C12，敲击回车，完成计算。

（5）计算信息技术课程的最低分。

① 选定 C15 单元格。

② 输入函数"=MIN（C3:C12）"，敲击回车，完成计算，结果如图 1-5-139 所示。

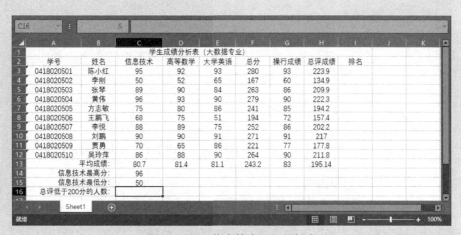

图 1-5-139　信息技术课程最低分

第 5 章　电子表格处理

（6）计算总评低于 200 分的人数。
① 选定 C16 单元格。
② 单击编辑栏中的插入函数按钮 f_x，打开"插入函数"对话框，在"或选择类别"中选择"统计"，在"选择函数"中选择"COUNTIF"，如图 1-5-140 所示，单击"确定"。

图 1-5-140 插入 COUNTIF 函数

③ 打开"函数参数"对话框，选择"Range"，通过鼠标拖动工作表 H3:H12 单元格区域或者直接输入 H3:H12；选择"Criteria"，输入条件""<200""（条件加上英文双引号），如图 1-5-141 所示，单击"确定"，完成计算。

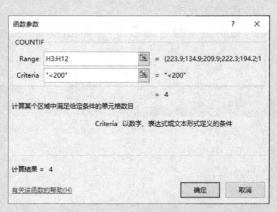

图 1-5-141 设置 COUNTIF 函数的参数

（7）计算排名。
① 选定 I3 单元格。
② 单击"公式"选项卡→"函数库"组→"其他函数"→"统计"→"RANK.EQ"，如图 1-5-142 所示。

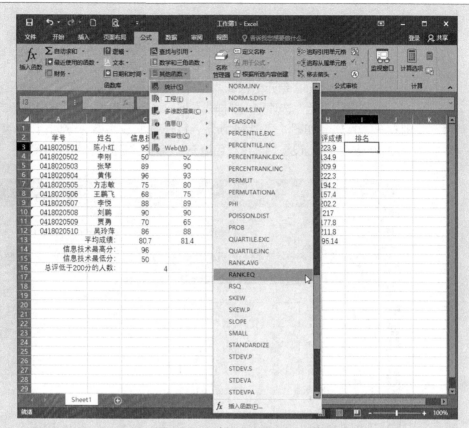

图 1-5-142　插入 RANK.EQ 函数

③ 打开"函数参数"对话框,选择"Number",输入 H3 或者单击 H3 单元格;选择 Ref,通过鼠标拖动工作表 H3:H12 单元格区域或者直接输入 H3:H12,然后在行号前添加符号"$",将区域变成 H$3:H$12;选择"Order",输入条件"0"(0 代表降序,1 代表升序),如图 1-5-143 所示,单击"确定",完成"陈小红"同学排名的计算。

图 1-5-143　设置 RANK.EQ 函数的参数

④ 选定 I3 单元格。
⑤ 使用数据填充的方法，完成所有排名的计算。

（8）将所有科目不及格的单元格设置为浅红色填充。

① 选定 C3:E12 单元格区域。

② 单击"开始"选项卡→"样式"组→"条件格式"→"突出显示单元格规则"→"小于"，如图 1-5-144 所示，打开图 1-5-145 所示对话框，将值小于 60 的单元格的格式设置为"浅红色填充"，单击"确定"，完成设置。

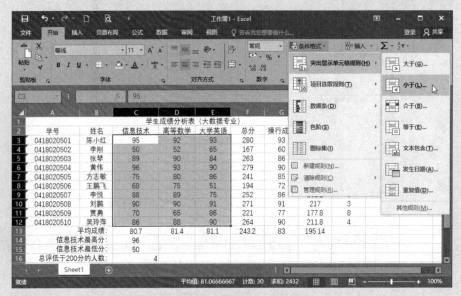

图 1-5-144　条件格式

图 1-5-145　设置条件格式

（9）创建图表。

① 同时选定表中 B2:B12 和 H2:H12 单元格区域，单击"插入"选项卡→"图表"组→"插入柱形图或条形图"→"二维柱形图"→"簇状柱形图"，如图 1-5-146 所示，得到图 1-5-147 所示的效果。

② 选定图表，单击"设计"选项卡→"图表布局"组→"快速布局"→"布局 9"，将水平轴标题改为"姓名"，将垂直轴标题改为"总评成绩"，将图表标题改为"大数据专业成绩分析图"。

选定图表，单击"设计"选项卡→"图表样式"组→"样式 7"，效果如图 1-5-148 所示。

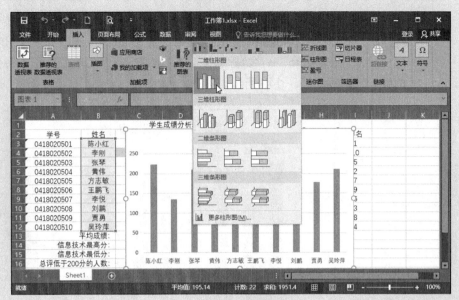

图 1-5-146　插入柱形图

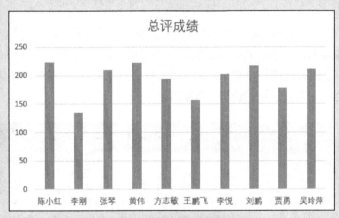

图 1-5-147　二维簇状柱形图

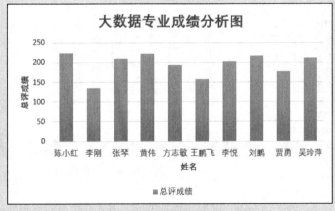

图 1-5-148　设置"设计"选项卡

第 5 章　电子表格处理

③ 选定图表，单击"设计"选项卡→"图表布局"组→"添加图表元素"→"图例"→"无"，关闭图例；选定图表，单击"设计"选项卡→"图表布局"组→"添加图表元素"→"数据标签"→"数据标签外"，在图中显示每个学生的成绩，效果如图 1-5-149 所示。

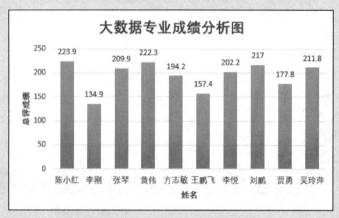

图 1-5-149　设置图表布局

④ 选定图表，单击"格式"选项卡→"当前所选内容"组，在下拉列表中选择需要设置格式的区域，如：垂直（值）轴、水平（类别）轴、图表标题、绘图区、图表区等，如图 1-5-150 所示，然后单击"设置所选内容格式"命令，打开相应的格式设置对话框，如图 1-5-151 所示。

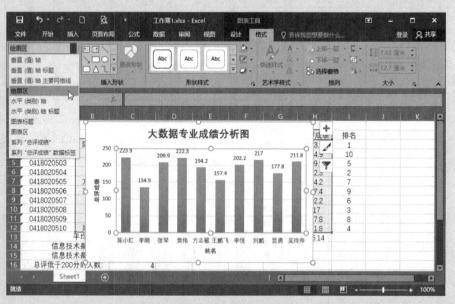

图 1-5-150　设置格式

⑤ 选定绘图区，设置格式，选择"填充"→"渐变填充"→"预设渐变"→"浅色渐变-个性色 1"，单击"关闭"；选定图表区，重复以上步骤。

图 1-5-151　设置绘图区格式

⑥ 选定图表，单击"设计"选项卡→"位置"组→"移动图表"，打开"移动图表"对话框，选择"新工作表"，定义新工作表名字为"大数据专业成绩分析图"，单击"确定"，效果如图 1-5-152 所示。

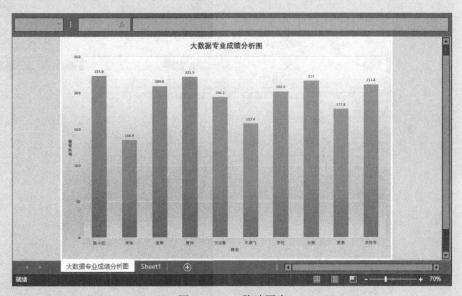

图 1-5-152　移动图表

⑦ 将包含成绩的工作表改名为"大数据专业成绩分析表"，把工作簿以"成绩表"为名保存在桌面。

[项目 3] 数据管理与分析

要求：对图 1-5-153 中的数据进行管理和分析操作。

（1）打开 Excel 2016，建立图 1-5-153 中所示的数据清单。

（2）计算"销售金额"。

① 选定 E3 单元格，输入公式"=C3*D3"，如图 1-5-154 所示，敲击回车。

图 1-5-153　产品销售统计表

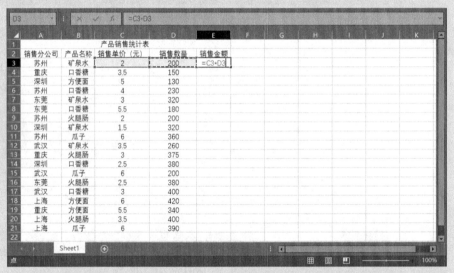

图 1-5-154　计算销售金额

② 选定 E3 单元格,将鼠标移至单元格右下角,当鼠标变成黑色十字箭头时,使用数据填充的方法计算其余单元格的销售金额。

③ 将工作表"Sheet1"重命名为"产品销售统计表"。

(3) 查询各分公司销售金额由高到低的情况。

① 复制工作表"产品销售统计表",将新工作表命名为"排序_筛选",放置在最后。

② 选定数据清单中任意一个单元格，单击"开始"选项卡→"编辑"组→"排序和筛选"→"自定义排序"，打开"排序"对话框，在"主要关键字"中选择"销售分公司"，"排序依据"选择"数值"，"次序"选择"升序"或"降序"，单击"添加条件"按钮，在"次要关键字"中选择"销售金额"，"排序依据"选择"数值"，"次序"选择"降序"，如图 1-5-155 所示，单击"确定"。

图 1-5-155　设置排序条件

（4）查询口香糖销售数量大于 200 或者销售金额大于 950 的记录。

① 在表"排序_筛选"中的数据清单的下方创建条件区（注：至少间隔一行），如图 1-5-156 所示。

图 1-5-156　创建条件区

② 单击"数据"选项卡→"排序和筛选"组→"高级"，打开"高级筛选"对话框，点击"列表区域"，使用鼠标拖动工作表中数据所在的相应区域 A2:E21，点击"条件区域"，使用鼠标拖动工作表中条件所在的相应区域 C23:E25，或者手工输入相应区域的绝对地址，选择"将筛选结果复制到其他位置"，点击"复制到"，单击工作表 A28 单元格，如图 1-5-157 所示，单击"确定"，完成查询，结果如图 1-5-158 所示。

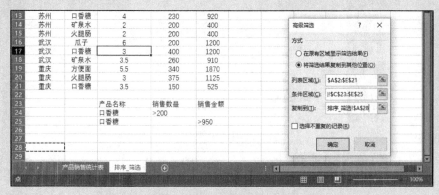

图 1-5-157　设置高级筛选

第 5 章　电子表格处理

图 1-5-158 查询效果图

（5）查询各类产品销售数量和销售金额的总和。

① 复制工作表"产品销售统计表",将新工作表命名为"分类汇总",放置在最后。

② 选定"产品名称"字段中的任意一个单元格,单击"开始"选项卡→"编辑"组→"排序和筛选",选择"升序"或"降序"。

③ 选定数据清单中的任意一个单元格,单击"数据"选项卡→"分级显示"组→"分类汇总",打开"分类汇总"对话框,"分类字段"选择"产品名称","汇总方式"选择"求和","选定汇总项"选择"销售数量"和"销售金额",如图 1-5-159 所示,单击"确定"。

图 1-5-159 设置分类汇总

④ 完成后效果如图 1-5-160 所示。

图 1-5-160 分类汇总效果图

（6）创建数据透视表。

① 复制工作表"产品销售统计表"，将新工作表命名为"数据透视表"，放置在最后。

② 单击"插入"选项卡→"表格"组→"数据透视表"，打开"创建数据透视表"对话框。

③ 点击"表/区域"，选择 A2:E21 单元格区域，选择"现有工作表"，单击"位置"，选择 A23 单元格，如图 1-5-161 所示，单击"确定"。

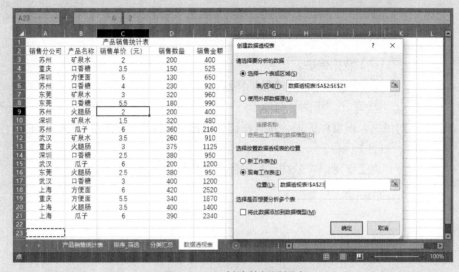

图 1-5-161　创建数据透视表

④ 对右侧"数据透视表字段"对话框进行相应设置，在"选择要添加到报表的字段"中选择"销售分公司""产品名称""销售金额"，然后在"在以下区域间拖动字段"进行字段位置的调整，"列"为"销售分公司"，"行"为"产品名称"，"值"为"求和项：销售金额"，如图 1-5-162 所示。

图 1-5-162　设置数据透视表字段列表

⑤ 完成设置后数据透视表的效果如图 1-5-163 所示。

图 1-5-163　数据透视表效果图

（7）数据保护。

① 选定工作表"产品销售统计表"。

② 单击"审阅"选项卡→"更改"组→"保护工作表"，打开"保护工作表"对话框，设置保护项，输入密码，单击"确定"，再次输入密码，单击"确定"。

（8）保存。

将工作簿以"公司产品销售统计表"为名保存在桌面。

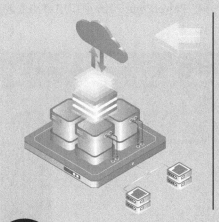

第 6 章 演示文稿制作

学习目的与要求

- 掌握 PowerPoint 2016 的创建、打开、关闭与保存
- 掌握 PowerPoint 2016 视图的使用，幻灯片版式的选用，幻灯片的插入、移动、复制和删除
- 掌握 PowerPoint 2016 幻灯片基本制作（文本、图片、艺术字、表格等插入及格式设置）
- 掌握 PowerPoint 2016 主题的选用和幻灯片背景设置
- 掌握 PowerPoint 2016 基本放映效果设计（动画设计、放映方式、切换效果）
- 掌握在 PowerPoint 2016 中将演示文稿打包到文件夹或 CD

6.1 PowerPoint 2016 的基本操作

PowerPoint 2016 是美国微软公司推出的幻灯片制作与播放软件，它能帮助用户以简单的可视化操作，快速创建具有精美外观和极富感染力的演示文稿，帮助用户图文并茂地表达自己的观点、传递信息等。

6.1.1 PowerPoint 2016 的启动与退出

（1）启动 PowerPoint 2016

首先启动 Windows，在 Windows 环境下启动 PowerPoint 2016。启动 PowerPoint 2016 有多种方法，常用的启动方法如下。

① 单击"开始"→"所有程序"→"Microsoft Office 2016"→"Microsoft PowerPoint 2016"命令。

② 双击桌面上的 PowerPoint 2016 程序图标。

③ 双击文件夹中的 PowerPoint 2016 演示文稿文件（其扩展名为.pptx），将启动 PowerPoint

2016，并打开该演示文稿。

用前两种方法，系统将启动 PowerPoint 2016，并在 PowerPoint 2016 窗口中自动生成一个名为"演示文稿1"的空白演示文稿，如图 1-6-1 所示。

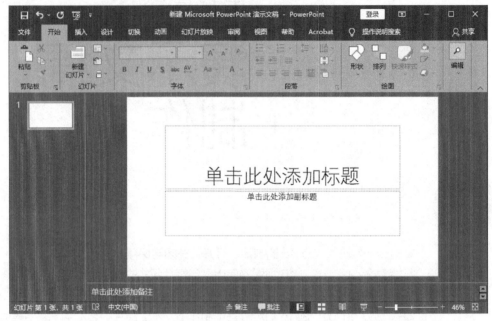

图 1-6-1　空白演示文稿

(2) 退出 PowerPoint 2016

退出 PowerPoint 2016 的最简单方法是单击 PowerPoint 2016 窗口右上角的"关闭"按钮。也可以用如下方法之一退出。

① 双击窗口快速访问工具栏左端的控制菜单图标。
② 单击"文件"选项卡中的"退出"命令。
③ 按组合键【Alt+F4】。

退出时系统会弹出对话框，要求用户确认是否保存对演示文稿的编辑工作，如图 1-6-2 所示。选择"保存"则存盘退出，选择"不保存"则退出但不存盘。

图 1-6-2　"退出"对话框

6.1.2　PowerPoint 2016 工作窗口

正在编辑的 PowerPoint 2016 窗口如图 1-6-3 所示，工作界面由快速访问工具栏、标题栏、选项卡、功能区、幻灯片/大纲浏览窗格、幻灯片窗格、备注窗格、状态栏、视图按钮、显示比例按钮等部分组成。

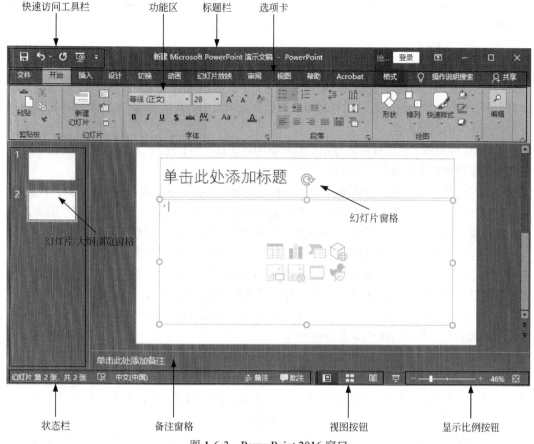

图 1-6-3　PowerPoint 2016 窗口

（1）标题栏

标题栏显示当前文件名，右端有"最小化"按钮、"最大化/还原"按钮和"关闭"按钮，最左端有控制菜单图标，单击控制菜单图标可以打开控制菜单。控制菜单图标的右侧是快速访问工具栏。

（2）快速访问工具栏

快速访问工具栏位于标题栏左端，把常用的命令按钮放在此处，便于快速访问。通常有"保存""撤销"和"恢复"等按钮，需要时用户可以增加或更改。

（3）选项卡

标题栏下面是选项卡，通常有"文件""开始""插入"等 9 个不同类别的选项卡，不同选项卡包含不同类别的命令按钮组。单击某选项卡，将在功能区出现与该选项卡类别相应的多组操作命令供选择。例如，单击"文件"选项卡，可以在出现的菜单中选择"新建""保存""打印""打开"演示文稿等操作命令。

有的选项卡平时不出现，在某种特定条件下会自动显示，提供该情况下的命令按钮。这种选项卡称为"上下文选项卡"。例如，只有在幻灯片插入某一图片，然后选择该图片的情况下才会显示"图片工具-格式"选项卡。

（4）功能区

功能区用于显示与选项卡相应的命令按钮，一般对各种命令分组显示。例如，单击"开始"

选项卡,其功能区将按"剪切板""幻灯片""字体""段落""绘图""编辑"等分组,分别显示各组操作命令。

(5) 演示文稿编辑区

功能区下方的演示文稿编辑区分为三个部分:左侧的幻灯片/大纲浏览窗格、右侧上方的幻灯片窗格和右侧下方的备注窗格。拖动窗格之间的分界线可以调整各窗格的大小,以便满足编辑需要。幻灯片窗格显示当前幻灯片用户可以在此编辑幻灯片的内容。备注窗格中可以添加与幻灯片有关的注释内容。

① 幻灯片窗格 幻灯片窗格显示幻灯片的内容包括文本、图片、表格等各种对象。可以直接在该窗格中输入和编辑幻灯片内容。

② 备注窗格 对幻灯片的解释、说明等备注信息在此窗格中输入与编辑,供演讲者参考。

③ 幻灯片/大纲浏览窗格 幻灯片/大纲浏览窗格上方有"幻灯片"和"大纲"两个选项卡。单击窗格的"幻灯片"选项卡,可以显示各幻灯片缩略图,在"幻灯片"选项卡下,显示了2张幻灯片的缩略图,当前幻灯片是第一张幻灯片。单击某幻灯片缩略图,将立即在幻灯片窗格中显示该幻灯片。在这里还可以轻松地重新排列、添加或删除幻灯片。在"大纲"选项卡中,可以显示各幻灯片的标题与正文信息。在幻灯片中编辑标题或正文信息时,大纲窗格也同步变化。

在"普通"视图下,这三个窗格同时显示在演示文稿编辑区,用户可以同时看到三个窗格的显示内容有利于从不同角度编排演示文稿。

(6) 视图按钮

视图是当前演示文稿的不同显示方式。有普通视图、幻灯片浏览视图、幻灯片放映视图、阅读视图、备注页视图和母版视图等六种视图。例如普通视图下可以同时显示幻灯片窗格、幻灯片/大纲浏览窗格和备注窗格,而幻灯片放映视图下可以放映当前演示文稿。

为了方便地切换各种不同视图,可以使用"视图"选项卡中的命令,也可以利用窗口底部右侧的视图按钮。视图按钮共有"普通视图""幻灯片浏览""阅读视图"和"幻灯片放映"四个按钮,单击某个按钮就可以方便地切换到相应视图。

(7) 显示比例按钮

显示比例按钮位于视图按钮右侧,单击该按钮,可以在弹出的"显示比例"对话框中选择幻灯片的显示比例,拖动其右方的滑块,也可以调节显示比例,还可以按住"Ctrl+滚动鼠标滑轮"。

(8) 状态栏

状态栏位于窗口底部左侧,在普通视图中主要显示当前幻灯片的序号、当前演示文档幻灯片的总数、采用的幻灯片主题和输入法等信息。在幻灯片浏览视图中,只显示当前视图、幻灯片主题和输入法。

6.1.3 打开与关闭演示文稿

(1) 打开演示文稿

对已经存在的演示文稿,若要编辑或放映,必须先打开它。打开演示文稿的方法主要有三种。

① 以一般方式打开演示文稿 单击"文件"选项卡。在出现的菜单中选择"打开"命令,弹出"打开"对话框,如图1-6-4所示。在左侧窗格中选择存放目标演示文稿的文件夹,在右侧窗格列出的文件中选择要打开的演示文稿,或直接在下面的"文件名"栏的文本框中输入要打开的演示文稿文件名,然后单击"打开"按钮即可打开该演示文稿。

图 1-6-4 "打开"对话框

② 打开最近使用过的演示文稿　单击"文件"选项卡,在出现的菜单中选择"最近使用的演示文稿"命令,在"最近使用的演示文稿"列表中单击要打开的演示文稿。

③ 双击演示文稿文件方式打开　在没有启动 PowerPoint 2016 的情况下,可以快速启动 PowerPoint 2016 并打开指定演示文稿。在资源管理器中,找到目标演示文稿文件并双击它,即可启动 PowerPoint 2016 并打开该演示文稿。

(2) 关闭演示文稿

完成了对演示文稿的编辑、保存或放映工作后,需要关闭演示文稿。常用的关闭演示文稿的方法有以下几种。

① 单击"文件"选项卡,在打开的"文件"菜单中选择"关闭"命令,如图 1-6-5 所示,则关闭演示文稿,但不退出 PowerPoint 2016。

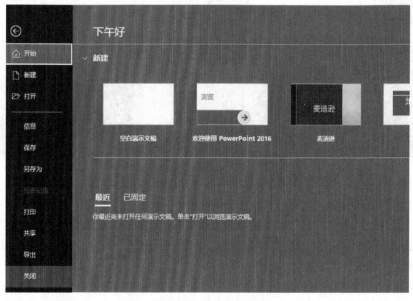

图 1-6-5 "关闭"对话框

第 6 章　演示文稿制作　187

② 单击 PowerPoint 2016 窗口右上角的"关闭"按钮,则关闭演示文稿并退出 PowerPoint 2016。
③ 右击任务栏上的 PowerPoint 2016 图标,在弹出的菜单中选择"关闭窗口"命令,则关闭演示文稿并退出 PowerPoint 2016。

6.2 制作简单演示文稿

6.2.1 创建演示文稿

创建演示文稿主要有如下几种方式:创建空白演示文稿,使用主题、模板和现有演示文稿创建等。

(1) 创建空白演示文稿

创建空白演示文稿有两种方法:第一种是启动 PowerPoint 2016 时自动创建一个空白演示文稿;第二种方法是在 PowerPoint 2016 已经启动的情况下,单击"文件"选项卡,在出现的菜单中选择"新建"命令,在右侧中选择"空白演示文稿",单击即可创建,如图 1-6-6 所示。

图 1-6-6 创建空白演示文稿

(2) 使用主题创建演示文稿

单击"文件"选项卡,在出现的菜单中选择"新建"命令,在右侧选择"主题",在随后出现的主题列表中选择一个主题,并单击右侧的"创建"按钮即可,如图 1-6-7 所示,也可以直接双击主题列表中的某主题。

(3) 使用模板创建演示文稿

单击"文件"选项卡,在出现的菜单中选择"新建"命令,在右侧选择"样本模板",在随后出现的模板列表中选择一个模板，并单击右侧的"创建按钮"即可，也可以直接双击模板列表中所选模板。如图 1-6-8 所示。

图 1-6-7　创建主题演示文稿

图 1-6-8　创建模板演示文稿

6.2.2 编辑幻灯片中的文本信息

演示文稿由若干幻灯片组成，幻灯片根据需要可以出现文本、图片、表格等表现形式。文本是最基本的表现形式，也是演示文稿的基础。因此，掌握文本的输入、选择、替换、插入、删除、移动与复制等编辑操作十分重要。

（1）输入文本

当建立空白演示文稿时，系统自动生成一张标题幻灯片，其中包括两个虚线框，框中有提示文字，这个虚线框称为占位符，如图 1-6-1 所示。占位符是预先安排的对象插入区域，对象可以是文本、图片、表格等，单击不同占位符即可插入相应的对象。标题幻灯片的两个占位符都是文本占位符。单击占位符，提示文字消失出现闪动的插入点，直接输入所需文本。默认情况下会自动换行，所以只有开始新段落时，才需要按"Enter"键。

文本占位符是预先安排的文本插入区域，若希望在其他区域增添文本内容，可以在适当位置插入文本框并在其中输入文本。方法是单击"插入"选项卡"文本"组的"文本框"按钮，在出现的下拉列表中选择"横排文本框"或"垂直文本框"，鼠标指针呈十字状。然后将指针移到目标位置，按左键拖动出合适大小的文本框。与占位符不同，文本框中没有出现提示文字，只有闪动的插入点，在文本框中输入所需文本。

（2）选择文本

要对某文本进行编辑，必须先选择该文本。根据需要可以选择整个文本框、整段文本或部分文本。

选择整个文本框：单击文本框中任意位置，出现虚线框，再单击虚线框，则变成实线框，此时表示选中整个文本框。单击文本框外的位置，即可取消选中状态。

选择整段文本：单击该段文本中任意位置，然后三击鼠标左键，即可选中该段文本，选中的文本反相显示。

选择部分文本：按左键从文本的第一个字符拖动鼠标到文本的最后一个字符，放开鼠标左键，这部分文本反相显示，表示被选中。

（3）替换原有文本

选择要替换的文本，使其反向显示后直接输入新文本。也可以在选择要替换的文本后按删除键，将其删除，然后再输入所需文本。

（4）插入与删除文本

① 插入文本　单击插入位置，然后输入要插入的文本，新文本将插到当前插入点位置。

② 删除文本　选择要删除的文本使其反相显示，然后按"Delete"键删除。此外，还可以采用"清除"命令。

（5）移动与复制文本

首先选择要移动（复制）的文本，然后鼠标指针移到该文本上并按住"Ctrl"键把它拖到目标位置，就可以实现移动（复制）操作。当然，也可以采用剪切（复制）和粘贴的方法实现。

6.2.3 在演示文稿中增加和删除幻灯片

通常演示文稿由若干张幻灯片组成，创建空白演示文稿时，自动生成一张空白幻灯片，当一张幻灯片编辑完成后，还需要继续制作下一张幻灯片，此时需要增加新幻灯片。在已经存在的演示文稿中，有时需要增加若干幻灯片以加强某个观点的表达，而对某些不再需要的幻灯片则希望删除它，因此，必须掌握增加或删除幻灯片的方法。要增加或删除幻灯片，必须先选择幻灯片，使之成为当前操作的对象。

（1）选择幻灯片

若要插入新幻灯片，首先确定当前幻灯片，新幻灯片将插在当前幻灯片后面。若删除幻灯片或编辑幻灯片，则先选择目标幻灯片，使其成为当前幻灯片，然后再执行删除或编辑操作。

① 选择一张幻灯片　在"幻灯片/大纲浏览"窗格单击所选幻灯片缩略图。若目标幻灯片缩略图未出现，可以拖动"幻灯片/大纲浏览"窗格的滚动条的滑块，寻找、定位目标幻灯片缩略图后单击它。

② 选择多张相邻幻灯片　在"幻灯片/大纲浏览"窗格单击所选第一张幻灯片缩略图，然后按住"Shift"键，并单击所选最后一张幻灯片缩略图，则所有的幻灯片均被选中。

③ 选择多张不相邻幻灯片　在"幻灯片/大纲浏览"窗格，按住"Ctrl"键，并逐个单击要选择的幻灯片缩略图。

（2）插入幻灯片

① 插入新幻灯片　在"幻灯片/大纲浏览"窗格选择目标幻灯片缩略图，然后在"开始"选项卡下单击"幻灯片"组的"新建幻灯片"下拉按钮，从出现的幻灯片版式列表中选择一种版式，则在当前幻灯片后出现新插入的指定版式幻灯片。

② 插入当前幻灯片的副本　在"幻灯片/大纲浏览"窗格中选择目标幻灯片缩略图，然后在"开始"选项卡下单击"幻灯片"组的"新建幻灯片"下拉按钮，从出现的列表中单击"复制所选幻灯片"命令。

（3）删除幻灯片

在"幻灯片/大纲浏览"窗格中选择目标幻灯片缩略图，然后按"Delete"键删除。也可以右击目标幻灯片缩略图，在出现的菜单中选择"删除幻灯片"命令。若要删除多张幻灯片，先选择要删除的幻灯片，然后按"Delete"键删除。

6.2.4 保存演示文稿

演示文稿可以保存在原位置，也可以保存在其他位置。既可以保存为 PowerPoint 2016 格式（.pptx），又可以保存为 PowerPoint 97-2003 格式（.ppt），以便于未安装 PowerPoint 2016 的用户使用。

（1）保存在原位置

① 演示文稿制作完成后通常保存演示文稿的方法是单击快速访问工具栏的"保存"按钮，若是第一次保存，将出现如图 1-6-9 所示的"另存为"对话框。否则不会出现该对话框，直接按原路径及文件名存盘。

② 在"另存为"对话框左侧选择保存位置，在下方"文件名"栏中输入演示文稿文件名，单击"保存类型"栏的下拉按钮，从下拉列表中选择"PowerPoint 演示文稿（*.pptx）"，也可以根据需要选择其他类型。如图 1-6-10 所示。

③ 单击"保存"按钮。

④ 按组合键【Ctrl+S】保存。

（2）保存在其他位置或重命名保存

对已存在的演示文稿，希望它存放在另一位置，可以单击"文件"选项卡，在下拉菜单中选择"另存为"命令，出现"另存为"对话框，然后按上述操作确定保存位置，再单击 保存"

按钮。这样演示文稿用原名保存在另一指定位置。若需要重命名保存，仅需在"文件名"栏输入新文件名后，单击"保存"按钮。

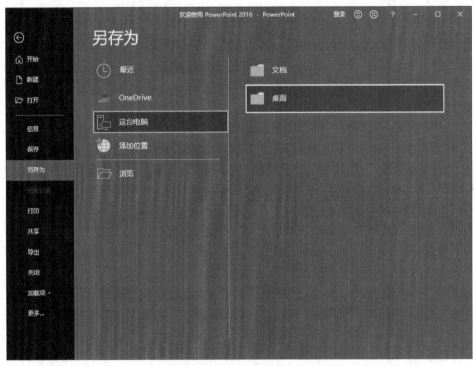

图 1-6-9 "另存为"对话框

图 1-6-10 "保存"对话框

6.2.5 打印演示文稿

若需要打印演示文稿,可以采用以下步骤。

① 打开演示文稿,单击"文件"选项卡,在下拉菜单中选择"打印"命令,右侧各选项可以设置打印份数、打印范围、打印版式、打印顺序等。如图1-6-11所示。

图1-6-11 打印设置

② 在"打印"栏输入打印份数,在"打印机"栏中选择当前要使用的打印机。

③ 从"设置"栏开始从上至下分别确定打印范围、打印版式、打印顺序和彩色/灰度打印等。单击"设置"栏右侧的下拉按钮,在出现的列表中选择"打印全部幻灯片""打印所选幻灯片""打印当前幻灯片"或"自定义范围"。

④ 在"设置"栏的下一项,设置打印版式(整页幻灯片、备注页或大纲)或打印讲义的方式(1张幻灯片、2张幻灯片、3张幻灯片等)。单击右侧的下拉按钮,在出现的版式列表或讲义打印方式中选择一种。

⑤ 下一项用来设置打印顺序,如果打印多份演示文稿,有两种打印顺序:"调整"和"取消排序"。"调整"是指打印一份完整的演示文稿后再打印下一份;"取消排序"则表示打印各份演示文稿的第一张幻灯片后再打印各份演示文稿的第二张幻片。

⑥ 设置打印顺序栏的下方用来设置打印方向。单击它可选择"横向"或"纵向"。

⑦ "设置"栏的最后一项可以设置彩色打印、黑白打印和灰度打印。单击该项下拉按钮,在出现的列表中选择"颜色""纯黑白"或"灰度"。

⑧ 设置完成后,单击"打印"按钮。

单击"打印机"栏下方的"打印机属性"按钮,出现"文档属性"对话框,在"纸张/质量"选项卡中单击"高级"按钮,出现"高级选项"对话框,在"纸张规格"栏可以设置纸张的大小。在"布局"选项卡的"方向"栏也可以选择打印方向。

6.3 演示文稿的显示视图

PowerPoint 2016 中有六种视图:普通视图、幻灯片浏览视图、备注页视图、阅读视图、幻灯片放映视图和母版视图。

切换视图的常用方法有两种:采用功能区命令和单击"视图"按钮。

(1) 功能区命令

打开"视图"选项卡,在"演示文稿视图"组中有普通视图、幻灯片浏览视图、备注页视图和阅读视图命令按钮。单击所需的视图,即可切换到相应视图。如图 1-6-12 所示。

(2) 视图按钮

在 PowerPoint 2016 窗口底部有普通视图、幻灯片浏览视图、阅读视图和幻灯片放映视图,单击所需的视图按钮就可以切换到相应的视图。

图 1-6-12 "普通"视图

6.3.1 视图

(1) 普通视图

打开"视图"选项卡,单击"演示文稿视图"组的"普通视图"命令按钮,切换到普通视图,如图 1-6-12 所示。普通视图是创建演示文稿的默认视图。在普通视图下,窗口由三个窗格组成：左侧的"幻灯片浏览/大纲"窗格、右侧上方的"幻灯片"窗格和右侧下方的"备注"窗格。可以同时显示演示文稿的幻灯片缩略图（或大纲）、幻灯片和备注内容，如图 1-6-12 所示。一般普通视图下"幻灯片"窗格面积较大，但显示的三个窗格大小是可以调节的，方法是拖动两部分之间的分界线即可。若将"幻灯片"窗格尽量调大，此时幻灯片上的细节一览无余，最适合编辑幻灯片，如插入对象、修改文本等。

（2）幻灯片浏览视图

单击窗口底部的"幻灯片浏览视图"按钮，即可进入幻灯片浏览视图，如图 1-6-13 所示。在幻灯片浏览视图中，一个屏可显示多张幻灯片缩略图，可以直观地观察演示文稿的整体外观，便于进行多张幻灯片顺序的编排、复制、移动、插入和删除等操作。

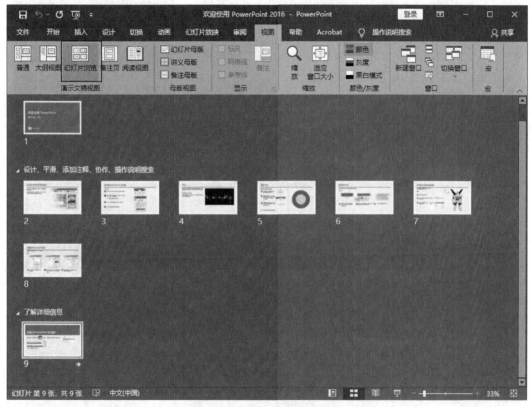

图 1-6-13 "幻灯片浏览"视图

（3）备注页视图

在"视图"选项卡中单击"备注页"命令按钮，进入备注页视图。在此视图下显示一张幻灯片及其下方的备注页。用户可以输入或编辑备注页的内容。如图 1-6-14 所示。

（4）阅读视图

在"视图"选项卡中单击"演示文稿视图"组的"阅读视图"按钮，切换到阅读视图。在阅读视图下，只保留幻灯片窗格标题栏和状态栏，其他编辑功能被屏蔽，目的是幻灯片制作完成后的简单放映浏览。通常是从当前幻灯片开始放映，单击可以切换到下一张幻灯片，直到放映最后一张幻灯片后退出阅读视图。放映过程中随时可以按"Esc"键退出阅读视图，也可以单击状态栏右侧的其他视图按钮，退出阅读视图并切换到相应视图。如图 1-6-15 所示。

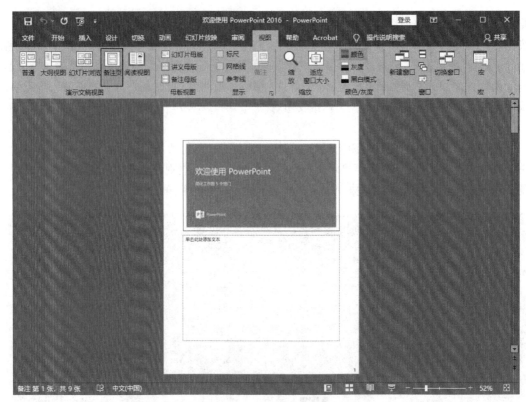

图 1-6-14 "备注页"视图

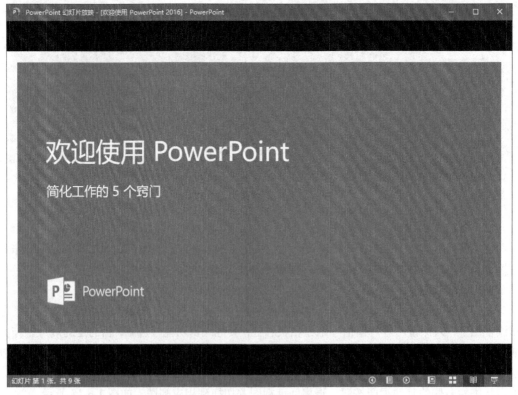

图 1-6-15 "阅读"视图

(5) 幻灯片放映视图

在"幻灯片放映"选项卡中单击"开始放映幻灯片"组的"从头开始"命令按钮，就可以从演示文稿的第一张幻灯片开始放映，也可以选择"从当前幻灯片开始"命令，从当前幻灯片开始放映。另外，单击窗口底部"幻灯片放映"视图按钮，也可以从当前幻灯片开始放映。在幻灯片放映视图下，单击鼠标左键，可以从当前幻灯片切换到下一张幻灯片，直到放映完毕。如图 1-6-16 所示。

图 1-6-16 "幻灯片放映"视图

6.3.2 普通视图下的操作

在普通视图下，主要操作有选择、移动、复制、插入、删除、缩放（对图片等对象）以及设置文本格式和对齐方式等。下面介绍其中常见的几种操作。

（1）选择操作

要操作某个对象，首先要选中它，方法是将鼠标指针移动到对象上，当指针呈十字箭头时，单击该对象。选中后，该对象周围出现控点。若要选择文本对象中的某些文字，单击文本对象，其周围出现控点后再在目标文字上拖动，使之反相显示。

（2）移动和复制操作

首先选择要移动（复制）的对象，然后将鼠标指针移到该对象上，并按住"Ctrl"键把它拖到目标位置，就可以实现移动（复制）操作。当然，也可以采用剪切（复制）和粘贴的方法实现。

（3）删除操作

选择要删除的对象，然后按"Delete"键删除。

(4) 改变对象的大小

当对象（如图片）的大小不合适时，可以先选择该对象，当其周围出现控点时，将鼠标指针移到边框的控点上并拖动，拖动左右（上下）边框的控点可以在水平（垂直）方向缩放。若拖动四个角之一的控点，会在水平和垂直两个方向同时进行缩放。

(5) 编辑文本对象

新建一张幻灯片并选择一种版式后，该幻灯片上出现占位符。用户单击文本占位符并输入文本信息。若要在幻灯片非占位符位置另外增加文本对象，可以单击"插入"选项卡"文本"组的"文本框"命令，在下拉列表中选择"横排文本框"或"垂直文本框"，鼠标指针呈十字形，将指针移到目标位置，按左键向右下方拖动出大小合适的文本框，然后在其中输入文本。这个文本框可以移动、复制，也可以删除。若要对已经存在的文本框中的文字进行编辑，先选中该文本框，然后单击插入位置，并输入文本即可。若要删除信息，则先选择要删除的文本，然后按删除键。

(6) 调整文本格式

① 字体、字体大小、字体样式和字体颜色　选择文本后单击"开始"选项卡"字体"组的字体工具的下拉按钮，在出现的下拉列表中选择要设置的字体。单击"字号"工具的下拉按钮，在出现的下拉列表中选择要设置的字号。单击"字体样式"按钮，在出现的下拉列表中选择要设置的字体样式。关于字体颜色的设置，可以单击"字体颜色"工具的下拉按钮，在"颜色"下拉列表中选择所需颜色。如对颜色列表中的颜色不满意，也可以自定义颜色。单击"颜色"下拉列表中的"其他颜色"命令，出现"颜色"对话框。

若需要其他更多字体格式命令，可以选择文本后单击"字体"组右下角"字体"按钮，将出现"字体"对话框，根据需要设置各种文本格式，如图 1-6-17 所示。使用"字体"对话框可以更精细地设置字体格式。

② 文本对齐　文本有多种对齐方式，如左对齐、右对齐、居中、两端对齐和分散对齐等。若要改变文本的对齐方式，可以先选择文本，然后单击"开始"选项卡"段落"组的相应命令，同样也可以单击"段落"组右下角的"段落"按钮，在出现的"段落"对话框中更多地设置段落格式。

图 1-6-17　"字体"对话框

6.3.3　幻灯片浏览视图下的操作

幻灯片浏览视图可以同时显示多张幻灯片的缩略图，因此，利用它可以进行重排幻灯片的顺序、移动、复制、插入和删除多张幻灯片等操作。

(1) 选择幻灯片

在幻灯片浏览视图下，窗口中以缩略图方式显示全部幻灯片，而且缩略图的大小可以调节。选择幻灯片的方法有以下几种。

① 单击"视图"选项卡"演示文稿视图"组的"幻灯片浏览"命令，或单击窗口底部"幻

灯片浏览"视图按钮，进入幻灯片浏览视图，如图 1-6-18 所示。

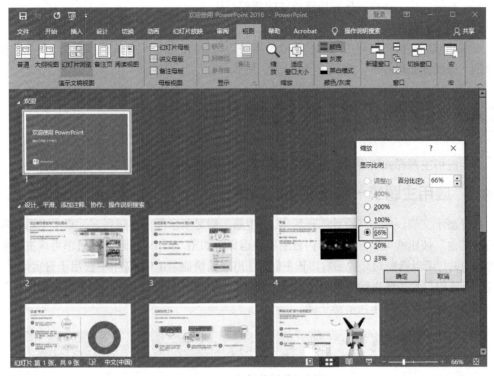

图 1-6-18 "幻灯片浏览"视图

② 利用滚动条或"PgUp"或"PgDn"键滚动屏幕，寻找目标幻灯片缩略图。单击目标幻灯片缩略图，该幻灯片缩略图的四周出现黄框，表示选中该幻灯片，如图 1-6-18 所示，1 号幻灯片被选中。

若想选择连续的多张幻灯片，可以先单击其中第一张幻灯片缩略图，然后按住"Shift"键单击最后一张幻灯片缩略图，则这些连续的多张幻灯片均出现黄框，表示它们均被选中。若想选择不连续的多张幻灯片，可以按住"Ctrl"键并逐个单击要选择的幻灯片缩略图。

（2）缩放幻灯片缩略图

在幻灯片浏览视图下，幻灯片通常以 66%的比例显示，所以称为幻灯片缩略图。在幻灯片浏览视图下单击"视图"选项卡"显示比例"组的"显示比例"命令，出现"显示比例"对话框后进行设置，如图 1-6-18 所示。

（3）重排幻灯片的顺序

① 在幻灯片浏览视图下选择需要移动位置的幻灯片缩略图，按鼠标左键拖动幻灯片缩略图到目标位置，当目标位置出现一条竖线时，松开鼠标左键，所选幻灯片缩略图移到该位置。移动时出现的竖线表示当前位置。

② 选择需要移动位置的幻灯片缩略图，单击"开始"选项卡"剪贴板"组的"剪切"命令。单击目标位置，该位置出现竖线。单击"开始"选项卡"剪贴板"组的"粘贴"按钮，将所选幻灯片缩略图移到该位置。

（4）插入幻灯片

① 在幻灯片浏览视图下单击目标位置，该位置出现竖线。

② 单击"开始"选项卡"幻灯片"组的"新建幻灯片"命令,在出现的幻灯片版式列表中选择一种版式后,该位置出现所选版式的新幻灯片。

(5) 删除幻灯片

在编辑演示文稿的过程中可能会删除不需要的幻灯片。删除幻灯片的方法是:首先选择要删除的一张或多张幻灯片,然后按"Delete"键删除。

6.4 修饰幻灯片的外观

采用应用主题样式和设置幻灯片背景等方法可以使所有幻灯片具有一致的外观。

6.4.1 应用主题统一演示文稿的风格

打开演示文稿,单击"设计"选项卡,"主题"组显示了部分主题列表,单击主题列表右下角"其他"按钮就可以显示全部内置主题供选择,如图 1-6-19 所示。若只想用该主题修饰部分幻灯片,可以选择幻灯片后右击该主题,在出现的快捷菜单中,选择"应用于选定幻灯片"命令,所选幻灯片按该主题效果自动更新,其他幻灯片不变。若选择"应用于所有幻灯片"命令,则整个演示文稿均采用所选主题。

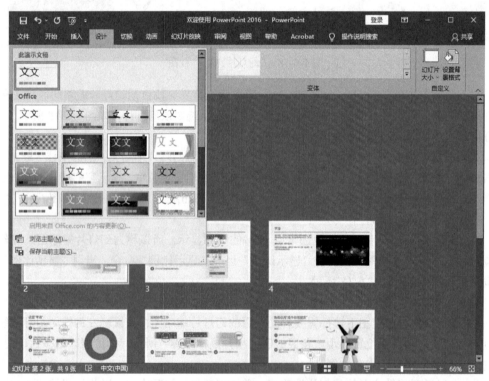

图 1-6-19 "设计"选项卡"主题"组

6.4.2 幻灯片背景的设置

幻灯片的背景对幻灯片放映的效果起重要作用,为此,可以对幻灯片背景的颜色、图案和纹理等进行调整。

(1) 改变背景样式

打开演示文稿，单击"设计"选项卡"背景"组的"背景样式"命令，如图 1-6-20 所示。从背景样式列表中选择一种满意的背景样式，则演示文稿全体幻灯片均采用该背景样式。若只希望改变部分幻灯片的背景，则先选择幻灯片，然后右击背景样式，在出现的快捷菜单中选择"应用于所选幻灯片"命令，则选定的幻灯片采用该背景样式，而其他幻灯片不变。

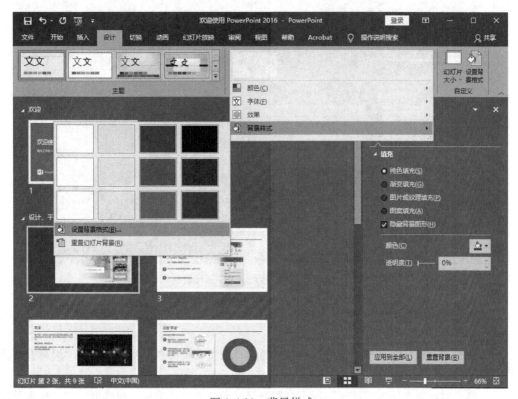

图 1-6-20　背景样式

(2) 设置背景格式

可以自己设置背景格式，有四种方式：纯色填充、渐变填充、图片或纹理填充、图案填充。

① 纯色填充和渐变填充。"纯色填充"是选择单一颜色填充背景，"渐变填充"是将两种或更多种填充颜色逐渐混合在一起，以某种渐变方式从一种颜色逐渐过渡到另一种颜色。

a．单击"设计"选项卡"背景"组的"背景样式"命令，在出现的快捷菜单中选择"设置背景格式"命令，弹出"设置背景格式"对话框。也可以单击"设计"选项卡"背景"组右下角的"设置背景格式"按钮，也能显示"设置背景格式"对话框。如图 1-6-21 所示。

b．单击"设置背景格式"对话框左侧的"填充"项，右侧提供两种背景颜色填充方式："纯色填充"和"渐变填充"。

选择"纯色填充"单选框，单击"颜色"栏下拉按钮，在下拉列表颜色中选择背景填充颜色。拖动"透明度"滑块，可以改变颜色的透明度。

选择"渐变填充"单选框，可以直接选择系统预设颜色填充背景，也可以自定义渐变颜色。

c．单击"关闭"按钮，则所选背景颜色作用于当前幻灯片；若单击"全部应用"按钮，则改变所有幻灯片的背景；若选择"重置背景"按钮，则取消本次设置，恢复设置前状态。

图 1-6-21 "设置背景格式"对话框

② 图片或纹理填充

图片填充操作方式如下。

a．单击"设计"选项卡"背景"组右下角的"设置背景格式"按钮，弹出"设置背景格式"对话框。

b．单击对话框左侧的"填充"项，右侧选择"图片或纹理填充"单选框，在"插入图片来自"栏单击"文件"按钮，在弹出的"插入图片"对话框中选择所需图片文件，并单击"插入"按钮，回到"设置背景格式"对话框。

c．单击"关闭"或"全部应用"按钮，则所选图片成为幻灯片背景。

纹理填充操作方式如下。

a．单击"设计"选项卡"背景"组的"背景样式"命令，在出现的快捷菜单中选择"设置背景格式"命令，弹出"设置背景格式"对话框。

b．单击对话框左侧的"填充"项，右侧选择"图片或纹理填充"单选框，单击"纹理"下拉按钮，在出现的各种纹理列表中选择所需纹理。

c．单击"关闭"或"全部应用"按钮。

③ 图案填充

a．单击"设计"选项卡"背景"组右下角的"设置背景格式"按钮，弹出"设置背景格式"对话框。

b．单击对话框左侧的"填充"项，右侧选择"图案填充"单选框，在出现的图案列表中选择所需图案。通过"前景色"和"背景色"栏可以自定义图案的前景色和背景色。

c．单击"关闭"（或"全部应用"）按钮。

6.5 插入图片、形状、艺术字、超链接和音频（视频）

PowerPoint 2016 演示文稿中不仅包含文本，还可以插入剪贴画、图片、形状、艺术字、超链接和音频等，通过多种手段增强演示文稿的展示效果。

6.5.1 插入图片

插入图片有两种方式，第一种是采用功能区命令，另一种是单击幻灯片内容区占位符中图片的图标。

（1）以占位符方式插入图片

以插入图片为例，说明占位符方式。插入新幻灯片并选择"标题和内容"版式或其他具有内容区占位符的版式，如图 1-6-22 所示。选择路径找到图片，插入到幻灯片中，调整剪贴画大小和位置。如图 1-6-23 所示。

图 1-6-22　内容区占位符

（2）插入以文件形式存在的图片

① 单击"插入"选项卡"图像"组的"图片"命令，出现"插入图片"对话框。如图 1-6-24 所示。

② 单击此设备，选择路径找到图片，插入到幻灯片中，调整剪贴画大小和位置。如图 1-6-23 所示。

图 1-6-23 "插入图片"对话框

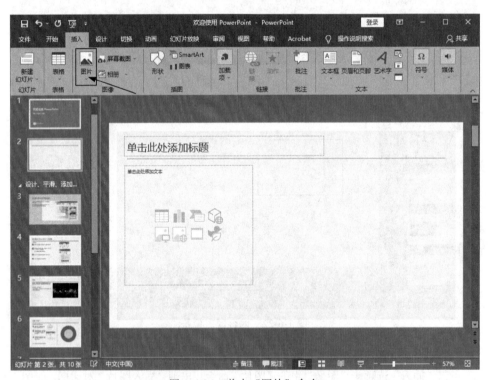

图 1-6-24 单击"图片"命令

(3) 调整图片的大小和位置

调节图片大小的方法:选择图片,按左键并拖动左右(上下)边框的控点可以在水平(垂直)方向缩放。若拖动四角之一的控点,会在水平和垂直两个方向同时进行缩放。

调节图片位置的方法:选择图片,鼠标指针移到图片上,按左键并拖动,可以将该图片定位到目标位置。

(4) 旋转图片

① 手动旋转图片　单击要旋转的图片,四周出现控点时拖动上方绿色控点即可随意旋转图片。如图 1-6-25 所示。

图 1-6-25　"设置图片格式"对话框

② 精确旋转图片　选择图片,在"图片工具-格式"选项卡"排列"组单击"旋转"按钮,在下拉列表中选择"向右旋转 90°",可以顺时针旋转 90°。也可以选择"垂直翻转"("水平旋转")。

(5) 用图片样式美化图片

选择幻灯片并单击要美化的图片,在"图片工具-格式"选项卡"图片样式"组中显示若干图片样式列表,如图 1-6-25 所示。单击样式列表右下角的"其他"按钮,会弹出图片样式的列表,从中选择一种,如"剪裁对角线,白色"。随后可以看到图片效果发生了变化,如图 1-6-26 所示。

(6) 为图片增加阴影、映像、发光等特定效果

系统提供多种预设效果,还可自定义图片效果。

① 使用预设效果　选择要设置效果的图片,单击"图片工具→格式"选项卡"图片样式"组的"图片效果"按钮,在出现的下拉列表中将鼠标移至"预设"项,显示多种预设效果,从中选择一种(如:"预设 12")。

② 自定义图片效果　若不想使用预设效果,还可自己对图片的阴影、映像、发光、柔化边缘、棱台、三维旋转等六个方面进行适当设置。以设置图片阴影、棱台和三维旋转效果为例,其他效果设置类似。

图 1-6-26 "图片样式"对话框

首先选择要设置效果的图片，单击"图片工具→格式"选项卡"图片样式"组的"图片效果"的下拉按钮，在展开的下拉列表中将鼠标移至"阴影"项，在出现的阴影列表中单击"左上对角透视"项。单击"图片效果"的下拉按钮，在展开的下拉列表中将鼠标移至"棱台"项，在出现的棱台列表中单击"圆"项。再次单击"图片效果"的下拉按钮，在展开的下拉列表中将鼠标移至"三维旋转"项，在出现的三维旋转列表中单击"离轴 1 右"项。

6.5.2 插入形状

形状是系统事先提供的一组基础图形，有的可以直接使用，有的稍加组合即可更有效地表达某种观点和想法。可用的形状包括：线条、基本几何形状、箭头、公式形状、流程图形状、星与旗帜、标注和动作按钮。

以线条矩形和椭圆为例，说明形状的绘制、移动（复制）和格式化的基本方法。插入形状有两个途径：在"插入"选项"插图"组单击"形状"命令或者在"开始"选项卡"绘图"组单击"形状"列表右下角"其他"按钮，就会出现各类形状的列表，如图 1-6-27 所示。

（1）绘制直线

在"插入"选项卡"插图"组单击"形状"命令，在出现的形状下拉列表中单击"直线"命令。鼠标指针呈十字形。鼠标指针移到幻灯片上直线开始点，按鼠标左键拖动到直线终点。

若按住"Shift"键可以画特定方向的直线，例如水平线和垂直线。只能以 45°的倍数改变直线方向，例如画 0°（水平线）、45°、90°（垂直线）等直线，如图 1-6-28 所示。

若选择"箭头"命令，则按以上步骤可以绘制带箭头的直线。

单击直线，直线两端出现控点。鼠标指针移到直线的一个控点，鼠标指针变成双向箭头，拖动控点，就可以改变直线的长度和方向。

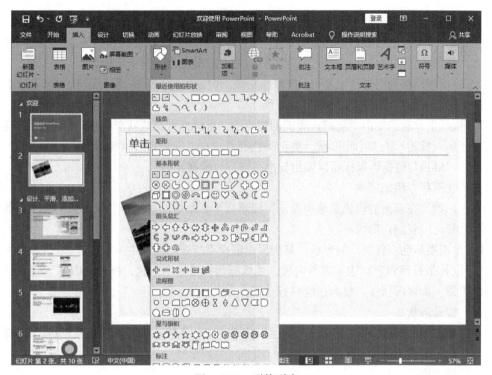

图 1-6-27　形状列表

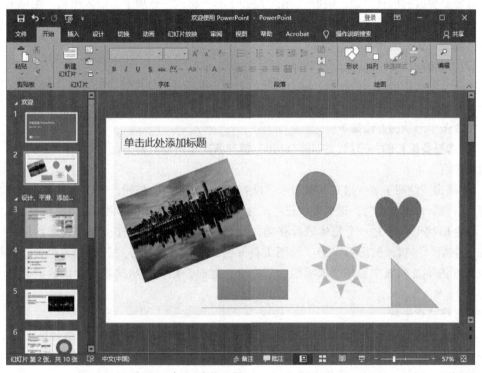

图 1-6-28　绘制直线、矩形和椭圆

鼠标指针移到直线上，鼠标指针呈十字形，按住"Ctrl"键拖动鼠标就可以移动（复制）直线。

(2) 绘制矩形（椭圆）

① 在"开始"选项卡"绘图"组单击"形状"列表右下角"其他"按钮，出现各类形状的列表。在形状列表中单击"矩形"（"椭圆"）命令。鼠标指针呈十字形。

② 鼠标指针移到幻灯片上某点，按鼠标左键，可拖出一个矩形（椭圆）。向不同方向指动，给制的矩形（椭圆）也不同。如图 1-6-28 所示。

③ 鼠标指针移到矩形（椭圆）周围的控点上，鼠标指针变成双向前头，拖动控点，就可以改变矩形（椭圆）的大小和形状。拖动绿色控点，可以旋转矩形（椭圆）。

若按"Shift"键拖动鼠标可以画出标准正方形（标准正圆）。

(3) 在形状中添加文本

右击形状，在弹出的快捷菜单中单击"编辑文字"命令，形状中出现光标，输入文字。

(4) 移动（复制）形状

① 单击要移动（复制）的形状，其周围出现控点，表示被选中。

② 鼠标指针移到形状边框或其内部，使鼠标指针呈十字形状，按住"Ctrl"键拖动鼠标到目标位置，则该形状移（复制）到目标位置。

(5) 旋转形状

单击要旋转的形状，形状四周出现控点，拖动上方绿色控点即可随意旋转形状。实现精确旋转形状的方法同图片旋转的方法类似。

(6) 更改形状

选择要更改的形状（如：矩形），在"绘图工具→格式"选项卡"插入形状"组单击"编辑形状"命令，在展开的下拉列表中选择"更改形状"，然后在弹出的形状列表中单击要更改的目标形状（如：圆角矩形）。

(7) 组合形状

把多个形状组合成一个形状，称为形状的组合；将组合形状恢复为组合前状态，称为取消组合。

组合多个形状的方法如下。

① 选择要组合的各形状，按住"Shift"键并依次单击要组合的每个形状，使每个形状周围出现控点。

② 单击"绘图工具→格式"选项卡"排列"组的"组合"按钮，并在出现的下拉列表中选择"组合"命令。此时，这些形状已经成为一个整体。如图 1-6-29 所示。

组合形状可以作为一个整体进行移动、复制和改变大小等操作。如果要取消组合，则首先选中组合形状，然后再单击"绘图工具→格式"选项卡"排列"组的"组合"按钮，并在出现的下拉列表中选择"取消组合"命令。此时，组合形状又恢复为组合前的几个独立形状。

(8) 格式化形状

套用系统提供的形状样式可以快速美化形状，也可以对样式进行调整，以适合自己的需要。例如线条的线型（实或虚线、粗细）、颜色等，封闭形状内部填充颜色、纹理、图片等，还有形状的阴影、映像、发光、柔化边缘、棱台、三维旋转六个方面的形状效果。

① 套用形状样式 首先选择要套用样式的形状，然后再单击"绘图工具→格式"选项卡"形状样式"组形状样式列表右下角的"其他"命令，出现下拉列表，其中提供了多种样式供选择，选择其中一个样式，则形状按所选样式发生变化。

图 1-6-29 组合形状

② 自定义形状线条的线型和颜色　选择形状，然后单击"绘图工具→格式"选项卡"形状样式"组"形状轮廓"的下拉按钮，在出现的下拉列表中，可以修改线条的颜色、粗细、实线或虚线等，也可以取消形状的轮廓线。

③ 设置封闭形状的填充色和填充效果　对封闭形状，可以在其内部填充指定的颜色，还可以利用渐变、纹理、图片来填充形状。选择要填充的封闭形状单击"绘图工具→格式"选项卡"形状样式"组"形状填充"的下拉按钮，在出现的下拉列表中可以设置形状内部填充的颜色，也可以用渐变、纹理、图片来填充形状。

④ 设置形状的效果　选择要设置效果的形状，在"绘图工具→格式"选项卡"形状样式"组单击"形状效果"按钮，在出现的下拉列表中将鼠标移至"预设"项，从显示的多种预设效果中选择一种。

6.5.3　插入艺术字

艺术字具有美观有趣、突出显示、醒目张扬等特性，特别适合重要的、需要突出显示、特别强调等文字表现场合。在幻灯片中既可以创建艺术字，也可以将现有文本转换成艺术字。

（1）创建艺术字

创建艺术字的步骤如下。

① 选中要插入艺术字的幻灯片。

② 单击"插入"选项卡"文本"组中"艺术字"按钮，出现艺术字样式列表，如图 1-6-30 所示。

③ 在艺术字样式列表中选择一种艺术字样式，出现指定样式的艺术字编辑框，其中内容为"请在此放置您的文字"，在艺术字编辑框中删除原有文本并输入艺术字文本。可以改变艺术字的字体和字号。

图 1-6-30　艺术字样式列表

(2) 修饰艺术字的效果

① 改变艺术字填充颜色　选择艺术字，在"绘图工具→格式"选项卡"艺术字样式"组单击"文本填充"按钮，在出现的下拉列表中选择一种颜色，则艺术字内部用该颜色填充。也可以选择用渐变、图片或纹理填充艺术字。选择列表中的"渐变"命令，在出现的渐变列表中选择一种变体渐变。选择列表中的"图片"命令，则出现"插入图片"对话框，选择图片后用该图片填充艺术字。选择列表中的"纹理"命令，则出现各种纹理列表，从中选择一种，即可用该纹理填充艺术字。

② 改变艺术字轮廓　选择艺术字，然后在"绘图工具→格式"选项卡"艺术字样式"组单击"文本轮廓"按钮，出现下拉列表，可以选择一种颜色作为艺术字轮廓线颜色。在下拉列表中选择"粗细"项，出现各种尺寸的线条列表，选择一种，则艺术字轮廓采用该尺寸线条。在下拉列表中选择"虚线"项，可以选择线型，则艺术字轮廓采用该线型。

③ 改变艺术字的效果　单击选中艺术字，在"绘图工具→格式"选项卡"艺术字样式"组单击"文本效果"按钮，出现下拉列表，选择其中的各种效果（阴影、发光、映像、棱台、三维旋转和转换）进行设置。以"转换"为例，如图1-6-31所示。

④ 编辑艺术字文本　单击艺术字，直接编辑、修改文字。

⑤ 旋转艺术字　选择艺术字，拖动绿色控点，可以自由旋转艺术字。

⑥ 确定艺术字的位置　首先选择艺术字，在"绘图工具→格式"选项卡"大小"组单击右下角的"大小和位置"按钮，出现"设置形状格式"对话框，在对话框的左侧选择"位置"项，在右侧"水平"栏输入数据，"自"栏选择度量依据，"垂直"栏输入数据，单击"确定"按钮，则艺术字精确定位。如图1-6-32所示。

(3) 转换普通文本为艺术字

首先选择文本，然后单击"插入"选项卡"文本"组的"艺术字"按钮，在弹出的艺术字样式中选择一种样式，并适当修饰。

图 1-6-31 艺术字效果设置

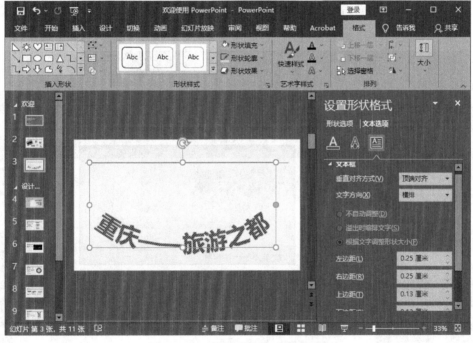

图 1-6-32 "设置形状格式"对话框

6.5.4 插入超链接

PowerPoint 2016 可以采用两种方法创建超链接：使用超链接命令和使用动作设置。

（1）使用超链接命令

打开"插入"选项卡，选择超链接对象后，单击"链接"组中的"超链接"按钮，如图 1-6-33 所示，弹出"插入超链接"对话框，如图 1-6-34 所示，在该对话框中可以链接到"现有文件或网页""本文档中的位置""新建文档"及"电子邮件地址"四种链接内容。

第 6 章 演示文稿制作　　211

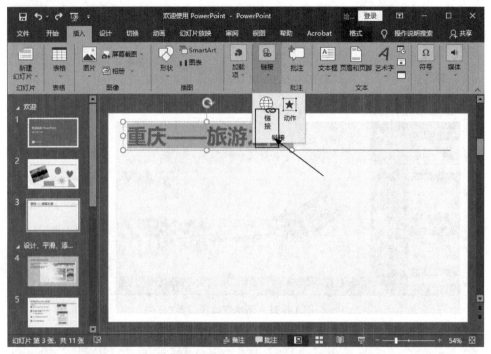

图 1-6-33 "链接"组按钮

图 1-6-34 "插入超链接"对话框

① 现有文件　指计算机磁盘中存放的文件（.txt、.docx、.doc、.exe 等），链接后，当幻灯片播放时，用鼠标单击链接按钮，即打开链接的文件。

② 网页　指 Internet 网络中 ISP 提供商的服务器地址，在"地址"栏内输入网址，链接后，当幻灯片播放时，用鼠标单击链接按钮，即打开链接的网页。

③ 本文档中的位置　指当前编辑 PPT 文档中的幻灯片,在"插入超链接"对话框中"本文档中的位置"选项下,可以设置链接到本文档中的第 X 页上,如图 1-6-35 所示。

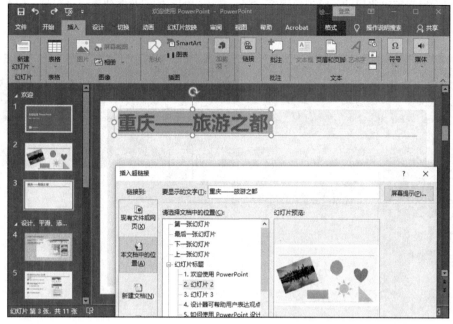

图 1-6-35　本文档中的位置选项

④ 新建文档　指从当前 PPT 文稿链接到新的演示文稿,并对新建文档进行编辑,实现当前文档到新建文档的链接。

⑤ 电子邮件地址　指链接内容为 E-Mail 邮箱,如图 1-6-36 所示,当链接设置后,会从链接按钮启动收发邮件软件 MicroSoft OutLook。

图 1-6-36　邮箱选项

第 6 章　演示文稿制作

(2) 使用动作设置

在"动作设置"中可以实现超链接能够完成的各种链接操作，另外在"动作设置"对话框内还可以设定选定对象启动系统应用程序、演示文稿中编辑的宏及播放声音设置等，如图1-6-37所示。

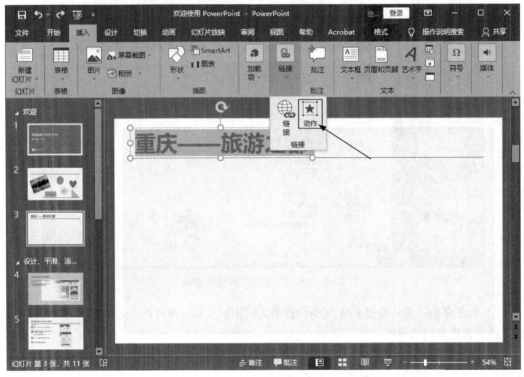

图 1-6-37 "动作设置"对话框

6.5.5 插入音频（视频）

(1) 插入音频

在编辑幻灯片时，可以插入音频文件作为背景音乐，或者作为幻灯片的旁白。在 PowerPoint 2016 中，支持 WAV、WMA、MP3、MID 等音频文件。音频文件的来源共有两种方式：①文件中的音频。②录制音频。

其中，最常用的方式是文件中的音频，操作过程如下，如图 1-6-38 所示。

① 单击"插入"选项卡中"媒体"功能区"音频"下拉列表中"文件中的音频"。

② 在弹出的"插入音频"对话框中找到指定的音频文件，单击"确定"按钮，在幻灯片中添加音频图标。

③ 音频文件选定后，功能区出现"音频工具"选项卡，在"音频工具"选项卡的"播放"子功能区下，可以设置幻灯片放映时播放音频文件的方式，选择所需形式。如图 1-6-39 所示。

在"音频工具"选项卡中可以对插入幻灯片中的音频设置如下效果。

a. 放映时隐藏图标。

b. 音频播放的触发（单击时/自动跨幻灯片播放）。

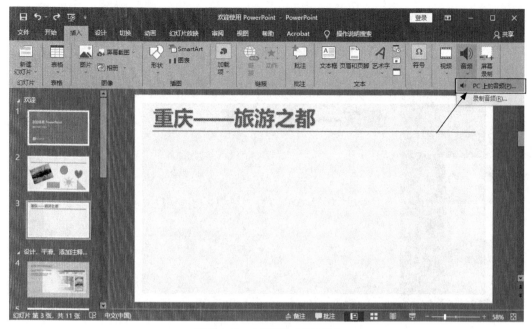

图 1-6-38 "音频"下拉列表

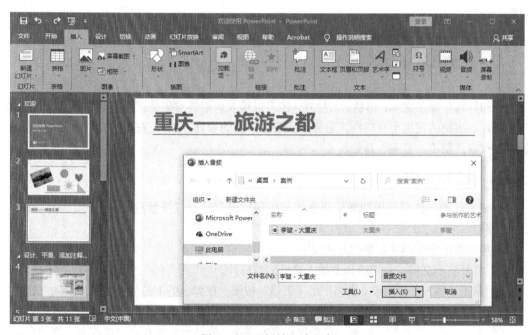

图 1-6-39 "播放"选项卡

  c. 音频循环播放,直到幻灯片播放停止。
  d. 音频播放的音量。
(2) 插入视频
  PowerPoint 2016 支持 ASF、MPEG、AVI、MP4 等视频类型。其操作与插入音频步骤相同。如图 1-6-40 所示。

第 6 章　演示文稿制作　215

图 1-6-40 "视频"下拉列表

6.6 插入表格

在幻灯片中除了文本、形状、图片外，还可以输入表格等对象使演示文稿的表达方式更加丰富多彩。表格的应用十分广泛，是显示和表达数据的较好方式。 在演示文稿中使用表格表达有关数据，简单、直观、高效。

6.6.1 创建表格

创建表格的方法有使用功能区命令创建和利用内容区占位符创建两种。和插入剪贴画与图片一样。

利用功能区命令创建表格的方法如下。

① 打开演示文稿，并切换到要插入表格的幻灯片。

② 单击"插入"选项卡"表格"组"表格"按钮，在弹出的下拉列表中单击"插入表格"命令，出现"插入表格"对话框，输入要插入表格的行数和列数。如图 1-6-41 所示。

③ 单击"确定"按钮，出现一个指定行列的表格，拖动表格的控点可以改变表格的大小，拖动表格边框可以定位表格。

行列较少的小型表格也可以快速生成，方法是单击"插入"选项卡"表格"组"表格"按钮，在弹出的下拉列表顶部的示意表格中拖动鼠标，顶部显示当前表格的行列数，与此同时幻灯片中也同步出现相应行列的表格，直到显示满意行列数时（如 8×8 表格）单击，则快速插入相应行列的表格，如图 1-6-42 所示。

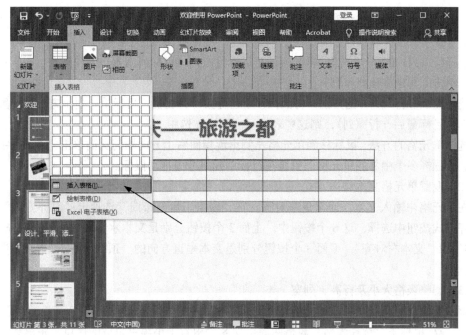

图 1-6-41 "插入表格"对话框

图 1-6-42 快速生成表格

6.6.2 编辑表格

表格制作完成后,可以编辑修改。例如:修改单元格的内容,设置文本对齐方式,调整表格大小和行高、列宽、插入和删除行(列)、合并与拆分单元格等。

(1) 选择表格对象

选择整个表格、行(列)的方法:光标放在表格的任一单元格,在"表格工具→布局"选

第 6 章 演示文稿制作 217

项卡"表"组中单击"选择"按钮,在出现的下拉列表中有"选择表格""选择列"和"选择行"命令。

选择行(列)的另一方法:将鼠标移至目标行左侧(目标列上方)出现向右(向下)黑箭头时,单击即可选中该行(列)。

选择连续多行(列)的方法:将鼠标移至目标第一行左侧(目标第一列上方)出现黑箭头时拖动到目标最后一行(列),则这些表格行(列)被选中。

选择单元格的方法:鼠标移到单元格左侧出现指向右上方的黑箭头时单击,即可选中该单元格。若选择多个相邻的单元格,直接在目标单元格范围拖动鼠标。

(2) 设置单元格文本对齐方式

在单元格中输入文本,通常是左对齐。在"表格工具→布局"选项卡"对齐方式"组 6 个对齐方式按钮中选择,这 6 个按钮中,上面 3 个按钮分别是文本水平方向的"文本左对齐""居中"和"文本右对齐",下面 3 个按钮分别是文本垂直方向的"顶端对齐""垂直居中"和"底端对齐"。

(3) 调整表格大小及行高、列宽

调整表格、行高列宽有两种方法:拖动鼠标法和精确设定法。

① 拖动鼠标法 选择表格,表格四周出现 8 个由若干小黑点组成的控点,将鼠标移至控点出现双向箭头时沿箭头方向拖动,即可改变表格大小。水平(垂直)方向拖动改变表格宽度(高度),在表格四角拖动控点,则等比例缩放表格的宽和高。

② 精确设定法 单击表格内任意单元格,在"表格工具→布局"选项卡"表格尺寸"组可以输入表格的宽度和高度数值,若勾选"锁定纵横比"复选框,则保证按比例缩放表格。在"表格工具→布局"选项单元格大小组中输入行高和列宽的数值,可以精确设定当前选定区域所在的行高和列宽。

(4) 插入表格行和列

首先将光标置于某行的任意单元格中,然后单击"表格工具→布局"选项卡"行和列"组的"在上方插入"("在下方插入")按钮,即可在当前行的上方(下方)插入一空白行。

用同样的方法,在"表格工具→布局"选项卡"行和列"组中单击"在左侧插入"("在右侧插入")命令可以在当前列的左侧(右侧)插入一空白列。

(5) 删除表格行、列和整个表格

首先将光标置于被删行(列)的任意单元格中,单击"表格工具→布局"选项卡"行和列"组的"删除"按钮,在出现的下拉列表中选择"删除行"("删除列")命令,则该行(列)被删除。若选择"删除表格",则光标所在的整个表格被删除。

(6) 合并和拆分单元格

合并单元格是指将若干相邻单元格合并为一个单元格,合并后的单元格宽度(高度)是被合并的几个单元格宽度(高度)之和。而拆分单元格是指将一个单元格拆分为多个单元格。

合并单元格的方法:选择相邻要合并的所有单元格(如:同一行相邻 3 个单元格),单击"表格工具→布局"选项卡"合并"组的"合并单元格"按钮,则所选单元格合并为 1 个大单元格。如图 1-6-43 所示。

拆分单元格的方法:选择要拆分的单元格,单击"表格工具→布局"选项卡"合并"组的"拆分单元格"按钮,弹出"拆分单元格"对话框,在对话框中输入行数和列数,即可将单元格拆分为指定行列数的多个单元格。如图 1-6-43 所示。

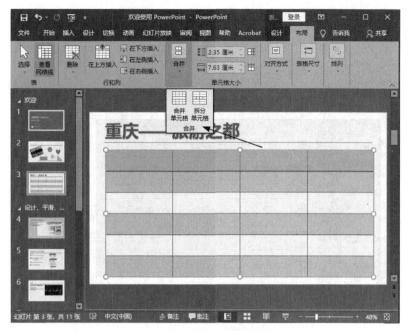

图 1-6-43　合并与拆分单元格

6.6.3　设置表格格式

为了美化表格，系统提供了大量预设的表格样式，用户不必费心设置表格字体、边框和底纹效果，只要选择喜欢的表格样式。也可以自己动手设置自己喜欢的表格边框和底纹效果。

（1）套用表格样式

单击表格的任意单元格，在"表格工具→设计"选项卡"表格样式"组单击样式列表右下角的"其他"按钮，在下拉列表中会展开"文档的最佳匹配对象""淡""中""深"四类表格样式，当鼠标移到某样式时，幻灯片中表格随之出现该样式的预览。从中单击自己喜欢的表格样式即可，如图 1-6-44 所示。

（2）设置表格框线

系统提供的表格样式已经设置了相应的表格框线和底纹，可以自己重新定义。

单击表格任意单元格，在"表格工具→设计"选项卡"绘图边框"组单击"笔颜色"按钮，在下拉列表中选择边框线的颜色。单击"笔样式"按钮，在下拉列表中选择边框线的线型。单击"笔画粗细"按钮，在下拉列表中选择线条宽度。选择边框线的颜色线型和线条宽度后，再确定设置该边框线的对象。选择整个表格，单击"表格工具→设计"选项卡"表格样式"组的"边框"下拉按钮，在下拉列表中显示"所有框线""外侧框线"等各种设置对象。

用同样的方法，可以对表格内部、行或列等设置不同的边框线。

（3）设置表格底纹

表格的底纹可以自定义设置为纯色底纹、渐变色底纹、图片底纹、纹理底纹等，还可以设置表格的背景。

选择要设置底纹的表格区域，单击"表格工具→设计"选项卡"表格样式"组的"底纹"下拉按钮，在下拉列表中显示各种底纹设置命令。选择某种颜色，则区域中单元格均采用该颜色为底纹。

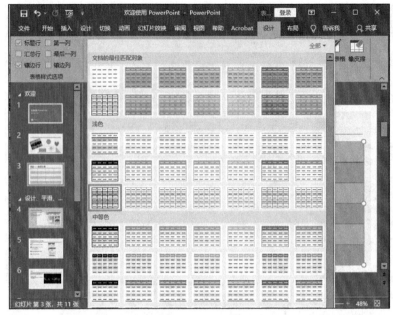

图 1-6-44　套用表格样式

若选择"渐变"命令，在下拉列表中有浅色变体和深色变体两类，选择一种颜色变体，则区域中单元格均以该颜色变体为底色。

若选择"图片"命令，弹出"插入图片"对话框，选择一个图片文件，并单击对话框的"插入"按钮，则以该图片作为区域中单元格的底纹。

若选择"纹理"命令，并在下拉列表中选择一种纹理，则区域中单元格以该纹理为底纹。

列表中的"表格背景"命令是针对整个表格底纹的。若选择"表格背景"命令，在下拉列表中选择"颜色"或"图片"命令，可以用指定颜色或图片作为整个表格的底纹背景。

(4) 设置表格效果

选择表格，单击"表格工具→设计"选项卡"表格样式"组的"效果"下拉按钮，在下拉列表中提供"单元格凹凸效果""阴影"和"映像"三类效果命令。其中，"单元格凹凸效果"主要显示对表格单元格边框进行处理后的各种凹凸效果，"阴影"是为表格建立内部或者外部各种方向的光晕，而"映像"是在表格四周创建倒影的特效。

选择某类效果命令，在展开的列表中选择一种效果即可。

6.7　幻灯片放映设计

幻灯片放映的显著优点是可以设计动画效果、加入视频和音乐、设计美妙动人的切换方式和选择适合各种场合的放映方式等。为此，可以对幻灯片中的对象设置动画和声音等效果。

6.7.1　放映演示文稿

放映当前演示文稿必须先进入幻灯片放映视图，方法如下。

① 单击"幻灯片放映"选项卡"开始放映幻灯片"组的"从头开始"或"从当前幻灯片开始"按钮。

② 单击窗口右下角视图按钮中的"幻灯片放映"按钮，则从当前幻灯片开始放映。

第一种方法"从头开始"命令是从演示文稿的第一张幻灯片开始放映，而"从当前幻灯片开始"命令是从当前幻灯片开始放映。第二种方法是从当前幻灯片开始放映。

进入幻灯片放映视图后，在全屏幕放映方式下，单击鼠标左键，可以切换到下一张幻灯片，直到放映完毕。在放映过程中，右击鼠标会弹出"放映控制"菜单，利用"放映控制"菜单的命令可以改变放映顺序、即兴标注等。

① 改变放映顺序　右击鼠标，弹出"放映控制"菜单，单击"上一张"或"下一张"命令，即可放映当前幻灯片的上一张或下一张幻灯片。如图 1-6-45 所示。

图 1-6-45　放映控制菜单与放映时即兴标注

② 放映中即兴标注和擦除墨迹　如果希望标注信息，可以将鼠标指针放在放映控制菜单的"指针选项"，在出现的子菜单中单击"笔"命令，鼠标指针呈圆点状，按住鼠标左键即可在幻灯片上勾画书写。如图 1-6-45 所示。

如果希望删除已标注的墨迹，可以单击放映控制菜单"指针选项"子菜单"橡皮擦"命令，鼠标指针呈橡皮擦状，在需要删除的墨迹上擦拭即可清除墨迹。若选择"擦除幻灯片上的所有墨迹"，则擦除全部标注墨迹。

③ 使用激光笔　按住"Ctrl"键的同时，按鼠标左键，屏幕会出现红色圆圈的激光笔。

④ 中断放映　右击鼠标，调出"放映控制"菜单，从中选择"结束放映"命令。如图 1-6-46 所示。

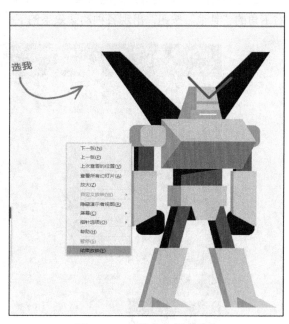

图 1-6-46　"放映控制"菜单

6.7.2 为幻灯片中的对象设置动画效果

在制作演示文稿过程中，常对幻灯片中的各种对象适当地设置动画效果和声音效果，并根据需要设计各对象动画出现的顺序。

(1) 设置动画

动画有四类："进入"动画、"强调"动画、"退出"动画和"动作路径"动画。

"进入"动画：使对象从外部进入幻灯片播放画面的动画效果。如飞入、旋转等。

"强调"动画：对播放画面中的对象进行突出显示、起强调作用的动画效果。如放大/缩小、闪烁等。

"退出"动画：使播放画面中的对象离开播放画面的动画效果。如飞出、消失等。

"动作路径"动画：播放画面中的对象按指定路径移动的动画效果。如弧形、直线等。

① "进入"动画

a. 在幻灯片中选择需要设置动画效果的对象，在"动画"选项卡的"动画"组中单击动画样式列表右下角的"其他"按钮，出现各种动画效果的下拉列表。如图1-6-47所示。其中有"进入""强调""退出"和"动作路径"四类动画，每类又包含若干不同的动画效果。

b. 在"进入"类中选择一种动画效果，例如"飞入"，则所选对象被赋予该动画效果。对象添加动画效果后，对象旁边出现数字编号，它表示该动画出现顺序的序号。

还可以单击动画样式的下拉列表的下方"更多进入效果"命令，打开"更改进入效果"对话框，其中按"基本型""细微型""温和型"和"华丽型"列出更多动画效果供选择，如图1-6-48所示。

② "强调"动画

a. 选择需要设置动画效果的对象，在"动画"选项卡的"动画"组中单击动画效果列表右下角的"其他"按钮，出现各种动画效果的下拉列表。如图1-6-47所示。

图1-6-47 "动画"效果列表

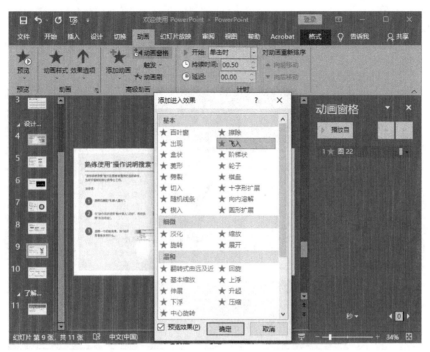

图 1-6-48 "更改进入效果"对话框

b. 在"强调"类中选择一种动画效果，例如"陀螺旋"，则所选对象被赋予该动画效果。

同样，还可以单击动画样式的下拉列表的下方"更多强调效果"命令，打开"更改强调效果"对话框，选择更多类型的"强调"动画效果。

③ "退出"动画

a. 选择需要设置动画效果的对象，在"动画"选项卡的"动画"组中单击动画样式列表右下角的"其他"按钮，出现各种动画效果的下拉列表。如图 1-6-47 所示。

b. 在"退出"类中选择一种动画效果，例如"飞出"，则所选对象被赋予该动画效果。

同样，还可以单击动画样式的下拉列表的下方"更多退出效果"命令，打开"更改退出效果"对话框，选择更多类型的"退出"动画样式。

④ "路径"动画

a. 在幻灯片中选择需要设置动画效果的对象，在"动画"选项卡的"动画"组中单击动画效果列表右下角的"其他"按钮，出现各种动画效果的下拉列表。如图 1-6-47 所示。

b. 在"动作路径"类中选择一种动画效果，例如："弧形"，则所选对象被赋予该动画效果，如图 1-6-49 所示。可以看到图形对象的弧形路径（虚线）和路径周边的 8 个控点以及上方绿色控点。启动动画，图形将沿着弧形路径从路径起始点（绿色点）移动到路径结束点（红色点）。拖动路径的各控点可以改变路径，而拖动路径上方绿色控点可以改变路径的角度。

同样，还可以单击动画效果下拉列表的下方"其他动作路径"命令，打开"更改动作路径"对话框，选择更多类型的"路径"动画效果。

(2) 设置动画属性

① 设置动画效果选项　选择设置动画的对象，单击"动画"选项卡"动画"组右侧的"效果选项"按钮，出现各种效果选项的下拉列表。

第 6 章　演示文稿制作　223

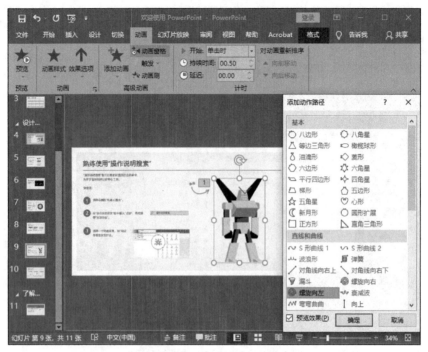

图1-6-49 "弧形路径"动画

② 设置动画开始方式、持续时间和延迟时间　选择设置动画的对象，单击"动画"选项卡"计时"组左侧的"开始"下拉按钮，在出现的下拉列表中选择动画开始方式。

动画开始方式有三种："单击时""与上一动画同时"和"上一动画之后"。

"单击时"是指单击鼠标时开始播放动画。"与上一动画同时"是指播放前一动画的同时播放该动画，可以在同一时间组合多个效果。"上一动画之后"是指前一动画播放之后开始播放该动画。

另外，还可以在"动画"选项卡的"计时"组左侧"持续时间"栏调整动画持续时间。在"延迟"栏调整动画延迟时间。

③ 设置动画音效　设置动画时，默认动画无音效，需要音效时可以自行设置。以"弹跳"动画对象设置音效为例，说明设置音效的方法。

选择设置动画音效的对象（该对象已设置"弹跳"动画），单击"动画"选项卡"动画"组右下角的"显示其他效果选项"按钮，弹出"弹跳"动画效果选项对话框。在对话框的"效果"选项卡中单击"声音"栏的下拉按钮，在出现的下拉列表中选择一种音效。如图1-6-50所示。

(3) 调整动画播放顺序

单击"动画"选项卡"高级动画"组的"动画窗格"按钮，调出动画窗格，如图1-6-51所示。动画窗格显示所有动画对象，它左侧的数字表示该对象动画播放的顺序号，与幻灯片中的动画对象旁边显示的序号一致。选择动画对象，并单击底部的"↑"或"↓"，即可改变该动画对象的播放顺序。

(4) 预览动画效果

单击"动画"选项卡"预览"组的"预览"按钮或单击动画窗格上方的"播放"按钮，预览动画。

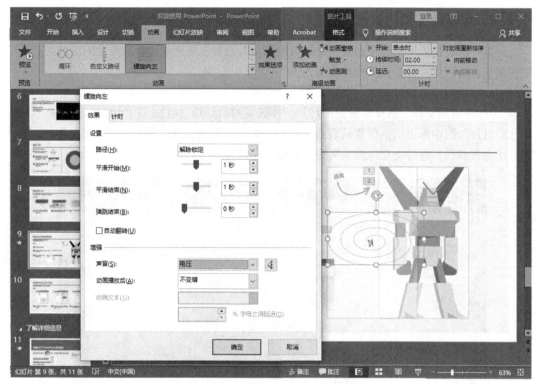

图 1-6-50 "弹跳"动画效果选项对话框

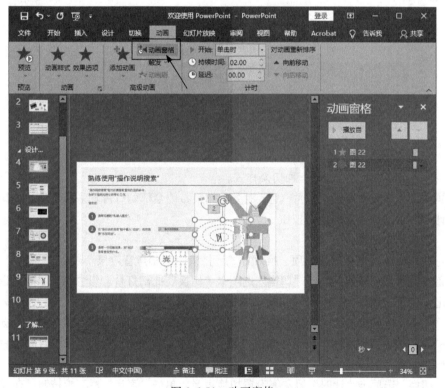

图 1-6-51 动画窗格

第6章 演示文稿制作

6.7.3 幻灯片的切换效果设计

幻灯片的切换效果不仅使幻灯片的过渡衔接更为自然，而且也能吸引观众的注意力。幻灯片的切换包括幻灯片切换效果和切换属性。

（1）设置幻灯片切换样式

① 打开演示文稿，选择要设置幻灯片切换效果的幻灯片（组）。在"切换"选项卡"切换到此幻灯片"组中单击切换效果列表右下角的"其他"按钮，弹出包括"细微型""华丽型"和"动态内容型"等各类切换效果列表，如图1-6-52所示。

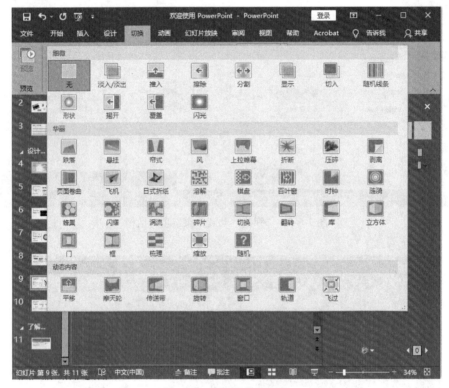

图1-6-52 切换样式列表

② 在切换效果列表中选择一种切换样式。

设置的切换效果对所选幻灯片（组）有效，如果希望全部幻灯片均采用该切换效果，可以单击"计时"组的"全部应用"按钮。

（2）设置切换属性

幻灯片切换属性包括效果选项、换片方式、持续时间和声音效果。

设置幻灯片切换效果时，在"切换"选项卡"切换到此幻灯片"组中单击"效果选项"按钮，在出现的下拉列表中选择一种切换效果。

在"切换"选项卡"计时"组右侧设置换片方式，例如：勾选"单击鼠标时"复选框，表示单击鼠标时才切换幻灯片。也可以勾选"设置自动换片时间"，表示经过该时间段后自动切换到下一张幻灯片。

在"切换"选项卡"计时"组左侧设置切换声音，单击"声音"栏下拉按钮，在弹出的下拉列表中选择一种切换声音。在"持续时间"栏输入切换持续时间。单击"全部应用"按钮则表示全体幻灯片均采用所设置的切换效果，否则只作用于当前所选幻灯片（组）。

(3) 预览切换效果

单击"预览"组的"预览"按钮，预览切换效果。

6.7.4 幻灯片放映方式设计

演示文稿的放映方式有三种：演讲者放映（全屏幕）、观众自行浏览（窗口）和在展台浏览（全屏幕）。

① 演讲者放映（全屏幕）演讲者放映是全屏幕放映，这种放映方式适合会议或教学的场合，放映进程完全由演讲者控制。

② 观众自行浏览（窗口）展览会上若允许观众交互式控制放映过程，则采用这种方式较适宜。它在窗口中展示演示文稿，允许观众利用窗口命令控制放映进程。

③ 在展台浏览（全屏幕）演示文稿自动循环放映，观众只能观看不能控制。采用该方式的演示文稿应事先进行排练计时。

放映方式的设置方法如下。

① 打开演示文稿，单击"幻灯片放映"选项卡"设置"组的"设置幻灯片放映"按钮，出现"设置放映方式"对话框，如图1-6-53所示。

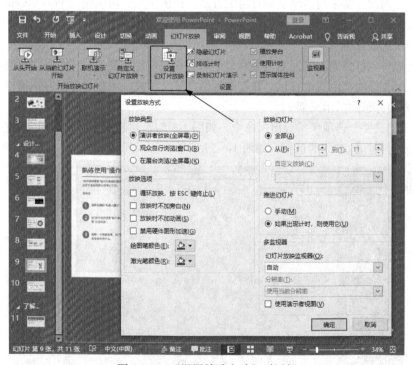

图1-6-53 "设置放映方式"对话框

② 在"放映类型"栏中，可以选择"演讲者放映（全屏幕）""观众自行浏览（窗口）"和"在展台浏览（全屏幕）"三种方式之一。若选择"在展台浏览（全屏幕）"方式，则自动采用循环放映，按"Esc"键才终止放映。

③ 在"放映幻灯片"栏中，可以确定幻灯片的放映范围（全体或部分幻灯片）。放映部分幻灯片时，可以指定放映幻灯片的开始序号和终止序号。

④ 在"换片方式"栏中，可以选择控制放映速度的两种换片方式之一。"演讲者放映（全屏幕）"和"观众自行浏览（窗口）"放映方式强调自行控制放映，所以常采用"手动换片"方式；而"在展台浏览（全屏幕）"方式通常无人控制，应事先对演示文稿进行排练计时，并选择"如果存在排练时间，则使用它"换片方式。

6.8 在其他计算机上放映演示文稿

完成的演示文稿有可能会在其他计算机上演示，如果该计算机上没有安装 PowerPoint 2016，就无法放映演示文稿。为此，可以利用演示文稿打包功能，将演示文稿打包到文件夹或 CD，甚至可以把 PowerPoint 2016 播放器和演示文稿一起打包。这样，即使计算机上没有安装 PowerPoint 2016，也能正常放映演示文稿。另一种方法是将演示文稿转换成放映格式，也可以在没有安装 PowerPoint 2016 的计算机上正常放映。

6.8.1 演示文稿的打包

要将演示文稿在其他电脑上播放，可能会遇到该电脑上未安装 PowerPoint 2016 应用软件的尴尬情况。为此，常采用演示文稿打包的方法，使演示文稿可以脱离 PowerPoint 2016 应用软件直接放映。

（1）演示文稿打包

演示文稿可以打包到 CD 光盘（必须是刻录机和空白 CD 光盘），也可以打包到磁盘的文件夹。要将制作好的演示文稿打包，并存放到磁盘某文件夹，可以按如下方法操作。

① 打开要打包的演示文稿。

② 单击"文件"选项卡"导出"命令，如图 1-6-54，然后双击"将演示文稿打包成 CD"命令，出现"打包成 CD"对话框，如图 1-6-55 所示。

图 1-6-54 将演示文稿打包成 CD

图 1-6-55 "打包成 CD"对话框

③ 对话框中提示了当前要打包的演示文稿，若希望将其他演示文稿也打包在一起，则单击"添加"按钮，出现"添加文件"对话框，从中选择要打包的文件，并单击"添加"按钮，如图 1-6-56 所示。

图 1-6-56 "添加"对话框

④ 默认情况下，打包应包含与演示文稿有关的链接文件和嵌入的 TrueType 字体，若想改变这些设置，可以单击"选项"按钮，在弹出的"选项"对话框中设置，如图 1-6-57 所示。

⑤ 在"打包成 CD"对话框中单击"复制到文件夹"按钮，出现"复制到文件夹"对话框，输入文件夹名称和文件夹的路径，并单击"确定"按钮，则系统开始打包并存放到指定的文件夹。

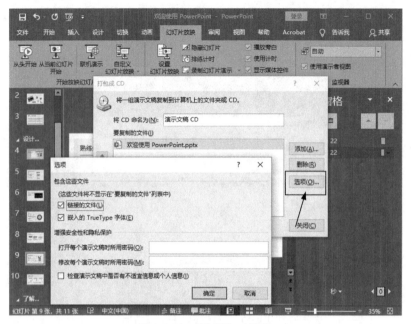

图 1-6-57 "选项"对话框

(2) 运行打包的演示文稿

完成了演示文稿的打包后，就可以在没有安装 PowerPoint 2016 的机器上也能放映演示文稿。具体方法（略）。

6.8.2 将演示文稿转换为直接放映格式

将演示文稿转换成放映格式，可以在没有安装 PowerPoint 2016 的计算机上直接放映。

① 打开演示文稿，单击"文件"选项卡"导出"命令。如图 1-6-58 所示。

图 1-6-58 "更改文件类型"选项

② 双击"更改文件类型"项的"PowerPoint 放映"命令，如图 1-6-58 所示，出现"另存为"对话框，其中自动选择保存类型为"PowerPoint 放映（*.ppsx）"，选择存放位置和文件名后单击"保存"按钮。将演示文稿另存为"PowerPoint 放映（*.ppsx）"的文件。如图 1-6-59 所示。

图 1-6-59 "更改文件类型"对话框

也可以用"另存为"方法转换放映格式：打开演示文稿，单击"文件"选项卡"另存为"命令，打开"另存为"对话框，保存类型选择"PowerPoint 放映（*.ppsx）"，然后单击"保存"按钮。如图 1-6-60 所示。双击放映格式（*.ppsx）文件，即可放映该演示文稿。

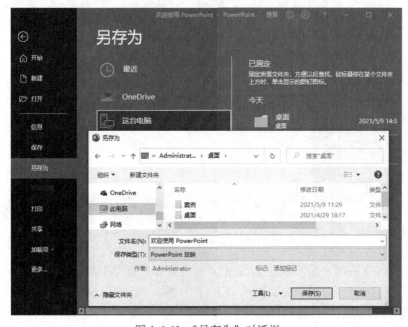

图 1-6-60 "另存为"对话框

本章小结

本章主要介绍了 PowerPoint 2016 的启动、退出和窗口组成；演示文稿的创建、保存和打开；如何在幻灯片中插入文本、图片、形状、艺术字、表格、超链接、音频和视频等对象。本章着重介绍了动画设计、幻灯片切换设计、放映方式设计等设置。利用演示文稿打包功能，将演示文稿打包到文件夹或 CD。

项目实训

[项目] 请用 PowerPoint 2016 制作主题为"重庆-旅游之都"的宣传稿（至少 5 张幻灯片）。将制作完成的演示文稿以"重庆.pptx"为文件名，保存在 E 盘根目录中（E:\）。

（1）单击"开始"→"所有程序"→"Microsoft Office 2016"→"Microsoft PowerPoint 2016"命令，或双击桌面上的 PowerPoint 2016 程序图标。当建立空白演示文稿时，系统自动生成一张标题幻灯片，如图 1-6-61 所示。

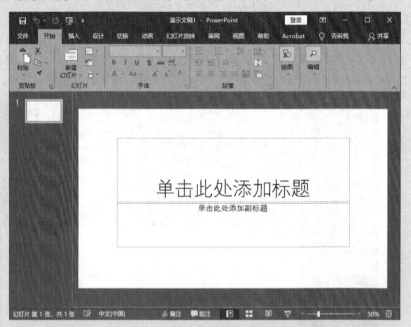

图 1-6-61　新建空白演示文稿

（2）在第一张标题幻灯片版式中输入文本，如图 1-6-62 所示。

（3）在"开始"选项卡→"幻灯片"组→"新建幻灯片"下拉列表中选择标题和内容版式，在第二张幻灯片中输入文本，如图 1-6-63 所示。

图 1-6-62　标题幻灯片

图 1-6-63　标题和内容幻灯片

（4）在"开始"选项卡→"幻灯片"组→"新建幻灯片"下拉列表中选择图片和标题版式，在第三张幻灯片中输入文本，在图片占位符中，单击来自文件的图片图标，从素材文件中选择图片插入到幻灯片中，如图 1-6-64 所示。

（5）在"开始"选项卡→"幻灯片"组→"新建幻灯片"下拉列表中选择图片和标题版式，在第四张幻灯片中输入文本，在图片占位符中，单击来自文件的图片图标，从素材文件中选择图片插入到幻灯片中，如图 1-6-65 所示。

图 1-6-64　图片和标题幻灯片

图 1-6-65　图片和标题幻灯片

（6）在"开始"选项卡→"幻灯片"组→"新建幻灯片"下拉列表中选择图片和标题版式，在第五张幻灯片中输入文本，在图片占位符中，单击来自文件的图片图标，从素材文件中选择图片插入到幻灯片中，如图 1-6-66 所示。

（7）在"开始"选项卡→"幻灯片"组→"新建幻灯片"下拉列表中选择图片和标题版式，在第六张幻灯片中输入文本，在图片占位符中，单击来自文件的图片图标，从素材文件中选择图片插入到幻灯片中，如图 1-6-67 所示。

图 1-6-66　图片和标题幻灯片

图 1-6-67　图片和标题幻灯片

（8）单击快速访问工具栏的"保存"按钮（也可以单击"文件"选项卡，在下拉菜单中选择"保存"命令），因为是第一次保存，将出现如图 1-6-68 所示的"另存为"对话框，将文件路径设置为 E 盘根目录下（E:\），文件名称为"重庆.pptx"。

图 1-6-68 "另存为"对话框

(9)在"设计"选项卡→"主题"组→"其他"下拉列表中选择"徽章"主题,如图1-6-69所示。在"设计"选项卡→"主题"组→"颜色"下拉列表中选择"橙色"颜色,如图1-6-70所示。在"设计"选项卡→"主题"组→"字体"下拉列表中选择"方正姚体"文字,如图1-6-71所示。在"设计"选项卡→"主题"组→"效果"下拉列表中选择"磨砂玻璃"效果,如图1-6-72所示。

图 1-6-69 "徽章"主题

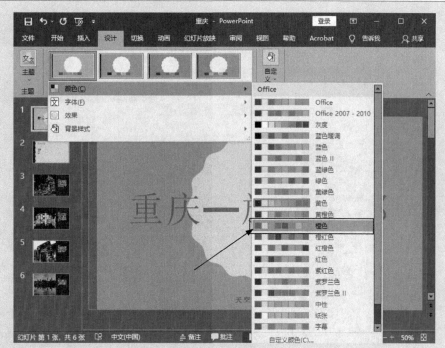

图 1-6-70 "橙色"颜色

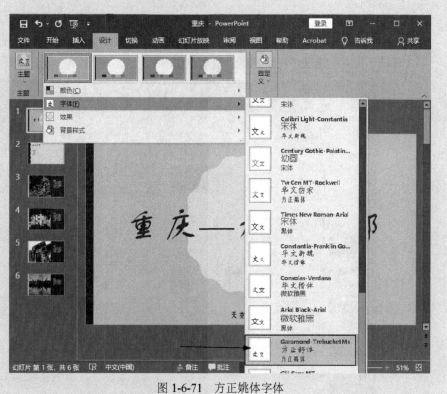

图 1-6-71 方正姚体字体

第 6 章 演示文稿制作

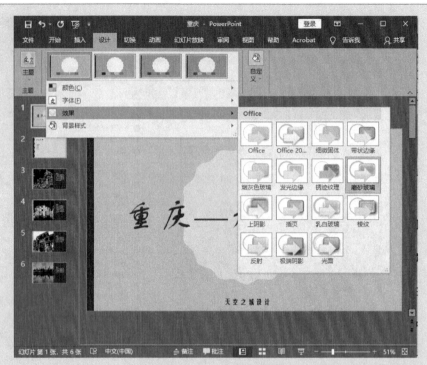

图 1-6-72 "磨砂玻璃"效果

（10）定位在最后一张幻灯片，在"开始选项卡"→"幻灯片"组→"新建幻灯片"下拉列表中选择"空白"版式，如图 1-6-73 所示。在第七张幻灯片中，单击"插入"选项卡→"文本"组→"艺术字"，在下拉列表中选择"渐变填充→

图 1-6-73 插入空白版式

蓝色，强调文字颜色1，轮廓-白色"艺术字样式效果，在艺术字占位符中输入文本，按"Enter"键结束。如图 1-6-74 所示。选中艺术字，单击"开始"选项卡→"字体"组→"字号"设置为"96"，如图 1-6-75 所示。单击"绘图工具→格式"选项卡→"艺术字样式"组→"文本效果"→"转换"设置为"拱形下"，如图 1-6-76 所示。

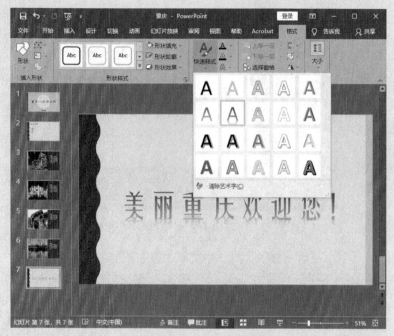

图 1-6-74　插入艺术字

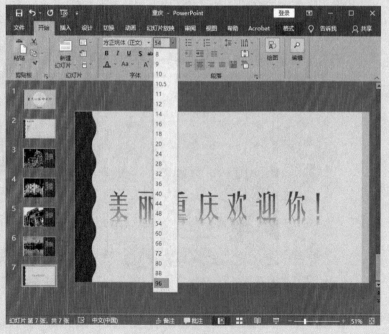

图 1-6-75　设置艺术字字号

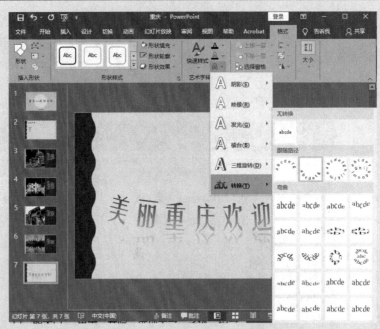

图 1-6-76　设置艺术字效果

（11）在第一张幻灯片中选中文本"重庆-旅游之都"，单击"开始"选项卡→"字体"组→"字号"设置为"96"。选中文本"天空之城设计"，单击"开始"选项卡→"字体"组→"字号"设置为"48"。在第二张幻灯片中选中文本"洪崖洞、解放碑、磁器口、朝天门"，单击"开始"选项卡→"字体"组→"字号"设置为"36"。分别将第三张至第六张中正文内容边框选中，单击"绘图工具→格式"选项卡→"大小"，去掉"锁定纵横比"选项，将高度设计为"19"厘米，宽度为"20"厘米，并单击"开始"选项卡→"字体"组→"字号"设置为"20"，标题设置为"40"。如图1-6-77所示。

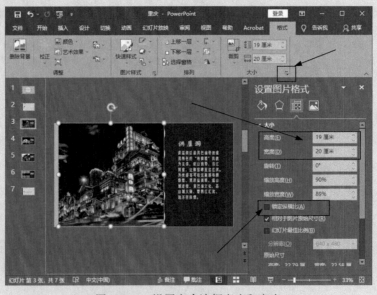

图 1-6-77　设置文本边框高度和宽度

（12）在第三张幻灯片中选择洪崖洞图片,单击"动画"选项卡→"动画"组→"淡化",如图 1-6-78 所示。选择标题文本洪崖洞,单击"动画"选项卡→"动画"组→"飞入",如图 1-6-79 所示。选择正文文本内容,单击"动画"选项卡→"动画"组→"其他"下拉中"更多进入效果"链接→在"更多进入效果"中选择"华丽型→挥鞭式"效果,如图 1-6-80 所示。单击"动画"选项卡→"高级动画"组→"动画窗格",如图 1-6-81 所示。在右侧"动画窗格"中,

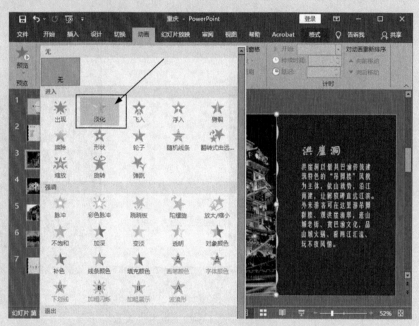

图 1-6-78　设置进入动画

图 1-6-79　设置进入动画

右击"动画3"→"效果选项",如图1-6-82所示。在"挥鞭式"对话框中,在"效果"标签中声音下拉列表中选择"爆炸",如图1-6-83所示。在"计时"标签中开始下拉列表中选择"上一动画之后",延迟中输入"0.5秒",单击确定按键完成设置,如图1-6-84所示。其他幻灯片动画设置同理,根据需求自行完成设置。

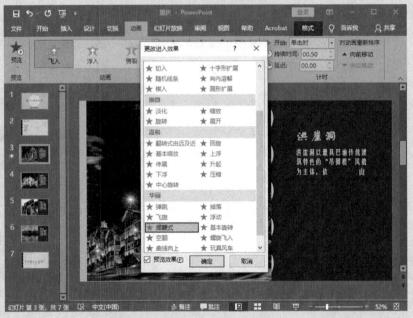

图1-6-80　更多进入效果

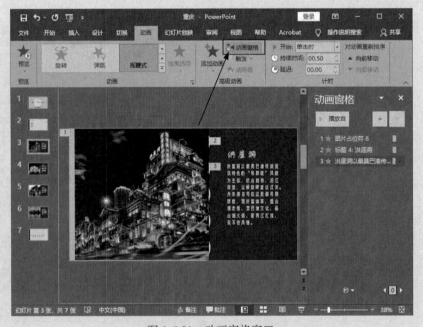

图1-6-81　动画窗格窗口

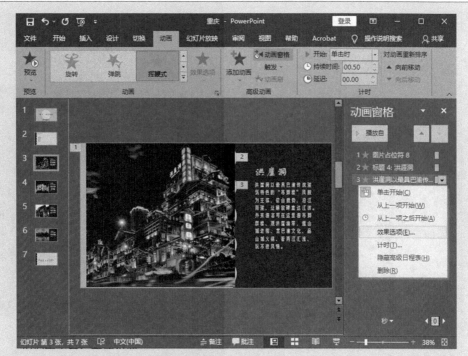

图 1-6-82 动画效果选项

图 1-6-83 效果选项声音设置

图 1-6-84 计时选项延迟设置

（13）在第二张幻灯片中选中文本"洪崖洞"，单击"插入"选项卡→"链接"组→"超链接"，在"插入超链接"对话框左边部分"链接到"中选择"在文档中的位置"，在"插入超链接"对话框中间部分"请选择文档中位置"选中"3.洪涯洞"，单击"确定"按钮完成。如图 1-6-85 所示。"解放碑""磁器口""朝天门"三个文本的超链接设置同理，自行完成。

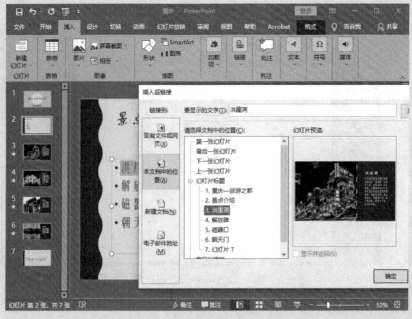

图 1-6-85 插入超链接

（14）选中第一张幻灯片，单击"切换"选项卡→"切换到此幻灯片"组→"分割"，如图 1-6-86 所示。单击"切换"选项卡→"计时"组，设置声音为"锤打"，如图 1-6-87 所示。取消"单击鼠标时"选项，勾选"设置自动换片时间"为"5 秒"，如图 1-6-88 所示。第二张至第七张幻灯片设置同理，自行完成。

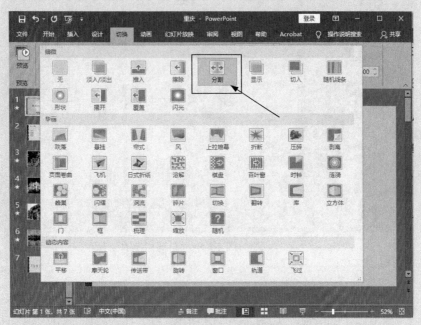

图 1-6-86　切换方式的设置

图 1-6-87　切换声音的设置

图 1-6-88　自动切换的设置

（15）在第一张幻灯片中，单击"插入"选项卡→"媒体"组→"音频→来自 PC 上的音频"，如图 1-6-89 所示。在"插入音频"对话框中选择"从素材文件中插入音频文件"，选中音频图标，如图 1-6-90 所示。在"音频工具→播放"选项卡→"音频选项"组，选择"自动"播放，在"开始"下拉列表中选择"跨幻灯片播放"，勾选"放映时隐藏"，如图 1-6-91 所示。

图 1-6-89　插入音频

图 1-6-90　选择素材文件中的音频

图 1-6-91　音频播放设置

（16）单击"幻灯片放映"选项卡→"开始放映幻灯片"组→"从头开始"或"F5"快捷键，进入幻灯片播放状态，如图 1-6-92 所示，演示文稿中所有幻灯片将实现自动播放，直到播放结束或"Esc"快捷键退出播放。单击"文件"选项卡，在下拉菜单中选择"保存"命令或快捷键【Ctrl+S】保存，单击"关闭"按钮，结束演示文稿的制作。

图 1-6-92　幻灯片放映

第 2 篇

拓展模块

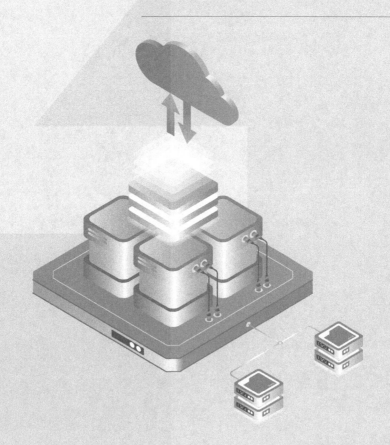

第 1 章
程序设计基础

学习目的与要求

了解程序设计的基本概念，程序设计的发展历程和未来趋势，Python 程序设计语言的特点和适用场景

掌握典型程序设计的基本思路与流程；掌握 Python 编程工具的安装、环境配置和基本使用方法，以及 Python 程序设计语言的基本语法、流程控制、数据类型、函数、模块、文件操作、异常处理等，完成简单程序的编写和调测任务，为相关领域应用开发提供支持

1.1 程序设计的基本概念

程序，就是一组计算机能识别和执行的指令。每一条指令使计算机执行特定的操作。只要让计算机执行这个程序，计算机就会"自动地"执行各条指令，有条不紊地进行工作。程序设计是给出解决特定问题程序的过程，是软件构造活动中的重要组成部分。程序设计往往以某种程序设计语言为工具，给出这种语言下的程序。

在计算机技术发展的早期，软件构造活动主要就是程序设计活动。因为，此时的软件系统结构和功能较单一。随着软件技术的发展，软件系统越来越复杂，比如操作系统、数据库系统诞生，使得软件构造活动的内容越来越多、面越来越广。这样软件构造活动不再只是纯粹的程序设计，还包括数据库设计、用户界面设计、接口设计等一系列内容。

1.2 程序设计的发展历程

1842 年，英国著名诗人拜伦的女儿爱达·勒芙蕾丝曾设计了巴贝奇分析机上计算伯努利数的一个程序，建立了循环和子程序的概念，被称为世界上第一位程序员。1946 年，人类第一台电子计算机"埃尼阿克（ENIAC）"问世。随着计算机硬件技术的不断发展，原来体积大、功耗高、效率低的电子元器件逐渐向集成电路、超大规模集成电路发展，运行速度越来越快，体积和成本越来越低。与此同时，程序设计语言也跟随着发生日新月异的变化。

1952 年，美国麻省理工学院在 Whirlwind 系统上使用了符号地址，开始使用汇编语言来编写程序。1954 年，IBM 公司开始研制 Fortran 语言。1965 年，Thomas E.Kurtz 和 John Kemeny 研制了 BASIC 语言，后来发展成为 Visual Basic。1967 年，Niklaus Wirth 开始开发 PASCAL 语言。1972 年，贝尔实验室发明了 C 语言，到 20 世纪 80 年代，又发明了 C++语言。1995 年，Java 语言诞生。

总的来说，计算机语言发展经历了以下几个阶段。

机器语言：能被计算机直接识别和接受，只包含"0"和"1"的二进制代码的集合。因机器语言与人们习惯用的语言差别大，使其难以理解和被推广使用。

符号语言：为了克服机器语言的缺点，人们利用一些符号表示指令，例如用 ADD 代表"加"。因计算机无法直接识别该语言，需要用到"汇编程序"将符号语言的指令转换为机器指令。因此，符号语言又叫汇编语言。

高级语言：为了克服上述低级语言缺点，20 世纪 50 年代高级语言开始出现。它接近于用人们习惯使用的自然语言和数学语言。为了让计算机能识别高级语言程序，需要编译程序软件把写好的源程序翻译成机器指令。

高级语言又分面向过程的结构化和非结构化的语言，和面向对象的语言，如 BASIC，FORTRAN 属于非结构化的语言，C 语言属于结构化语言，C++、C#、Java 等属于面向对象的语言。

1.3 程序设计基本流程

程序设计基本流程包含分析需求、设计算符、编写程序、运行程序分析结果、编写程序文档几个环节，具体说明如表 2-1-1 所示。

表 2-1-1 程序设计基本流程

环节	说明
分析需求	开发人员经过细致调研和分析，准确理解项目的功能、性能、可靠性等内容，将用户的需求转化完整，确定程序开发的主要内容
设计算法	算法（Algorithm）是指解题方案的准确而完整的描述，是一系列解决问题的清晰指令。在分析需求之后，需要设计出解题的方法和具体步骤
编写程序	将算法翻译成计算机程序设计语言，对源程序进行编辑、编译和连接
运行程序，分析结果	将编写的程序运行，并分析结果。很多时候能得到的运行结果不能一定符合需求，甚至不能得到运行结果。所以还需将结果进行分析，看它是否合理、准确。不符合预期的，要对程序进行调试，发现和排除程序中的故障
编写程序文档	程序应当同正式的产品一样，应当提供产品说明书一样的文档，即程序文档。正式提供给用户使用的程序，必须向用户提供程序说明书。内容通常包括：程序名称、程序功能、运行环境、安装与启动、用户输入数据，以及使用注意事项等

1.4 认识 Python 语言

1.4.1 Python 语言的起源与特点

Python 语言由荷兰人 Guido van Rossum 在 20 世纪 90 年代初发明。Python（大蟒蛇的意思）一词是取自英国 20 世纪 70 年代首播的喜剧电视《蒙提·派森的飞行马戏团》（Monty Python's Flying Circus）。Python 是自由/开放源码软件之一，使用者可以自由地发布这个软件的拷贝、阅读它的源代码、对它做改动、把它的一部分用于新的自由软件中。随着版本的不断更新和语言新功能的添加，逐渐被用于独立的、大型项目的开发。

2020 年，供应商停止支持 Python2.7 版本。用户如果想要在这个日期之后继续得到与 Python 2.7 有关的支持，需要付费给商业供应商。现在，Python 最新版本为 Python 3.9.6。Python 下载界面如图 2-1-1 所示。

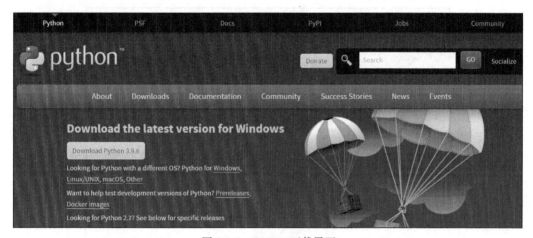

图 2-1-1　Python 下载界面

Python 语言能流行起来，得益于它的众多优点。这些优点也让 Python 语言几乎能做任何事情，例如桌面应用开发、Web 应用开发、自动化运维、科学计算、数据可视化、网络爬虫、人工智能、大数据、游戏开发等。其主要优点如下。

（1）面向对象

Python 支持面向对象编程，相较于其他的面向对象语言，它功能强大却又简单，易于编写。

（2）解释性

Python 是解释执行的语言。在计算机内部，Python 解释器把源代码转换为中间字节码，然后再把它解释为计算机使用的机器语言执行。

（3）开源

Python 是免费开放源码的软件，用户可以自由转发、阅读、改写源代码，把它用于新的自由软件中。

（4）可移植性

Python 解释器被移植在多个平台上，使得 Python 程序无须修改就可在多个平台上运行。

（5）动态类型

Python 在变量声明时不需要指定数据类型，是动态类型语言。

（6）丰富的库

Python 官方提供了很多标准库，可以帮助处理各种工作。此外，还有许多其他的库可供使用，使得 Python 功能强大。

1.4.2　Python 的下载与安装

在 Python 官方网站（https://www.python.org/）点击下载，可进入下载界面，然后选择合适版本下载安装。下载完成后，鼠标左键双击安装包文件，运行安装，界面如图 2-1-2 所示。此时选择"Customize installation"可以自定义安装，选择安装路径和手动勾选安装选项。此时，还可把"Add Python 3.9 to PATH"前的复选框勾上，将 Python 的安装路径添加到环境变量 PATH 中，使得在任何文件夹下均可使用 Python 命令。接下来默认勾选项，直接点击"next"进入下一步安装环节，直至安装完成。

图 2-1-2　Python 安装界面

安装成功后，通常默认的安装路径在"C:\Users\（用户名）\AppData\Local\Programs\Python\Python39"下。在 Windows 开始菜单中，会默认增加一个文件夹"Python3.9"，里面包含四个快捷方式，如图 2-1-3 所示。它们分别是以下四种。

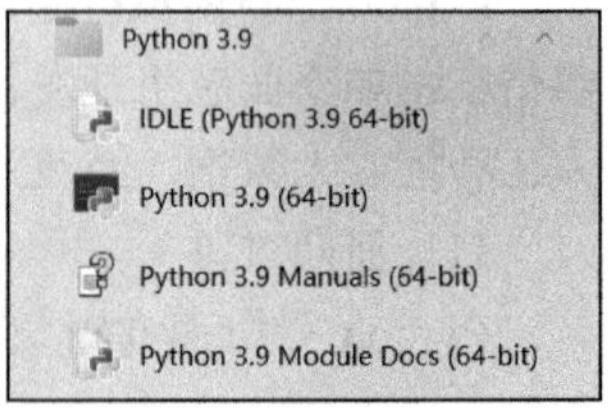

图 2-1-3　开始菜单 Python 文件夹内容

① IDLE: Python 官方提供的编写 Python 程序的交互式运行编程环境工具。

② Python 3.9: 打开 Python 解释器。Python 解释器由编译器和虚拟机构成，编译器将源代码转换成字节码，然后再通过 Python 虚拟机来逐行执行这些字节码。

③ Python 3.9 Manuals: 打开 Python 帮助文档。

④ Python 3.9 Module Docs: 打开 Python 内置模块帮助文档。

此时，在 Windows 系统中，在"运行"中输入 cmd，进入命令行程序。输入"python"后按下回车键，可查看到当前电脑安装的 Python 的版本。接下来再输入"import this"命令并回车，可看到 Python 语言的设计理念和哲学，被称“Python 之禅”，如图 2-1-4 所示。

```
C:\Users\oohoo>python
Python 3.9.6 (tags/v3.9.6:db3ff76, Jun 28 2021, 15:26:21) [MSC v.1929 64 bit (AMD64)] on win32
Type "help", "copyright", "credits" or "license" for more information.
>>> import this
The Zen of Python, by Tim Peters

Beautiful is better than ugly.
Explicit is better than implicit.
Simple is better than complex.
Complex is better than complicated.
Flat is better than nested.
Sparse is better than dense.
Readability counts.
Special cases aren't special enough to break the rules.
Although practicality beats purity.
Errors should never pass silently.
Unless explicitly silenced.
In the face of ambiguity, refuse the temptation to guess.
There should be one-- and preferably only one --obvious way to do it.
Although that way may not be obvious at first unless you're Dutch.
Now is better than never.
Although never is often better than *right* now.
If the implementation is hard to explain, it's a bad idea.
If the implementation is easy to explain, it may be a good idea.
Namespaces are one honking great idea -- let's do more of those!
```

图 2-1-4　Python 之禅

它的译文如下：

优美胜于丑陋

明了胜于晦涩

简洁胜于复杂

复杂胜于凌乱

扁平胜于嵌套

间隔胜于紧凑

可读性很重要

即便假借特例的实用性之名，也不可违背这些规则

不要包容所有错误，除非你确定需要这样做

当存在多种可能，不要尝试去猜测

而是尽量找一种，最好是唯一一种明显的解决方案

虽然这并不容易，因为你不是 Python 之父

做也许好过不做，但不假思索就动手还不如不做

如果你无法向人描述你的方案，那肯定不是一个好方案；反之亦然

命名空间是一种绝妙的理念，我们应当多加利用

1.4.3　PyCharm 的安装和配置

PyCharm 是 Jetbrains 公司研发的开发 Python 的 IDE（集成开发环境）开发工具。有了集成开发环境，开发人员可以快速着手为新应用编写代码，而无须在设置时手动配置和集成多个实用工具。在 PyCharm 官方网站可下载 PyCharm 工具。它有专业版和社区版，专业版可免费试用 30 天，超过需付费获得使用许可。社区版是完全免费的，建议新手和学习者使用社区版。

下载 PyCharm 安装包后，双击运行安装即可。安装过程中可手动选择安装位置，之后点击“next”进入下一步，直到安装完成。

首次启动 PyCharm 可以根据喜好进行基础设置，可保持默认选项，设置完成后进入欢迎界面，如图 2-1-5 所示。

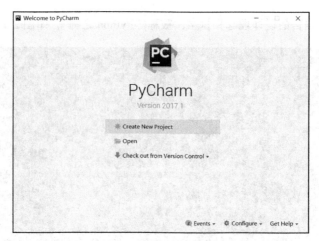

图 2-1-5　PyCharm 运行界面

之后，单击页面右下角的"Configure"按钮，在弹出的菜单中选择"Settings"，在打开的对话框中单击左侧的"Project Interpreter"，然后单击右侧的下拉按钮，选择 Python 解释器，之后点击"Apply"应用按钮，点击"OK"退出。如果下拉列表中没有，可以单击右侧的 配置按钮，添加解释器。如图 2-1-6 所示。

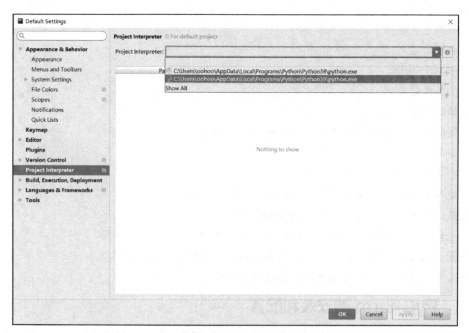

图 2-1-6　配置 Python 解释器

1.5　Python 基础知识

1.5.1　运行 Hello World 程序

运行 Python 程序方式有多种，具体如下。

① 单击"开始"菜单中"Python 3.9"文件夹中的"Python 3.9（64-bit）"快捷方式，可启动 Python Shell，如图 2-1-7 所示。

② Windows 环境下，可进入"命令"提示行程序，使用"python"命令启动 Python Shell。如图 2-1-8 所示。

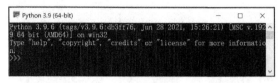

图 2-1-7　在"开始"菜单中启动 Python Shell

图 2-1-8　在"命令"提示行中启动 Python Shell

③ 单击"开始"菜单中"Python 3.9"文件夹中的"IDLE（Python 3.9 64-bit）"快捷方式，可启动 Python Shell。如图 2-1-9 所示。

之后可输入"print（"Hello World"）"，然后按下回车键即可运行 Python 语句，Python Shell 直接输出结果。如图 2-1-10 所示。

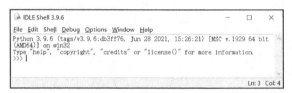

图 2-1-9　"IDLE"工具启动 Python Shell

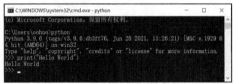

图 2-1-10　执行 Python 语句

1.5.2　使用 PyCharm 运行 Python 程序

要开发复杂的案例或项目，需要用到 IDE 工具创建项目和文件，然后解释运行。使用 PyCharm 创建 Python 项目，创建 Python 文件，运行程序的主要步骤如下。

① 创建项目　在 Python 欢迎界面单击"Create New Project"，在 Location 文本框中输入项目名称，然后选择解释器，点击"Create"按钮创建项目，如图 2-1-11、图 2-1-12 所示。

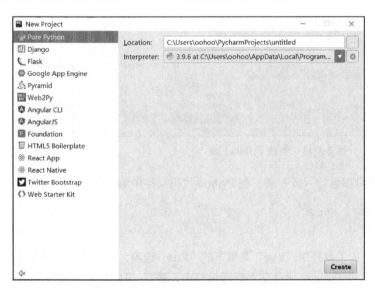

图 2-1-11　创建项目

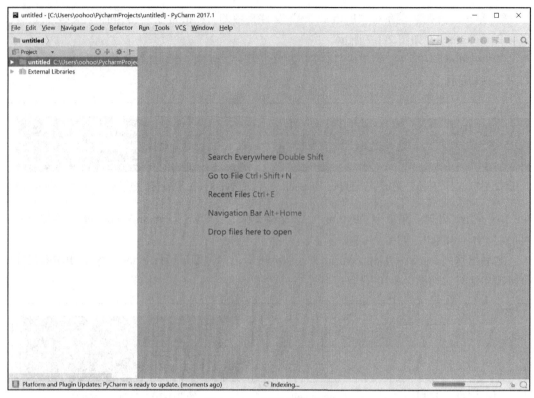

图 2-1-12 项目创建成功

② 创建 Python 文件　项目创建完成后，还需创建 Python 文件。在 PyCharm 中鼠标左键单击刚才建立的项目，然后右键单击，在弹出的菜单中左键单击选择"New"，再左键单击选择"Python File"。如图 2-1-13 所示。

在弹出的对话框中，输入文件名，单击"OK"按钮，如图 2-1-14 所示。创建成功后，界面如图 2-1-15 所示。

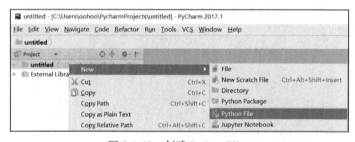
图 2-1-13　创建 Python File

图 2-1-14　输入文件名

③ 编写代码和运行　接下来，在 Python 代码文件中编写代码：

```
string="Hello, World."
print(stirng)
```

然后鼠标点击工具栏中"Run"菜单下的"Run"选项，或者使用快捷键【Alt+Shift+F10】，或者在界面左侧的 Project 项目文件管理窗口中，选择"Hello.py"文件，再右键单击，选择"Run'hello'"运行程序。运行结果如图 2-1-16 所示。

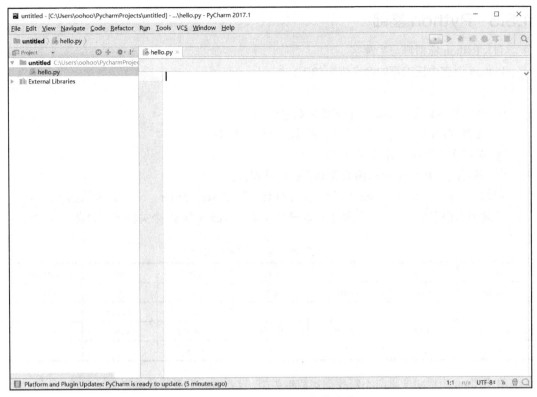

图 2-1-15　创建 Python 文件成功

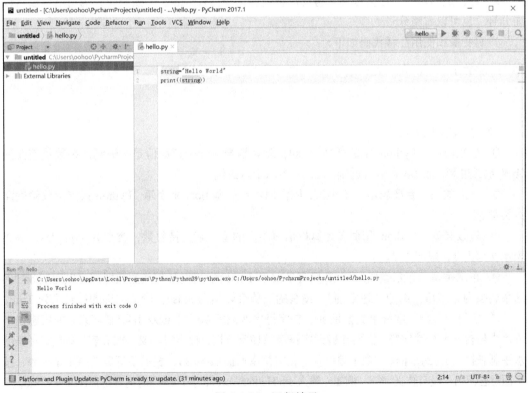

图 2-1-16　运行结果

1.5.3 Python 基础

(1) Python 标识符与关键字

Python 语言中标识符的命名规则如下。

① 区分大小写;
② 首字符可以是下划线,但不能是数字;
③ 除首字符以外的字符可以是下划线、字母、数字;
④ 关键字不能作为标识符;
⑤ 不要使用 Python 内置函数作为自己的标识符。

例如,userN、_user、school 等为合法的标识符,2user、$user、class 是非法的标识符。

关键字由语言本身定义,类似于标识符的保留。Python 有 33 个关键字,如表 2-1-2 所示。

表 2-1-2　Python 关键字

False	def	if	raise	None	del	continue
import	return	True	elif	in	try	global
and	else	is	while	as	except	pass
lambda	with	assert	finally	nonlocal	yield	—
break	for	not	class	from	or	—

在 Python 中声明变量时不需要指定数据类型,只要给标识符赋值就声明了变量。在 Python 中也没有常量,只能将变量当成常量使用。如果要给 Python 程序添加注释,在一行的开头使用 "#" 号,之后用一个空格隔开,再写注释内容。一行代码表示一条语句,语句结束后可以加分号,也可以省略分号。

声明变量和使用注释代码如下:

```
# 代码文件: x/x/hello.py
y=10
y="你好";
```

(2) 数据类型与转换

① 整数类型　Python 整数类型为 int,默认情况下一个整数值是十进制。在数值前面加 0b 表示二进制,加 0o 表示八进制,加 0x 表示十六进制。

② 浮点类型　若要表示一个小数,则需用浮点类型 float 来表示。Python 只支持双精度浮点类型。

③ 复数类型　Python 和很多计算机语言不同的是,它支持复数,类型为 complex。1+2j 表示实部为 1,虚部为 2。

④ 布尔类型　布尔类型为 bool,只有 True 和 False 两个值。任何类型数据都可以通过 bool() 函数转换为布尔值,例如 "为空的" "没有的" 值会转换为 False,除此之外的被转换为 True。

⑤ 字符串类型　字符串类型是 str,在字符串两侧用单引号'或双引号"括起来。如果想在字符串中包含一些特殊字符,需要在普通字符串前加反斜杠,称字符转义。如\n 表示换行,\t 表示水平制表符,\r 表示回车,\'表示单引号。在字符串前面加字母 r,表示字符串是原始字符串,按字面意思使用,没有转义字符。例如:输入 s=r'Hello\rWorld',打印输出时内容是: Hello\rWorld。

⑥ 类型转换　多个数字数据之间进行数学计算,可用隐式类型转换和显示类型转换。隐

式类型转换的规则是：操作数 1（布尔）和操作数 2（整数）进行运算，结果是整数。操作数 1（布尔、整数）和操作数 2（浮点数）进行运算，结果是浮点数。例如：a=1.0+True，运行后 a 的类型是浮点数。

显示类型转换是使用 int( )、float( )、bool( )函数进行转换。例如：int（19.6），运行后输出结果为：19。若要将字符转换为数字也可以使用 int( )和 float( )函数实现。若要将数字转换为字符串，用 str( )函数。如图 2-1-17 所示：

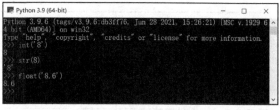

图 2-1-17 类型转换示例

(3) 运算符

① 算数运算符　算数运算符说明如表 2-1-3 所示。

表 2-1-3　算数运算符

运算符	名称	说明	例子
+	加	数字类型求和，其他类型为连接操作	a+b
-	减	求 a 减 b 的差	a-b
*	乘	数字类型求积，其他类型重复操作	a*b
/	除	求 a 除以 b 的商	a/b
%	取余	求 a 除以 b 的余数	a%b
**	幂	求 a 的 b 次幂	A**b
//	地板除法	求小于 a 除以 b 的商的最大整数	a//b
-	取反	取相反的数值	-a

② 关系运算符　关系运算符是比较两个表达式大小关系的运算,其结果是布尔类型数据。Python 提供的关系运算符说明如表 2-1-4 所示。

表 2-1-4　关系运算符

运算符	名称	说明	例子
==	等于	相等返回 True, 否则返回 False	a==b
!=	不等于	不相等时返回 True, 否则返回 False	a!=b
>	大于	a 大于 b 时返回 True, 否则返回 False	a>b
<	小于	a 小于 b 时返回 True, 否则返回 False	a<b
>=	大于或等于	a 大于等于 b 时返回 True, 否则返回 False	a>=b
<=	小于或等于	a 小于等于 b 时返回 True, 否则返回 False	a<=b

③ 逻辑运算符　逻辑运算符对布尔型变量进行运算，运算后结果也是布尔型。逻辑运算符主要有 3 个，如表 2-1-5 所示。

表 2-1-5　逻辑运算符

运算符	名称	说明	例子
and	逻辑与	a/b 全为 True 时，结果为 True，其余均为 False	a and b
or	逻辑或	a/b 全为 False 时，结果为 False，其余为 True	a or b
not	逻辑非	a 为 True 时，结果为 False，否则为 True	not a

第 1 章　程序设计基础

④ 位运算符　位运算里的位指的是二进制位，其操作数和结果都是整形数据，如表 2-1-6 所示。

表 2-1-6　位运算符

运算符	名称	说明	例子
~	位反	将 a 的值按位取反	~a
&	位与	a 与 b 位进行位与运算	a&b
|	位或	a 与 b 位进行位或运算	a|b
^	位异或	a 与 b 位进行位异或运算	a^b
>>	右移	a 右移 b 位，高位用符号位补位	a>>b
<<	左移	a 左移 b 位，低位用 0 补位	a<<b

⑤ 赋值运算符　赋值运算符一般用于变量自身的变化，具体说明如表 2-1-7 所示。

表 2-1-7　赋值运算符

运算符	名称	说明	例子
+=	加赋值	等价于 a=a+b	a+=b
-=	减赋值	等价于 a=a-b	a-=b
*=	乘赋值	等价于 a=a*b	a*=b
/=	除赋值	等价于 a=a/b	a/=b
%=	取余赋值	等价于 a=a%b	a%=b
**=	幂赋值	等价于 a=a**b	a**=b
//=	地板除法赋值	等价于 a=a//b	a//=b
&=	位与赋值	等价于 a=a&b	a&=b
|=	位或赋值	等价于 a=a|b	a|=b
^=	位异或赋值	等价于 a=a^b	a^=b
<<=	左移赋值	等价于 a=a<<b	a<<=b
>>=	右移赋值	等价于 a=a>>b	a>>=b

⑥ 其他运算符

a．同一性测试运算符：测试两个对象是否为同一个对象，is 和 is not。例如：print（a is b）。

b．成员测试运算符：测试是否包含或不包含某一个元素，in 和 not in。例如：print（a in b），如果 b 包含 a，则结果为 True。

⑦ 运算符优先级　不同的运算符优先级不同，他们的优先级是：算数运算符＞位运算符＞关系运算符＞逻辑运算符＞赋值运算符。

(4) 流程控制

程序设计中控制语句有顺序、分支和循环三种语句。在 Python 中，控制语句主要有以下几类。

① 分支语句

a．if 语句：如果条件计算为 True，就执行语句；否则执行 if 语句之后的语句。

语法结构：if 条件：
　　　　　　语句

示例代码：

```
score=95
if score>90:
    print("成绩优秀")
```

b．if else 语句：如果条件计算为 True，则执行语句 1，然后跳过 else 和语句 2，继续执行 if 语句后面的内容。如果条件计算为 False，则跳过语句 1，直接执行语句 2，然后再执行后面的语句。

语法结构：if 条件：
　　　　　　语句 1
　　　　else：
　　　　　　语句 2

示例代码：

```
tag=1
if tag==1:
    print('男生')
else:
    print('女生')
```

c．elif 语句：实际是 if else 结构的多层嵌套，其特点是多个分支中，只执行一个语句，其分支都不执行。

语法结构：if 条件 1：
　　　　　　语句 1
　　　　elif 条件 2：
　　　　　　语句 2
　　　　elif 条件 n：
　　　　　　语句 n
　　　　else：
　　　　　　语句 n+1

示例代码：

```
score=80
if score>=90:
    grade='A'
elif score>=80:
    grade='B'
elif score>=70:
    grade='C'
else:
    grade='D'
print('Grade='+grade)
```

② 循环语句

生活中很多时候需要循环来实现重复操作，通过循环语句，可以实现这个功能。Python 提供 while 和 for 两种循环语句。

a．while 语句：先判断，后执行。只要满足条件，循环会一直重复执行。

语法结构：while 循环条件：
　　　　　　语句

示例代码：

```
i=0
sum=0
while i<=100:
    sum+=i
    i+=1
print(sum)
```

b. for 语句：是应用最广泛的一种循环语句。

语法结构：for 迭代变量 in 序列：
　　　　　　语句

示例代码：

```
sum=0
for i in range(101):
    sum+=i
print(sum)
```

上述代码中 range（101）函数是创建范围（range）对象，取值范围是 1 到 100。

③跳转语句

Python 有跳转语句 break、continue，通过跳转语句可以改变程序的执行顺序。

a. break 语句：强行推出循环体，不再执行循环体中剩余的语句。

示例代码：

```
for item in range(4):
    if item==2:
        break
    print("item="+str(item))
```

b. continue 语句：结束本次循环，跳过当此循环尚未执行的语句，接着继续判断，满足循环条件则进入下一次循环。

示例代码：

```
for item in range(4):
    if item==2:
        continue
    print("item="+str(item))
```

（5）函数

为提高代码的复用性，更好地组织代码结构，便有了函数的概念。在程序开发中，函数是组织好的、实现单一或相关联功能的代码段。例如前面我们已经使用过的 print()、range()等函数。使用函数编程可以使程序模块化，减少冗余代码，让程序结构更清晰，提高开发人员编程效率，方便后期维护和功能扩展。

函数的使用分定义和调用 2 个部分，Python 提供的函数定义格式如下：

def 函数名（参数列表）：
　　函数体
　　return 语句

说明：def 表示是函数的开始；函数名是函数的唯一标识，遵循标识符的命名规则；参数列表可以包含一个或多个参数，也可以为空；函数体当中是实现函数功能的具体代码；return 语句返回函数的处理结果给调用方，是函数的结束标志；当函数没有返回值，return 语句可以省略。

示例代码：

```
def add(a,b):
    sum=a+b
    print(str(sum))
```

函数在定义完成后，直到被调用才会执行。调用的方式比较简单，其格式如下：

函数名（参数列表）

示例代码：（调用刚才定义的 add 函数）

```
add(2,10)
```

当函数参数较多，记不清前后顺序时，也可使用关键字参数调用函数。

示例代码：

```
add(a=2,b=10)或者add(b=10,a=2)
```

上述代码示例中，函数均没有返回值。有些时候，函数可以设计为有一个或多个返回值。

一个返回值示例代码：

```
定义：def sum(*numbers,mul=1):
    """*为可变函数参数"""
    if len(numbers)==0:
    return   #也可写为 rerurn None
    total=0;
    for number in numbers:
        total=total+number
    return total*mul
调用：print(sum(2,5))          #输出为 7
    print(sum())              #输出为 None
    print(sum(2,5,mul=2))    #输出为 14
```

多个返回值示例代码：

```
定义：def move(a,b,c):
    a=a+c
    b=b-c
    return a,b               #使用 return 语句返回多个值
调用：result=move(10,10,3)
    print(result)
```

(6) 常用模块

Python 提供了较多的官方标准模块，也称内置模块，详见 Python 提供的 API 文档。本小节将介绍 math、random、datetime 模块。

① math 模块　math 模块主要提供一些数学函数，在使用之前需要使用 import 语句导入 math 模块。

示例代码：

```
import math
math.ceil(2.1)          #返回大于或等于参数的最小整数
math.floor(2.1)         #返回小于或等于参数的最大整数
round(2.5)              #四舍五入
math.pow(2,3)           #返回 2 的 3 次幂的值
math.sqrt(4)            #返回 4 的平方根
math.sin(math.pi)       #求 pi 的三角正弦值
math.asin(0)            #求反正弦
math.cos(math.pi)       #求 pi 的三角余弦值
math.acos(0)            #求反余弦
```

② random 模块　random 模块主要提供生成随机数的函数，主要有以下几种。

a．random.random()：返回范围大于等于 0.0，且小于 1.0 的随机浮点数。

b．random.randrange(stop)：返回范围大于等于 0 且小于 stop，步长为 1 的随机整数。

c．random.randrange(start,stop[,step])：返回范围大于等于 start 且小于 stop，步长为 step 的随机整数。

d．random.randint(a,b)：返回范围大于等于 a 且小于等于 b 之间的随机整数。

示例代码：

```
import random
for i in range(0,10):
    x=random.random()
    print(x)
    x=random.randrange(5)
    print(x)
    x=random.randrange(1,100,2)
    print(x)
    x=random.randint(3,20)
    print(x)
```

③ datetime 模块　datetime 模块主要有 datetime、date、time 三个类，主要用于表示时间日期等信息。

a．datetime 类：datetime.datetime(year,month,day,hour=0,minute=0, second=0,microsecond=0, tzinfo=None)。其中，year，month，day 不可省略；tzinfo 为时区，None 表示不指定时区。

示例代码：

```
import datetime
dt=datetime.datetime(2021,8,16)     #创建 datatime 对象
datetime.datetime.today()           #获取当前日期和时间
datetime.datetime.now(tz=None)      #返回本地当前日期和时间，tz=None 时和 today()效果一致
datetime.datetime.utcnow()          #返回当前 UTC 日期和时间
```

b．date 类：datetime.date(year, month, day)，表示日期信息。

示例代码：

```
import datetime
d=datetime.date(2021,8,6)           #创建日 date 对象
datetime.date.today()               #获取当前本地日期
```

c．time 类：datetime.time(hour=0,minute=0,second=0,microsecond=0, tzinfo=None)，表示一

天中的时间信息。

示例代码：

```
import datetime
t=datetime.time(23,22,6)        #创建 time 对象
```

(7) 文件操作

在程序设计中，经常需要访问磁盘文件及目录，实现读取文件信息或者写入信息到文件中。在 Python 语言中通过 file object 对象实现文件操作。

① 文件操作

a．打开文件：open()函数，语法如下。

```
open(file,mode='r',buffering=-1,encoding=None,errors=None,newline=None, closed=
True,opener=None)
```

file 参数是要打开的文件，可以是文件名，也可以是整数，表示指向一个已经打开的文件。Mode 参数用于设置打开的模式，常用文件打开模式如表 2-1-8 所示。

表 2-1-8　文件打开模式

模式字符串	说明
r	只读（默认）
w	写入，会覆盖已经存在的文件
x	独占，文件不存在则新建并以写入模式打开，存在则抛出异常
a	追加，如果文件存在则写入内容追加到末尾
b	二进制模式
t	文本模式（默认）
+	更新模式

buffering 参数是设置缓冲区策略，默认值为-1，此时系统会自动设置缓冲区。当 buffering=0 时，关闭缓冲区，数据直接写入文件。当 buffering>0 时，用来设置缓冲区字节大小。

encoding 参数用于指定打开文件时的文件编码。Errors 参数用来指定当编码发生错误时如何处理。newline 参数用来设置换行模式。closefd 为 True 时，调用 close()方法关闭文件的同时，也会关闭文件描述符所对应的文件。closefd 为 false 时，调用 close()方法关闭文件，但不会关闭文件描述符所对应的文件。

示例代码：

```
f=open('test.txt','w+')
f.write('World')
f=open('test.txt','r+')
f.write('Hello ')
f=open('test.txt','a')
f.write('World')
```

b．文件关闭：使用 open()函数打开文件后，如果不再使用文件则应该调用文件对象的 close()方法关闭文件。通常情况下，调用 close()应该放在异常处理的 finally 语句中。

示例代码：

```
filename='test.txt'
```

```
try:
    f=open(filename)
except OSError as e:
    print('打开文件失败')
else:
    print('打开文件成功')
finally:
    f.close()
```

② os 模块　os 模块提供文件与目录管理功能，如删除文件、修改文件名、创建目录、删除目录和遍历目录等。常用的函数有如下几种。

　　a．os.rename(scr,dst)：修改文件名，scr 是源文件，dst 是目标文件。
　　b．os.remove(path)：删除 path 所指的文件，如果 path 是目录，则报错。
　　c．os.mkdir(path)：创建 path 所指的目录，如果目录已存在，在报错。
　　d．os.rmdir(path)：删除 path 所指的目录，如果目录非空，在报错。
　　e．os.listdir(dir)：列出指定目录中的文件和子目录。os.curdir 属性表示获得当前目录。
　　f．os.path.exists(path)：判断 path 文件是否存在。
　　g．os.path.isfile(path)：如果 path 是文件，则返回 True。

示例代码：

```
import os
filename='test.txt'
copyname='test2.txt'
try:
    os.rename(filename,copyname)
    os.mkdir('A')
except OSError:
    os.remove(copyname)
    os.rmdir('A')
finally:
print(os.path.isfile(filename))
print(os.path.isdir(filename))
print(os.path.exists(filename))
```

（8）异常处理

程序设计中，经常会有很多情况无法预料，时有异常。为增强程序的健壮性，编写计算机程序时需考虑异常并及时处理。本小节介绍 Python 的异常处理机制。

① 常见异常　Python 中常见的异常有 AttributeError、OSError、IndexError、KeyError、NameError、TypeError、ValueError。

　　AttributeError：如果访问类中不存在的成员，包括成员变量、属性、方法会引发此异常。
　　OSError：操作系统相关异常，例如输入输出异常、未找到文件异常、磁盘已满异常。
　　IndexError：访问序列元素时，超出下标取值范围引发此异常。
　　KeyError：当访问字典里不存在的键时而引发的异常。
　　NameError：当使用一个不存在的变量而引发的异常。
　　TypeError：当传入的变量类型与要求的类型不一致时引发此异常。
　　ValueError：传入无效的参数值而引发的异常。

② 捕获异常　捕获异常通过 try-except 语句实现，其语法如下：

try:
    语句
except 异常类型:
    处理异常语句

示例代码:

```
try:
    num1=int(input('请输入被除数'))
    num2=int(input('请输入除数'))
    print('result=',num1/num2)
except Exception as error:        #捕获所有异常
    print("报错：原因",error)
```

③ 释放资源　为了确保资源能被释放，可以在 try-exception 语句后使用 finally 代码块，通过代码手动释放资源。Finally 后的语句是一定会执行的，具体语法如下：

try:
    语句
except 异常类型:
    处理异常语句
finally:
    释放资源语句

示例代码:

```
try:
    file=open('./test.txt',mode='r',encoding='utf-8')
except FileNotFoundError as error:
    print(error)
finally:
    file.close()
    print('close')
```

本章小结

本章主要介绍了程序设计的基本概念，发展历程与程序设计的基本流程。介绍了 Python 语言的起源、特点、安装和配置，以及常用的 Python IDE 工具 PyCharm 的下载安装和使用。本章重点介绍了 Python 的基础应用和语法基础知识，包含如何创建和运行 Python 项目与文件，Python 提供的关键字和标识符，算数运算符、位运算符、关系运算符、逻辑运算符、赋值运算符，三大流程控制语句，常用 Python 标准模块，简单的文件操作和异常处理。通过本章内容的学习，学生能完成简单程序的编写和调测任务，为相关领域应用开发提供支持。

第 1 章　程序设计基础

第 2 章 大数据

学习目的与要求

理解大数据的定义、相关技术及安全防范方法
了解大数据应用现状与发展趋势
了解大数据的经典应用

2.1 大数据概述

"大数据"这一概念最早公开出现于 1998 年,美国高性能计算公司 SGI 的首席科学家约翰·马西(John Mashey)在一个国际会议报告中指出:随着数据量的快速增长,必将出现数据难理解、难获取、难处理和难组织四个难题,并用"big data(大数据)"来描述这一挑战,在计算领域引发思考。大约从 2009 年始,"大数据"成为互联网信息技术行业的流行词汇。

最早应用"大数据"的是麦肯锡公司(McKinsey),他们对"大数据"收集和分析做了初步的设想。麦肯锡公司看到了各种网络平台记录的个人海量信息具备潜在的商业价值,于是投入大量人力物力进行调研,在 2011 年 6 月发布了关于"大数据"的报告,该报告对"大数据"的影响、关键技术和应用领域等都进行了详尽的分析。麦肯锡的报告得到了金融界的高度重视,而后逐渐受到了各行各业关注。

随着信息社会的发展,数据在不断地增长,而且是超几何的增长。特别是在浏览器端产生的数据,万亿用户的浏览数据如何进行存储和分析计算,这就是 Google、百度等搜索引擎公司需要面对的现实。

据有关媒体统计,2021 年全球有 50 亿人使用互联网在线搜索、每天收发 2936 亿封电子邮件,每天会有 3 万个小时的视频上传到优酷、推特上每天发布 8 千万条信息……单纯地看这些数字大家可能并不能直观地感受到大数据的力量,但如果将每天产生的电子邮件由一个人一分钟看一封的话,需要昼夜不停地看 550 年;假设 10 秒钟浏览一条信息的话,需要一个人不分昼夜地浏览 24 年……

根据国际数据公司（IDC）发布的《数据时代 2025》预测，2025 年全球每年产生的数据将从 2018 年的 33ZB（1ZB=10 万亿亿字节）增长到 175ZB，相当于每天产生 491EB（1EB=250字节）的数据。

2.1.1 大数据定义

对于大数据，官方并没有给出一个准确的定义，不同机构有着不同的理解。

研究机构 Gartner 提出：大数据是需要新处理模式才能具有更强的决策力、洞察发现力和流程优化能力来适应海量、高增长率和多样化的信息资产。而麦肯锡全球研究所给出的定义是：一种规模大到在获取、存储、管理、分析方面大大超出了传统数据库软件工具能力范围的数据集合，具有海量的数据规模、快速的数据流转、多样的数据类型和价值密度低四大特征。还有学者认为：大数据泛指无法在可容忍的时间内用传统信息技术和软硬件工具对其进行获取、管理和处理的巨量数据集合，具有海量性、多样性、时效性及可变性等特征，需要可伸缩的计算体系结构以支持其存储、处理和分析。

所谓大数据（big data），或称巨量资料，指的是所涉及的资料量规模巨大到无法透过目前主流软件工具，在合理时间内达到撷取、管理、处理、并整理成为帮助企业经营决策更积极目的的资讯。

2.1.2 大数据相关技术

（1）大数据处理技术

大数据处理的相关技术包括数据采集、数据预处理、数据存储、数据清洗、数据分析和数据可视化六部分。

① 大数据采集　大数据采集就是对海量的数据进行提取、转换、加载，最终挖掘数据的潜在价值的过程，也就是对数据实现 ETL 操作。常用的数据采集工具有火车头、八爪鱼、Content Grabber、集搜客、Flume、Mozenda 等。

② 数据预处理　数据预处理即是将残缺的数据完整化，并将错误的数据纠正、多余的数据去除，进而将所需的数据挑选出来，并且进行数据集成的过程。

③ 数据存储　数据存储是用存储器，将采集到的数据以数据库的形式存储的过程。数据库的形式可以是结构化的、半结构化的或者非结构化数据。大数据存储使用分布式文件系统、NoSQL 数据库、云数据库存储。

④ 数据清洗　数据清洗是指将采集回收的缺失值、空值数据或者不规整数据进行处理的过程。数据清洗包括遗漏数据处理，噪声数据处理，以及不一致数据处理三种。常用的数据清洗工具有 Python、PyCharm、Excel、PyCharm。

⑤ 大数据分析　大数据分析是指对规模巨大的数据进行分析，从而提取出有用的数据。常用的大数据分析工具可以借助 Excel, SPSS, stata, R, Python, SAS 等。

⑥ 数据可视化　数据可视化是指将结构化、半结构化或者非结构数据转换成适当的可视化图表，然后将隐藏在数据中的信息直接展现于人们面前的过程。常用的数据可视化工具有 Power BI、Tableau、FineBI 和 Infogram。

（2）大数据存储结构

信息社会，数据的存储结构可以分为结构化数据、半结构化数据和非结构化数据三类。

① 结构化数据　结构化数据也称作行数据，是由二维表结构来逻辑表达和实现的数据，

严格地遵循数据格式与长度规范,主要通过关系型数据库进行存储和管理。通常有数据以行为单位,一行数据表示一个实体的信息,每一行数据的属性是相同的的特点。

结构化数据首先依赖于建立一个数据模型,数据模型是指数据是怎么样被存储、处理和登录的,包括数据是如何被存储的,数据的格式以及其他的限制。

【例1】 要保存学生的学号、姓名、科目、成绩等信息,需要建立一个对应的"学生成绩表"。

结构化数据保存"学生成绩表"如表2-2-1所示。

表2-2-1 学生成绩表

学号	姓名	科目	成绩
2020001	陈莉	C语言	90
2020001	陈莉	大数据	91
2020002	赵小冉	C语言	95
2020002	赵小冉	大学英语	95
2020003	刘谦	大数据	88
2020004	汤龙	计算机网络	96
2020004	汤龙	高等数学	96

② 半结构化的数据　半结构化的数据是指具有一定的结构性并可被解析或者通过使用工具可以使之格式化的数据。

半结构化数据是结构化数据的一种形式,它并不符合关系型数据库或其他数据表的形式关联起来的数据模型结构,但包含相关标记,用来分隔语义元素以及对记录和字段进行分层。半结构化数据,属于同一类实体但可以有不同的属性,即使他们被组合在一起,这些属性的顺序并不重要,也就是它一般数据的结构和内容混在一起,没有明显的区分。半结构化数据是"无模式"的,更准确地说,其数据是自描述的。

【例2】 XML描述"学生成绩表"信息。

```
<student>
    <xh>2020001</xh>
    <name>陈莉</name>
    <subject> C语言</subject>
    <score> 90</score>
    <xh>2020001</xh>
    <name>陈莉</name>
    <subject>大数据</subject>
    <score> 91</score>
</student>
<student>
    <xh>2020002</xh>
    <name>赵小冉</name>
    <age>21</age>
    <gender>男</gender>
</student>
<student>
```

```
        <id>2020003</id>
        <name>刘谦</name>
        <gender>男</gender>
        <telephone>13911122233</telephone>
    </student>
......
```

③ 非结构化的数据 非结构化的数据是指信息没有一个预先定义好的数据模型或者没有以一个预先定义的方式来组织,没有固定结构,通常无法直接知道其内容,保存为不同类型文件的数据,如各种图像、视频文件。相对于传统的在数据库中或者标记好的文件,由于他们的非特征性和歧义性,会更难理解。非结构化数据通常包括所有格式的办公文档、文本、图片、XML、HTML、各类报表、图像和音频/视频信息等,这类信息通常无法直接知道它的内容,数据库也只能将它保存在一个 BLOB 字段中,对以后检索非常麻烦。

和结构化数据相比,非结构化数据最本质的区别包括三个层面:非结构化数据的容量比结构化数据要大;产生的速度比结构化数据要快;数据来源具有多样性。

大多数的大数据都是半结构化或非结构化的。

(3) 大数据存储技术

大数据存储包括行存储、列存储、文档存储、键值存储和图存储 5 种。

① 行存储 所谓行存储是以一行记录为单位进行存储。传统的数据库都是采用的行存储方式,如 SQL Server、Oracle、Sybase、DB2 等。如表 2-2-2 所示的数据就是结构化数据的行存储方式。

表 2-2-2 行存储

学号	姓名	性别	出生日期	班级
1001	张晓莉	女	2002-3-3	大数据技术与应用
1002	陈鹏飞	女	2002-6-6	人工智能技术服务
1003	王瑞晨	男	2002-11-12	大数据技术与应用
1004	王博通	男	2002-12-1	人工智能技术服务
1005	方晓	女	2002-2-10	智能制造
1006	欧阳奕奕	男	2002-5-8	智能制造

② 列存储 列存储是相对于传统关系型数据库的行式存储来说的。列存储是以列数据集合方式存储。可以把列存储形象地理解为将行存储旋转了 90°的存储方式。列存储的读取是列数据集中的一段或者全部数据,写入时,一行记录被拆分为多列。如将表 2-2-2 旋转 90°后的存储数据就是列存储方式,如表 2-2-3 所示。

表 2-2-3 列存储

学号	1001	1002	1003	1004	1005	1006
姓名	张晓莉	陈鹏飞	王瑞晨	王博通	方晓	欧阳奕奕
性别	女	女	男	男	女	男
出生日期	2002-3-3	2002-6-6	2002-11-12	2002-12-1	2002-2-10	2002-5-8
班级	大数据技术与应用	人工智能技术服务	大数据技术与应用	人工智能技术服务	智能制造	智能制造

采用列存储数据模型的数据库系统具有高扩展性，即使数据增加也不会降低处理速度，因此，列存储主要适合应用于需要处理大量数据的情况。在大数据处理软件中，Hadoop 的 HBase 采用的列存储。

③ 文档存储 文档存储不需要定义表的结构，存储方式可以多样化，适合存储非结构化数据。如 MongoDB、CouchDB 则采用文档型的行存储。文档存储支持对结构化数据的访问，但文档存储没有强制的架构。

④ 键值存储 键值（Key-Value，KV）存储是按照键值对的形式组织、索引和存储。键值存储提供了基于键对值的访问方式。键值对可以被创建或删除，与键相关联的值可以被更新。

键值存储适合于不涉及过多数据关系、业务关系的数据，同时能有效减少读写磁盘的次数，比如 Google 的分布式数据库技术产品 Bigtable 数据库，就是采用的 KV 存储方式。除此之外，如用于大数据处理的免费键值存储数据库 Memcached、Redis 也是采用的 KV 存储方式。

⑤ 图存储 图存储数据库基于图理论构建，使用节点、属性和边的概念。节点代表实体，属性保存与节点相关的信息，边用来表示实体之间的关系。图形数据库可用于对事物建模，如社交图谱、真实世界的各种对象。图形数据库的查询语言一般用于查找图形中断点的路径，或端点之间路径的属性。Neo4j 是一个典型的图形数据库。

（4）大数据常用工具

处理大量繁杂的数据需要借助各种工具，通常大数据工具分为数据收集、数据处理、数据分析、数据计算、数据查询、数据协调等方面的工具。

① Hadoop Hadoop 是一个由 Apache 基金会所开发的，具有可靠性、可扩展性的分布式计算机存储系统。可以使用户在不了解分布式底层细节的情况下开发分布式程序，充分利用集群的威力进行高速运算和存储。Hadoop 是基于 Java 语言开发的，具有良好的跨平台特性，并且可以部署在低廉的计算机集群中。Hadoop 可以解决大数据存储和大数据分析两大问题，即 Hadoop 的两大核心问题。

Hadoop 之父 Doug Cutting，于 2004 年和同为程序员出身的 Mike Cafarella 决定开发一款可以代替当时的主流搜索产品的开源搜索引擎，这个项目被命名为 Nutch。Doug Cutting 希望以开源架构开发出一套搜索技术，类似于现在的 Google Search 或是微软的 Bing。刚好 2004 年 Google 发布了关于大数据分析、MapReduce 算法的两篇论文。Doug Cutting 利用 Google 公开的技术扩充他已经开发出来的 Lucene 搜索技术，进而研发出以他儿子的玩具（一头大象）名字命名的 Hadoop。

2006 年 1 月，Doug Cutting 加入 Yahoo，领导 Hadoop 的开发，至此，开启了 Hadoop 快速发展的历程。

Hadoop 从诞生到演化，发展的历程如图 2-2-1 所示。

② 数据仓库 Hive Hive 最初由 Facebook 开发，后来由 Apache 软件基金会开发，并将它作为 Apache Hive 的一个开源项目。Hive 是建立在 Hadoop 上的数据仓库基础构架，可以用来进行数据提取、转化和加载（ETL），Hive 定义了简单的类 SQL 查询语言，称为 HQL，它允许熟悉 SQL 的用户查询数据。

Hive 没有专门的数据格式，是基于 Hadoop 的一个数据仓库工具，它最适用于传统的数据仓库任务。

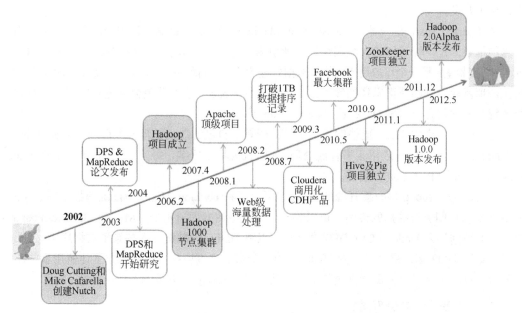

图 2-2-1 Hadoop 发展历程

③ HBase　HBase（Hadoop Database）是一个高可靠性、高性能、面向列、可伸缩的分布式存储系统、开源数据库，是 Hadoop 的标准数据库，也是一款比较流行的 NoSQL 数据库。HBase 是 Apache 的 Hadoop 项目的子项目，来源于 FayChang 所撰写的 Google 论文"Bigtable：一个结构化数据的分布式储系统"。HBase 不同于一般的关系数据库，它是一个适合于非结构化数据存储的数据库，主要解决非关系型数据存储问题，弱化了传统的表结构，而是采取 Column Family（常译为列族/列簇）来对数据进行分类。通常 Hbase 的一个列族包含多个列，一个列族的多个列之间通常也具有相似或同种类别的关系，所以列族可以看作是某种分类（归类）。

④ 协调系统 Zookeeper　Zookeeper 是 Hadoop 的一个子项目，它是分布式系统中的协调系统，提供了诸如统一命名空间服务，配置服务和分布式锁等基础服务。

ZooKeeper 是一个典型的分布式数据一致性的解决方案协调系统。分布式应用程序可以基于 ZooKeeper 实现各种服务，例如数据发布/订阅、负载均衡、命名服务、分布式协调/通知、集群管理、Master 选举、分布式锁和分布式队列等。

⑤ Flume　Flume 是一个高可用、高可靠、分布式的海量日志采集、聚合和传输的系统。Flume 支持在日志系统中定制各类数据发送方，用于收集数据；同时，Flume 提供对数据进行简单处理，并写到各种数据接受方（可定制）的能力。具有灵活简单的架构，非常可靠且容错率高。Flume 是 Hadoop 工具，于 2011 年 纳入 Apache 旗下，Cloudera Flume 改名为 Apache Flume。开发人员可以使用它来收集各种来源的数据流并将其传输到一个集中的环境中。Flume 也非常擅长管理各种系统之间的稳定数据流。

⑥ Strom　Storm 是由专业数据分析公司 BackType 开发的一个分布式计算框架。既是一个自由的开源软件，又是一款具有分布和容错特点的实时计算系统，同时，它也具有处理数据流的可靠性能，支持多种编程语言。可以简单、高效、可靠地处理大量的数据流。具有低延迟、高可用、易扩展、数据不丢失等特点，同时，Storm 还提供流类似于 MapReduce 的简单编程模

第 2 章　大数据　　275

型，便于开发。

⑦ Spark　Spark 是一种"One Stack to rule them all"的大数据计算框架，是一种基于内存计算的框架，是一种通用的大数据快速处理引擎。Spark 最初诞生于美国加州大学伯克利分校的 AMP 实验室，是一个可应用于大规模数据处理的快速、通用引擎。2013 年，Spark 加入 Apache 孵化器项目后，开始获得迅猛的发展，如今已成为 Apache 软件基金会最重要的三大分布式计算系统开源项目之一（即 Hadoop、Spark、Storm）。

它提供了一个比 Hive 更快的查询引擎，依赖于自己的数据处理框架而不是依靠 Hadoop 的 HDFS 服务。同时，它还用于事件流处理、实时查询和机器学习等方面。并且支持使用 Scala、Java、Python 和 R 语言进行编程。

⑧ Sqoop　Sqoop 是一款开源的工具，主要用于在 Hadoop（Hive）与传统的数据库（mysql、postgresql…）间进行数据的传递，可以将一个关系型数据库（例如：MySQL ,Oracle ,Postgres 等）中的数据导入 Hadoop 的 HDFS 中，也可以将 HDFS 的数据导入关系型数据库中。Sqoop 项目开始于 2009 年，最早是作为 Hadoop 的一个第三方模块存在，后来为了让使用者能够快速部署，也为了让开发人员能够更快速地迭代开发，Sqoop 独立成为一个 Apache 项目。

2.1.3　大数据安全防范

大数据时代，每个人都是数据的贡献者，也是使用者。数据是资产，是宝贵的资源，需要人人参与到加强数据安全、使用、保护、管理等各个环节。人们在享受大数据带来的便利的同时也需要注意和保护、防护信息的安全问题。

（1）加强信息安全保护意识

随着人们对互联网应用的广泛依赖，随之而来的是信息泄露问题的出现。只要用户上网就可能会泄露个人信息。例如：在网络购物中提供了电话、姓名和单位或者家庭地址；使用搜索引擎泄露了关注的内容，或者要到达的目的地；手机的朋友圈，提供了与家人和朋友的联系；网络应用中的博客、微博、微信等提供了个人的喜好、运动、娱乐信息；刷脸交通、支付提供了个人的身份、银行卡信息等，每件事都可能成为信息泄露的来源。

信息泄露，损失的不只是金钱。个人的身份信息、账户信息、居住位置、行动轨迹、社会关系、人际交往等敏感信息都可以通过大数据分析出来，于是出现了网络暴力、网络跟踪、网络诈骗等犯罪活动。

我国近年出现了许多利用网络实施的犯罪事件。例如，2014 年 12 月 25 日大量 12306 用户数据在网络上疯狂传播。浙江特大侵犯公民信息案，7 亿条个人信息遭泄露。电信诈骗事件、诱导贷款等等大数据犯罪事件屡见不鲜，需要更多人的警醒和警示……

对于处在大数据时代的我们，需要加强自身的信息安全防护意识，做到密码保护意识、防患于未然。

（2）坚决抵制内鬼窃取信息

上海疾控中心出现"内鬼"倒卖数十万新生儿信息；"京东内鬼"案 50 亿条公民信息泄露；山东省临沂市不法分子非法出售临沂市公民个人信息等都是典型的内鬼窃取数据信息问题。

作为大数据时代的大学生，需要坚决抵制做内鬼窃取信息、倒卖信息，需要时刻警醒，天上不会掉馅饼，不得不义之财。

（3）网上注册内容时不要填写个人私密信息

互联网时代，许多企业的盈利是通过注册的用户数和用户信息量获得的。企业希望尽可能多地获取用户信息，但是很多企业在数据保护上所做的工作存在缺陷，时常会有用户信息泄露事件发生。对于普通用户来说，无法干预到企业的数据安全保护措施，只能从自己着手，尽可能少地暴露自己的用户信息、个人隐私信息，设置密码时尽量不要以个人身份证信息、家庭门牌号、银行卡号等为内容，并且设置得复杂些，尽可能时常更换。

（4）尽量远离社交平台涉及的互动类活动

现在很多社交平台（微博、博客、论坛、播客、推特等），经常会要求填写个人信息、身份登记、手机识别确认并可以和朋友分享的活动，看似获取蝇头小利或者有趣的表面，实质上却以诱导、欺骗的手段获取了大量的用户信息，遇到那些奔着个人隐私信息去的"趣味"活动，建议不要参与。

（5）安装病毒防护软件

不论是计算机还是智能手机、移动终端，都可能成为信息泄露的高发地带。这些终端经常携带弹窗广告、小视频，往往不经意点击一个链接、下载一个文件，就成功被不法分子攻破。用户需要安装防病毒软件进行病毒防护和病毒查杀，并且需要时常更新病毒防护软件。

（6）不要连接未知 WiFi

现在公共场所常常会有些免费 WiFi，有些是为了提供便利而专门设置的，但是不能忽视的是不法分子也会在公共场所设置钓鱼 WiFi。拒绝使用"WiFi 万能钥匙"等 WiFi 连接、密码获取工具，一旦连接到危险的钓鱼 WiFi，可能会被不法分子窃取了个人信息，从而受到陌生电话的骚扰等。

（7）警惕手机诈骗

手机是当前不可或缺的通信、交流、娱乐工具，同时也是极易引发信息安全泄露、诈骗等的手段。警惕手机短信里的手机账户异常、银行账户异常、银行系统升级等信息，有可能是骗子利用伪基站发送的诈骗信息。遇到这种短信不要直接根据界面提示自行操作，而是需要联系官方工作人员询问情况，或者直接报警处理。

（8）对必要的数据进行备份

数据备份的好处是即使计算机网络被非法侵入或破坏，对于那些重要的数据依然可以从移动硬盘等地方加以恢复。通常对数据进行备份时采用的方法方式有全盘备份、增量备份以及差异备份。

（9）提升安全防范意识

时刻关注网络安全相关新闻，看到有网站发生信息泄露，及时修改自己的密码；看到他人受骗的遭遇，避免自己上同样的当；自行学习网络法律法规，提升安全防范意识。

网络安全问题永远是说不完的话题，但只要使用有效的防范措施就可以让网络变得不再那么可怕，也让我们自己乐在其中。

2.2 大数据应用现状与发展趋势

2.2.1 大数据应用现状

大数据真正的价值体现在从海量且多样的内容中提取用户行为、用户数据、用户特征并转化为数据资源，对数据资源进一步加以挖掘和分析，增强用户信息获取的便利性，实现从产品价值导向到以客户体验价值为中心导向的转换，客户体验的提升也正是激发信息消费的根本原因。当前大数据的应用已经渗透在互联网、金融、医疗、零售等各行各业中，并产生了巨大的社会价值和产业空间。

(1) 互联网

随着互联网的快速发展，电商、支付、交友、新闻资讯、视频、搜索、数据交互等都产生了大量的数据，俗称为互联网大数据。如果单就互联网一分钟的时间内产生的数据量分析。据统计，一分钟内有 395833 人登录微信、19444 人在进行视频或语音聊天、百度上有 4166667 个搜索请求、Facebook 共有 701389 个账号登录等。

(2) 金融

随着数据技术时代的到来，金融业也随着大数据技术的发展发生了翻天覆地的变化。典型的案例有花旗银行利用 IBM 沃森电脑为财富管理客户推荐产品，美国银行利用客户点击数据集为客户提供特色服务。在我国，大数据应用金融业投资中保险占 23.8%，证券占 35.1%，银行占 41.1%，主要实现为客户的精准推销、股价预测分析、风险管控、决策支持等。

(3) 医疗

我国已成为世界上最大的老龄化国家，60 岁以上人口近两亿。老人基数大，且增长速度快，老年人看病难问题日益突出。并且医疗行业拥有大量病例、病理报告、医疗方案、药物报告等。如果对这些数据进行整理和分析，将会极大地帮助医生和病人。大数据医疗可以通过远程会诊、就诊、远程手术、语音识别制定医疗方案、预测预防疾病等。比较典型的案例有美国疾病控制与预防中心利用大数据对抗埃博拉病毒和其他流行病研究；华大基因推出的肿瘤基因检测服务；大数据预测早产儿病情以及远程医疗会诊等。

(4) 零售

零售行业可以通过客户的购买记录、客户的购买习惯等了解客户关联产品购买喜好，智能精准推送相关产品，并将相关的产品放到一起增加产品销售额。零售行业比较经典的大数据案例是沃尔玛的啤酒和尿布的故事；再有网购平台——天猫，京东等，已经通过客户的购买习惯，将客户日常需要的商品，依据客户购买习惯事先进行准备。当客户刚刚下单，商品就会在 24 小时内或者 30 分钟内送到客户门口，提高了客户体验，大大提升了商品的销售额。

2.2.2 大数据发展趋势

随着大数据技术的不断发展，其各个环节呈现出新的发展趋势和挑战。根据 Gartner 最新的分析可以看出，主要有三大技术趋势。

(1) 存储和计算分离

大数据集群系统在存储方面，2000 年左右谷歌等提出的文件系统 GFS 以及随后的 Hadoop 的分布式文件系统 HDFS 奠定了大数据存储技术的基础。大数据集群系统在计算方面，谷歌在 2004 年公开的 MapReduce 分布式并行计算技术，是新型分布式计算技术的代表。一个 MapReduce 系统由廉价的通用服务器构成，通过添加服务器节点可线性扩展系统的总处理能力，在成本和可扩展性上都有巨大的优势。

在传统大数据集群系统中，计算和存储是紧密耦合的。而随着业务的发展，常常会为了扩展存储而带来额外的计算扩容。同理，只为了提升计算能力，也会无形中造成存储的浪费。为了大数据的发展，必将实现计算和存储分离，从而更好地应对两个方面的不足。

(2) 智能湖仓

在 2020 年 9 月 18 日召开的"2020 云栖大会"上，阿里云正式推出大数据平台的新一代架构——"湖仓一体（Lake house）"。实现打通数据仓库和数据湖两套体系，让数据和计算在湖与仓之间自由流动，从而构建一个完整的、有机的、大数据技术生态体系。

把数据湖和数据仓库集成起来只是个开端，未来还要把湖、仓以及所有其他数据处理服务组成统一且连续的整体，构成智能湖仓。它是以数据湖为中心，把数据湖作为中央存储库，再围绕数据湖建立专用"数据服务环"。"数据服务环"上的服务包括了数仓、机器学习、大数据处理、日志分析，甚至 RDS 和 NOSQL 服务等。企业可以轻松汇集和保存海量业务数据，并随心所欲地调用各种数据服务，用于商业智能、可视化分析、搜索、建模、特征提取、流处理等等，未来新的数据源、新的分析方法，也可以快速应对。

(3) 人工智能融合大数据智能发展

人工智能（AI）是研究、开发用于模拟、延伸和扩展人的理论、技术及应用系统的一门新技术科学。机器学习是一种实现人工智能的方法，深度学习是一种实现机器学习的技术，大数据的积累为人工智能发展提供了燃料。在计算力指数级增长及高价值数据的驱动下，以人工智能为核心的智能化正不断延伸其技术应用广度、拓展技术突破深度，并不断增强技术落地（商业变现）的速度。

人工智能与大数据本身就有较为密切的联系。数据作为人工智能的三大基础之一，可以说没有数据也就没有智能。其次，大数据在价值化的过程中，也需要采用人工智能的相关技术。再有大数据需要通过人工智能技术来完成数据价值化的过程。因此，人工智能和大数据的融合是当前和未来发展的必然。

例如，大数据与人工智能技术的结合，对疫情信息进行智能化分析，预测疫情发展趋势，大大提升政府疫情防控效能，助力了疫情防控，还支持了复工复产，更有效地提升了出行大数据的智能化；在交通领域，大数据和人工智能技术的结合，基于大量的交通数据开发的智能交通流量预测、智能交通疏导等人工智能应用可以实现对整体交通网络进行智能控制；在商业领域，商家可以更好地预测每月的销售情况，可以提升人脸识别的准确率；同时在技术层面，大数据技术已经基本成熟，并且推动人工智能技术以惊人的速度进步。

大数据技术将与人工智能技术更紧密地结合，具备对数据的理解、分析、发现和决策能力，从而能从数据中获取更准确、更深层次的知识，挖掘数据背后的更大价值，催生出新业态、新模式。由于大数据应用的复杂性，人工智能和大数据的融合是未来可持续发展的必然。

2.3 大数据经典应用

早在搜索引擎为查询者提供服务时即已开始了大数据的应用。搜索引擎通过查询者输入的关键词进行检索，搜索引擎从海量的索引数据库中找到匹配关键词的网页，高效查找出可能的答案，搜索引擎服务方式就是人类日常生活中比较典型的"大数据"原理与应用案例。

大数据可以应用到商业、农业、金融、医疗、教育、传媒等各行各业，将人们收集到的庞大数据进行分析整理，实现有效利用。大到国际金融、小到寻常百姓的购物、休闲。总的来说，大数据是对大量、动态、能持续的数据，通过运用新系统、新工具、新模型的挖掘，从而获得具有洞察力和新价值的东西。

2.3.1 霍廷

华尔街"德温特资本市场"公司首席执行官保罗·霍廷每天会通过大数据分析全球数亿条微博账户的留言,进而判断民众情绪,并对其打分排序。根据打分结果,霍廷再决定买入还是抛出数百万美元的股票。霍廷的判断原则是如果所有人都高兴,那就买入;如果大家的焦虑情绪上升,那就抛售,由此当年第一季度,公司获得了7%的收益率。

2.3.2 城管通

城管通,又称数字城管系统,是一种城管执法人员用来执法的高科技移动执法系统。该系统运用GIS地理信息采集、GPS卫星定位等技术,配合PDA移动信息终端、LED显示屏等硬件设备,将城市中所有的井盖、路灯杆、公交站牌、城市雕塑等设定唯一的数字编码,备注其权属部门、负责维修部门等信息一并录入电脑数据库。利用大数据处理分析群众投诉事件,通常将处理事件分为七个步骤,事件发起、派单、接单、到达现场、处置、结论、评估,更快更好提高了城市管理的水平和能力,达到了真正的城市管理数字化、信息化。现已在江苏、内蒙古自治区等全国多地投入使用。

2.3.3 智能公交站牌

智能公交站牌是一项基于大数据技术的城市公共交通智能化研究项目,主要估测下一班公交车离该站台的位置、车上乘客数、拥挤程度、到达时间等信息。使市民合理安排候车时间、即时调整出行路线、提高出行速率。现在已在北京、上海、哈尔滨等全国多地使用。

2.3.4 预测性物流

大家都非常熟悉的跨国电子商务公司亚马逊,它的各个业务环节都离不开"数据驱动"。亚马逊早在2013年就发明了预测性物流专利技术。通过顾客此前的订单、顾客的商品搜索记录、心愿单、购物车,甚至包括用户鼠标在某商品页面的停留时间等信息预判用户下一步的动作行为,可以做到在用户还没有下单购物前,就提前发出包裹。亚马逊会根据之前的订单和用户之前的行为,预测用户的购物习惯,虽然包裹会提前从亚马逊发出,但在用户正式下单前,这些包裹仍然存在快递公司的转运中心或者卡车里。该项技术缩短了发货时间,从而降低消费者前往实体店的冲动。

亚马逊不仅从每个用户的购买行为中获得信息,还将用户在其网站上的所有行为都记录下来,包括用户浏览页面的停留时间、是否查看评论、搜索的关键词、浏览的商品等,进而推送更加精准的信息,激发用户的消费欲望。

2.3.5 远程会诊

远程会诊,就是利用电子邮件、网站、电话、传真等现代化通信工具,为患者完成病历分析、病情诊断,进一步确定治疗方案的治疗方式。利用人工智能AI远程会诊可有效降低医护人员近距离接触感染的风险,利用人工智能影像辅助诊断技术可以大幅度提高诊断效率,缓解医护人员紧缺问题。它是极其方便、诊断极其可靠的新型就诊方式,有力地带动了传统治疗方式的改革和进步,为医疗走向区域扩大化、服务国际化提供了坚实的基础和有利的条件,也为规范医疗市场、评价医疗质量标准、完善医疗服务体系、交流医疗服务经验提供了新的准则和工具。

近年，又新兴了智能辅助诊疗系统（AI问诊），用户通过扫描二维码输入基本信息和就诊卡编号后，人工智能问诊系统自动上线。例如，青岛眼科医院推出的智眼科人工智能问诊系统，是基于近三年每天百万量级的临床数据和平台的问诊数据得出的精准智能化匹配逻辑，经过智能处理的结果质检通过率连续四周达到95%之后才上线使用，诊断的准确率是完全可以保障的。快捷有效地解决了有的患者见到医生就紧张，甚至有些症状想不起来的困扰。患者可以充分利用排队等待时间，仔细回想自己的既往病史，之后还会有充分的检查修改时间，且不会有面对医生的压力，由此得出的问诊信息更加全面、准确。

本章小结　　本章从大数据概述、应用现状与发展趋势和经典应用三大方面进行了介绍。其中大数据概述中阐述了大数据的定义、大数据相关技术、大数据安全防范；大数据应用现状与发展趋势着重阐述了大数据应用现状、大数据发展趋势两个方面；经典应用中阐述了当前社会中比较典型的应用案例。

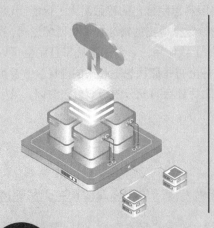

第 3 章 人工智能

学习目的与要求

理解人工智能的定义、相关技术及人才需求规格
了解人工智能应用现状与发展趋势
了解人工智能的经典应用

3.1 人工智能概述

3.1.1 人工智能定义

英国数学家、逻辑学家艾伦·麦席森·图灵被称为计算机科学之父，人工智能之父，如图 2-3-1 所示。图灵对于人工智能的发展有诸多贡献，提出了一种用于判定机器是否具有智能的试验方法，即图灵试验。早在 1950 年，图灵提出了著名的"图灵测试"，就是如果计算机能在 5 分钟内回答测试者提出的一系列问题，并且有超过 30%的回答让测试者误认为是人类所答的，那么就可以说计算机具备了人工智能。1950年 10 月，图灵发表了《机器能思考吗》的论文；1952 年，他又写了一个国际象棋程序。

图 2-3-1　人工智能之父——图灵

"人工智能"一词始于 1956 年夏天在达特莫斯（Dartmouth）举行的研讨会上。约翰·麦卡锡（John McCarthy），马文·明斯基（Marvin Minsky），艾伦·纽厄尔（Allen Newell）和哈佛西蒙（Harvard Simon）等著名学者参加了会议。在这次研讨会上，Newell 和 Simon 演示了一个名为"逻辑理论家"的人工智能程序。这是一个自动证明定理的程序，被称为世界上第一个人工智能程序。

人工智能的定义是一个至今仍然存在争议的一个话题，目前还没有一个绝对公认的定义。

不同的学术流派，具有不同学科背景的人工智能学者对其有不同的理解和见地。

图灵奖的获得者约翰·麦卡锡教授认为："人工智能是使一部机器的反应方式就像是一个人在行动时所依据的智能。"美国的斯坦福大学人工智能研究中心的尼尔逊教授认为："人工智能是关于知识的学科——怎样表示知识以及怎样获得知识并使用知识的科学。"而另一个美国麻省理工学院的温斯顿教授认为："人工智能就是研究如何使计算机去做过去只有人才能做的智能工作。"还有人认为："人工智能就是利用人工的方法实现的智能"等。

尽管不同的人对人工智能有不同的定义，但整体反映了人工智能学科的基本思想和基本内容，即人工智能是研究人类智能活动的规律，构造具有一定智能的人工系统，研究如何让计算机去完成以往需要人的智力才能胜任的工作，也就是研究如何应用计算机的软硬件来模拟人类某些智能行为的基本理论、方法和技术。

当前，人们普遍对人工智能的应用达成了共识。人工智能的定义可以分为两部分，即"人工"和"智能"。人工智能是研究、开发用于模拟、延伸和扩展人智能的理论、方法、技术及应用系统的一门新技术科学。人工智能是计算机科学的一个分支，该领域的研究包括机器人、语言识别、图像识别、自然语言处理和专家系统等。

3.1.2　人工智能相关技术

（1）人工智能常用框架

人工智能需要框架支撑，常见的开源框架有如下几种。

① TensorFlow　TensorFlow 由 Google Brain 团队开发，是一个开源库，非常适合处理大量复杂的数值计算，能够实现各种深度神经网络的搭建。为初学者和专家提供了各种 API，以便对桌面、移动终端、Web 和云实现开发。一些著名的公司，如 Google、SAP、Intel 和 Nvidia 等都使用 TensorFlow。

② Keras　Keras 是比较流行的基于 Python 的库框架之一，被认为是解决诸如网络配置，图像识别以及针对特定情况选择最佳架构之类的最佳工具。它可以在 TensorFlow 或 Theano 等其他框架的顶部运行。内部封装有全连接网络、CNN、RNN 和 LSTM 等算法。

③ PyTorch　PyTorch 是 Facebook 创建的开源 ML 框架。具有分布式培训、TorchScript、python-First 等各种功能。与 TensorFlow 不同的是，PyTorch 是基于动态图的，更加灵活。

④ Caffe　Caffe 是由伯克利视觉与学习中心（BVLC）和社区捐助者创建的。它是一个通用的 ML 框架，具有最先进，最富表现力的架构，因此被认为是计算机视觉任务的首选。Caffe 的优势在于容易上手（网络结构都是以配置文件形式定义，不需要用代码设计网络）、训练速度快（组件模块化，可以方便地拓展到新的模型和学习任务上）。但是，Caffe 不好安装，且最开始设计时的目标只针对图像，因此对 CNN 的支持非常好（例如 AlexNet、VGG、Inception 等），但是对 RNN、LSTM 等的支持不是特别充分。

⑤ Scikit-learn　Scikit-learn 是一个基于 Python 的开源机器学习库，专注于数据挖掘和分析。它建立在 NumPy、SciPy 和 matplotlib 之上，并具有精选的一组高质量的机器学习模型。Morgan 和 Evernote 等知名品牌使用 Scikit-learn 进行预测分析、个性化推荐和其他数据驱动的任务。

⑥ Mxnet　Mxnet 是一个开源、轻量级、可移植、灵活的分布式深度学习框架，具有可伸缩性，开源并轻松地用高级语言编写自定义层的特性。它支持多种语言（C++、Python、Julia、Matlab、JavaScript、Go、R、Scala、Perl、Wolfram 语言）。

(2) 人工智能的表现形式

研究人工智能的目的就是探寻机器智能的本质，研究出具有类人智能的智能机器，其表现形式体现在以下 6 个方面。

① 会看　主要体现在图像识别、文字识别、人脸识别、车牌识别等。
② 会听　主要体现在语音识别、说话人识别、机器翻译等。
③ 会说　主要体现在语音合成、人机对话等。
④ 会行动　主要体现在工业机器人、家居机器人、自动驾驶汽车、无人机等。
⑤ 会思考　主要体现在人机对弈、定理证明、医疗诊断等。
⑥ 会学习　主要体现在机器学习、知识表示等。

3.1.3　人工智能人才需求规格

我国工业和信息化部 2020 年 3 月就人工智能产业提出了未来产业研发岗位、应用开发岗位和实用技能岗位 3 类人才、57 个具体岗位的能力要求，指出人工智能产业人才岗位主要将集中在物联网、智能芯片、机器学习、深度学习、智能语音、自然语言处理、计算机视觉、知识图谱和服务机器人 9 个发展方向。

(1) 物联网

物联网包括物联网架构师、物联网算法工程师、智能终端开发工程师、IoT 平台软件应用开发工程师、物联网实施工程师、物联网运维工程师。

(2) 智能芯片

智能芯片涉及的产业包括架构设计工程师、逻辑设计工程师、物理设计工程师、软件系统开发工程师、芯片验证工程师。

(3) 机器学习

机器学习产业涉及的岗位包括算法研发工程师、系统工程师、平台研发工程师、架构师、实施工程师、测试工程师、建模应用工程师、技术支持工程师。

(4) 深度学习

包括算法研发工程师、系统工程师、平台研发工程师、建模应用工程师、技术支持工程师。

(5) 智能语音

包括语音识别算法工程师、语音合成算法工程师、语音信号处理算法工程师、语音前段处理工程师、语音开发工程师、语音数据处理工程师。

(6) 自然语言处理

包括算法研发工程师、架构师、开发工程师、实施工程师、测试工程师、对话系统工程师、建模应用工程师、数据标注工程师。

(7) 计算机视觉

包括算法研发工程师、平台研发工程师、架构师、开发工程师、实施工程师、测试工程师、建模应用工程师、数据处理工程师。

(8) 知识图谱

包括知识图谱研发工程师、知识图谱工程师（问答系统方向）、知识图谱工程师（搜索/推荐方向）、知识图谱工程师（NLP 方向）、知识图谱数据标注工程师。

(9) 服务机器人

包括嵌入式系统开发工程师、智能应用开发工程师、机器人测试工程师、机器人维护工程师。

3.2 人工智能应用现状与发展趋势

3.2.1 人工智能应用现状

人工智能从诞生到现在已经经历了 60 多年的历史，现已广泛应用在企业生产、智慧商业和零售业、智能机器人、金融等 20 多个方面。人工智能赋能在各行各业，也可以说是遍地开花。

据发布的信息显示，调查的 2205 家人工智能企业中，占比份额较大的应用领域如图 2-3-2 所示。

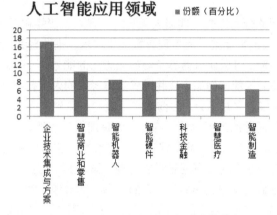

图 2-3-2　人工智能应用领域占比份额

(1) 企业技术集成与方案

人工智能对于企业经营和管理等多个方面起到重要的作用。具体表现在企业的智能化财务管理、档案管理、信息管理、产品的智能化生产、智能仓储等各个方面。借助人工智能除了可以提高管理效率之外，也可以大大提高生产效率，增强企业活力，提高企业效益。

(2) 智慧商业和零售

智能客服机器人解答问题，语音快速搜索，根据用户的消费记录或者喜好预测性营销推送等，都是智慧商业的应用。智慧零售已在智能收银、无人商店、智能配货、智能物流等方面具体应用实践。

(3) 智能机器人

据国际标准化组织（ISO）最新资料，将机器人定义为：具有一定程度的自主能力，可在其环境内运动以执行预期任务的可编程执行机构。据国际机器人联盟（IFR）划分标准，可将机器人分为工业机器人和服务机器人。其中，工业机器人是指应用于生产过程与环境的机器人；服务机器人是指除工业机器人以外，用于非制造业并服务于人类的各种机器人，分为个人/家用服务机器人及专业服务机器人。

天眼查数据显示，截止到 2021 年 12 月 31 日，我国实现服务机器人年销售收入已达到 839 亿元。

(4) 智能硬件

智能硬件是指通过软硬件结合的方式，对传统设备进行改造，进而让其拥有智能化的功能。

智能硬件产品有智能电视、智能手机、智能汽车、智能穿戴设备、智能家居、智能蓝牙耳机和智能医疗设备等。

(5) 科技金融

科技金融，也称之为智慧金融，具体应用在贷款评估、智能投资、金融监管、智能客服等。

(6) 智慧医疗

现已具体应用在医疗影像、远程诊断、药物挖掘、疾病预测等多个方面。

(7) 智能制造

智能制造已具体应用在工业机器人、智能供应链、智能运输、产品检测等方面。

3.2.2 人工智能发展趋势

(1) 人工智能分类

国际普遍认为人工智能分有三类，即弱人工智能、强人工智能和超级人工智能。

① 弱人工智能　弱人工智能就是利用现有智能化技术，来改善我们经济社会发展所需要的一些技术条件和发展功能。可以让机器具备观察和感知的能力，可以做到一定程度的理解和推理，但也仅仅是单方面的智能，例如，战胜世界围棋冠军的人工智能 AlphaGo，它只会下围棋，如果让它下象棋、军旗，它并不会。目前市场上我们所见到的人工智能，或者说能够帮助我们解决特定领域的一些问题的人工智能，都可以说是弱人工智能。

② 强人工智能　强人工智能阶段非常接近于人的智能，这需要脑科学的突破，希望让机器获得自适应能力，解决一些之前没有遇到过的问题。强人工智能要求程序有自己的思维，能够理解外部的事物并自主做出决策乃至行动，它的一举一动就像人类一样，甚至还有可能比人类更加聪明。当前强人工智能最为突出的产品是历史上首位获得沙特公民身份的机器人——索菲亚，可以模仿 62 种不同的面部表情，可以灵活地与人对话，甚至可以引导话题的走向。

③ 超级人工智能　超级人工智能是脑科学和类脑智能有极大发展后，人工智能就成为一个超强的智能系统。牛津哲学家、知名人工智能思想家 Nick Bostrom 把超级智能定义为"在几乎所有领域都比最聪明的人类大脑都聪明很多，包括科学创新、通识和社交技能。"超人工智能可以是各方面都比人类强，也可以是各方面都比人类强万亿倍。从技术发展看，从脑科学突破角度发展人工智能，现在还有局限性。

(2) 人工智能未来应用发展趋势

① 网络安全　越来越多的人工智能机器人进入企业、商业、医疗、金融等人们生活的方方面面时，随之而来的网络犯罪活动也会变得猖獗。网络安全迫切需要增强维护，网络安全解决方案也变得更加复杂。

例如，AI 换脸技术能够把照片或者视频中的人脸换成另外一个人，甚至比 PhotoShop 处理图片更便捷，但这也就意味着这类技术使得网络安全领域面临前所未有的挑战。

② 低代码和无代码技术　利用人工智能技术开发出更加复杂的人工智能系统，从而让人类少写代码甚至达到不写代码。

例如，无代码人工智能技术允许开发者通过简单地合并不同的已有模块，并为其提供特定于工业领域的数据来创建人工智能的智能控制系统，实现了通过简单地组合模块或者加载重组而并没有大量地编写代码。此外，自然语言处理、低编码和无编码技术将很快使人们能够用声音或书面指令来指导复杂的机器工作。

③ 元宇宙　元宇宙一词源于 1992 年美国著名科幻小说家尼奥·斯蒂文森撰写的科幻小

说《雪崩》，斯蒂文森在书中描述了一个平行于现实世界的网络世界——元界，所有的现实世界中的人在元界中都有一个网络分身。

Facebook 公司首席执行官马克·扎克伯格于 2021 年 10 月 28 日在 Facebook Connect 大会上宣布，Facebook 将更名为"Meta"，来源于"元宇宙"（Metaverse）。人工智能技术可以创建多个在线环境，或支持人类完成任务或成为（视频）游戏伙伴，就像它已经发生的那样。当前，许多如腾讯、小红书、阿里、Soul、理想汽车、水滴等知名企业均在申请元宇宙商标。元宇宙是一个统一的数字环境，由用户自己创建。用户可以在一起工作和玩耍，共享沉浸式体验，如同一个虚拟世界。元宇宙一词成为今后人工智能发展的焦点和趋势。

④ 创意与语言造型　有了人工智能技术的帮助，人们可以利用人工智能设备进行更好的艺术、音乐、诗歌、戏剧，甚至电子游戏的创作。例如，利用智能帮手——小度实现实时疑难问题的快速解答；利用智能机器人实现诗歌创作、整合时事信息、设计徽标和信息图形等。

3.3 人工智能经典应用

3.3.1 语言助手 Eliza 的诞生

麻省理工学院人工智能专家约瑟夫·韦珍鲍姆在 1966 年模仿罗杰斯精神治疗医师而编写的一个文字聊天程序 Eliza 诞生。Eliza 的实现技术是通过关键词匹配规则对输入进行分解，而后根据分解规则所对应的重组规则来生成回复。简而言之，就是将输入语句类型化，再翻译成合适的输出。

3.3.2 自动驾驶汽车

早在 1986 年，来自德国慕尼黑联邦国防军大学的航空航天教授 Ernst Dickmanns 开创了一系列"动态视觉计算"的研究项目，并且在 EUREKA（欧洲道路环境与安全）项目的资助下，成功地开发出了多辆自动驾驶汽车原型。1989 年，美国卡内基梅隆大学的研究人员 Dean Pomerleau 就花费了 8 年的时间，研发出了一套名叫 ALVINN（Autonomous Land Vehicle In a Neural Network）的无人驾驶系统，并用在了 NAVLAB 货车上，从宾夕法尼亚州匹兹堡到加州圣地亚哥行驶了 2797 英里（1 英里≈1.61 千米），成功实现了自动驾驶，成为自动驾驶的祖师爷。

近年来，自动驾驶正在成为产业研发的热点。其中百度、谷歌、特斯拉、上汽、一汽、华为、奥迪等科技行业巨头纷纷投入无人驾驶研发中。2017 年 7 月 5 日百度 AI 开发者大会上，百度创始人、董事长兼首席执行官李彦宏乘坐公司研发的自动驾驶汽车行驶在北京五环上，2019 年滴滴网约自动驾驶汽车亮相世界人工智能大会。

3.3.3 深蓝

1997 年 5 月 11 日北京时间 4 时 50 分，国际象棋世界冠军卡斯帕罗夫，在与一台名叫"深蓝"的 IBM 超级计算机对抗。这位号称人类最聪明的人，在前五局 2.5 对 2.5 打平的情况下，第六盘决胜局中，仅仅走了 19 步，就败给了"深蓝"。

"深蓝"，是一台 IBM RS/6000 SP 32 节点的计算机，运行着当时最优秀的商业 UNIX 操作系统——"大 I"的 AIX。它的设计思想着重于如何发挥大规模的并行计算技术。因此，它拥有着超人的计算能力。深蓝有 32 个大脑（微处理器），有两百多万局优秀棋手的对局棋谱，每秒钟可以计算 2 亿步。深蓝的胜利标志着人工智能产品进入了稳步发展时代期。

3.3.4 AlphaGo

2016 年 3 月，AlphaGo 与围棋世界冠军、职业九段棋手李世石进行围棋人机大战，以 4 比 1 的总比分获胜。2016 年末至 2017 年初，该程序在中国棋类网站上以"大师"(Master) 为注册账号与中、日、韩等数十位围棋高手进行快棋对决，连续 60 局无一败绩。2017 年 5 月，在中国乌镇围棋峰会上，它与排名世界第一的世界围棋冠军柯洁对战，以 3 比 0 的总比分获胜。

3.3.5 索菲亚

由中国香港的汉森机器人技术公司研发的类人机器人——索菲亚，有着人类女性的一些特征。它拥有像人皮肤一样的橡胶皮肤，还能表现出 60 多种表情。最重要的是，它在交谈过程中充分展示了和人相同的语言风格和习惯，还能引导话题，引导下一个问题的走向。

3.3.6 智能金融

人工智能在金融行业的应用范围较广，助力金融服务智能化、自助化、普惠化。例如，智能支付（NFC 支付、刷脸支付等）、智能理赔、智能客服（语音机器人）、智能投顾等主要服务于客户端消费人群，提高消费者办理业务效率。再有智能风控可以保障金融机构业务效率和安全性，智能投研为机构提供智能化信息搜集工作，提高工作效率。

本章小结

本章从人工智能概述、应用现状与未来发展趋势以及经典应用三个方面进行了介绍。其中人工智能概述中阐述了人工智能的定义、相关技术、人才需求规格；人工智能应用现状和发展趋势中着重阐述了我国人工智能当前的应用现状以及未来发展趋势；经典应用中阐述了当前社会中比较典型的应用案例。

第 4 章 云计算

学习目的与要求

理解云计算的定义、相关技术和服务模式
了解云计算应用现状与发展趋势
了解云计算的经典应用

4.1 云计算概述

云计算是新的概念，但云计算不是一个全新的技术，是在已有技术的基础上发展起来的，那么它的概念是如何提出的呢？

4.1.1 云计算定义

云计算（Cloud Computing）是一个新概念，产生的历史并不长，对云计算的定义有多种说法。

① 厂商角度：云计算的"云"是存在于互联网服务器集群上的资源，它包括硬件资源（如中央处理器、内存储器、外存储器、显卡、网络设备、输入输出设备等）和软件资源（如操作系统、数据库、集成开发环境等），所有的计算都在云计算服务提供商所提供的计算机集群上完成。

② 用户角度：云计算是指技术开发者或者企业用户以免费或按需租用的方式，利用云计算服务提供商基于分布式计算和虚拟化技术搭建的计算中心或超级计算机，使用数据存储、分析以及科学计算等服务。

③ 抽象角度：云计算是指一种商业计算模型，它将计算任务分布在大量计算机构成的资源池上，使各种应用系统能够根据需要获取计算力、存储空间和信息服务。

④ 正式的定义：云计算是一种按使用量付费的模式，这种模式提供可用的、便捷的、按需的网络访问，进入可配置的计算资源共享池（资源包括网络、服务器、存储、应用软件、服

务），只需投入很少的管理工作，或与服务供应商进行很少的交互，这些资源就能够被快速提供。这是美国国家标准与技术研究院（National Institute of Standards and Technology，NIST）对云计算的定义，是被大众广泛接受的定义。

4.1.2 云计算相关技术

云计算是分布式计算、并行计算和网络计算等概念的发展和商业实现，其技术实质是计算机、存储、服务器、应用软件等软硬件资源的虚拟化，云计算在虚拟化、数据存储、数据管理、编程模式等方面具有自身独特的技术。

云计算的关键技术包括以下几个方向。

（1）虚拟机技术

虚拟机，即服务器虚拟化是云计算底层架构的重要基石。在服务器虚拟化中，虚拟化软件需要实现对硬件的抽象，资源的分配、调度和管理，虚拟机与宿主操作系统及多个虚拟机间的隔离等功能，目前典型的实现有 Citrix Xen、VMware ESX Server 和 Microsoft Hype-V 等。

（2）数据存储技术

云计算系统需要同时满足大量用户的需求，并行地为大量用户提供服务。因此，云计算的数据存储技术必须具有分布式、高吞吐率和高传输率的特点。目前数据存储技术主要有 Google 的 GFS（Google File System，非开源）以及 HDFS（Hadoop Distributed File System，开源），目前这两种技术已经成为事实标准。

（3）数据管理技术

云计算的特点是对海量的数据存储、读取后进行大量的分析，如何提高数据的更新速率以及进一步提高随机读取速率是未来的数据管理技术必须解决的问题。云计算的数据管理技术最著名的是谷歌的 BigTable 数据管理技术，同时 Hadoop 开发团队正在开发类似 BigTable 的开源数据管理模块。

（4）分布式编程与计算

为了使用户能更轻松地享受云计算带来的服务，让用户能利用该编程模型编写简单的程序来实现特定的目的，云计算上的编程模型必须十分简单，必须保证后台复杂的并行执行和任务调度向用户和编程人员透明。当前各厂商提出的云计划的编程工具均基于 Map-Reduce 的编程模型。

（5）虚拟资源的管理与调度

云计算区别于单机虚拟化技术的重要特征是通过整合物理资源形成资源池，并通过资源管理层（管理中间件）实现对资源池中虚拟资源的调度。云计算的资源管理需要负责资源管理、任务管理、用户管理和安全管理等工作，实现节点故障的屏蔽，资源状况监视，用户任务调度，用户身份管理等多重功能。

（6）云计算的业务接口

为了方便用户业务由传统 IT 系统向云计算环境的迁移，云计算应对用户提供统一的业务接口。业务接口的统一不仅方便用户业务向云端的迁移，也会使用户业务在云与云之间的迁移更加容易。在云计算时代，SOA 架构和以 Web Service 为特征的业务模式仍是业务发展的主要路线。

（7）云计算相关的安全技术

云计算模式带来一系列的安全问题，包括用户隐私的保护、用户数据的备份、云计算基础设施的防护等，这些问题都需要更强的技术手段，乃至法律手段去解决。

4.1.3 云计算服务模式

云计算可以提供一种服务，它将大量用网络连接的计算资源统一管理和调度，构成一个计算资源池，向用户提供按需服务。用户通过网络以按需、易扩展的方式获得所需的资源和服务。

云计算服务提供商是云计算服务的提供者，它以软件即服务（Software as a Service, SaaS）、平台即服务（Platform as a Service, PaaS）、基础设施即服务（Infrastructure as a Service, IaaS）的模式将云计算资源组织起来，提供给用户（见图 2-4-1）。云计算服务的用户可以是大型企业、政府、事业单位、科研单位，也可以是中小型企业，甚至是个人。云计算服务提供商将云计算资源以多种模式进行组织，将其以服务的形式像水和电一样提供给用户使用。

云计算服务提供商可以为用户提供网络软件、开发平台甚至基础设施的服务。根据现在最常用也是较权威的标准，即美国国家标准技术研究院的定义，从用户体验的角度，云计算主要分为 3 种服务模式（见图 2-4-2）。

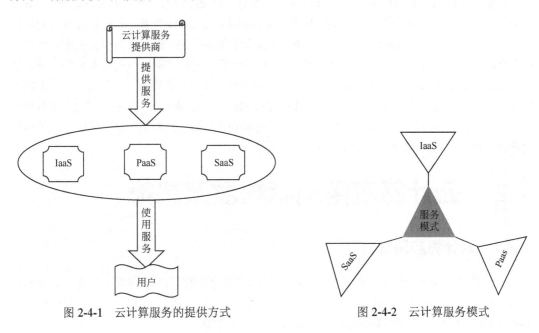

图 2-4-1　云计算服务的提供方式　　　图 2-4-2　云计算服务模式

① SaaS，其作用是将软件作为服务提供给用户。
② PaaS，其作用是将一个开发平台作为服务提供给用户。
③ IaaS，其作用是将虚拟机或者其他资源作为服务提供给用户。

（1）软件即服务

软件即服务是云计算的一种服务模式，即把软件作为一种服务提供给用户。SaaS 诞生于互联网，随着云计算的发展而快速发展。

云计算服务提供商将应用软件统一部署在自己的服务器上，用户可以根据自己的实际需求，通过互联网向服务提供商订购所需的应用软件服务，按订购的服务多少和时间长短向服务提供商支付费用，并通过互联网获得云计算服务提供商提供的服务，用户不能管理应用软件运行所在的基础设施和平台，只能做有限的应用程序设置。用户不用再购买软件，而改为向提供商租用基于 Web 的软件来管理企业经营活动，且无须对软件进行维护。服务提供商会全权管理和维护软件，在向用户提供互联网应用的同时，也提供软件的离线操作和本地数据存储，让用户随时随地都可以使用其订购的软件和服务。

(2) 平台即服务

平台即服务是云计算的一种服务模式,即把平台作为一种服务提供给用户。云计算服务提供商提供的 PaaS 服务模式是将开发环境、服务器平台、硬件资源等服务提供给用户,用户在平台的基础上定制开发自己的应用程序并通过其服务器和互联网传递给其他用户。PaaS 和 SaaS 服务模式的区别在于 SaaS 的用户不能管理应用软件运行所在的基础设施和平台,只能做有限的应用程序设置。PaaS 服务模式将软件研发的平台作为一种服务放在网上,加快了 PaaS 产品的开发。PaaS 服务模式可以提供的平台包括操作系统、编程语言环境、数据库和 Web 服务器等,用户可以在平台上部署和运行自己的应用。但是,用户不能管理和控制底层的基础设施,只能控制自己部署的应用。

(3) 基础设施即服务

基础设施即服务是云计算的一种服务模式,即把基础设施作为一种服务提供给用户。IaaS 服务模式可以理解为云计算服务提供商将多台服务器的内存、I/O 设备、存储和计算能力整合成一个虚拟的资源池,为用户提供存储资源和虚拟化资源等服务。IaaS 服务模式的主要用户是系统管理员。用户可以通过 IaaS 获取计算机、存储空间、网络连接、负载均衡和防火墙等基本资源,可以在此基础上部署和运行各种软件,包括操作系统和应用程序。但是,用户不能管理或控制任何云计算基础设施,却能控制操作系统的选择、存储空间、部署的应用,也有可能获得对有限制的网络组件(如路由器、防火墙、负载均衡器等)的控制。这些基础设施的烦琐的管理工作将由 IaaS 服务提供商来处理。

4.2 云计算应用现状与发展趋势

4.2.1 云计算应用现状

云计算产业链的核心是云服务厂商,海内外主要的厂商有亚马逊、微软、谷歌、Facebook、苹果、阿里、腾讯等互联网转型企业,提供弹性计算、网络、存储、应用等服务。互联网数据中心(IDC)厂商为之提供基础的机房、设备、水电等资源。

基础设备提供商将服务器、路由器、交换机等设备出售给 IDC 厂商或直接出售给云服务商,其中服务器是基础网络的核心构成,占到硬件成本的 60%~70%。CPU、BMC、GPU、内存接口芯片、交换机芯片等是基础设备的重要构成。

光模块是实现数据通信的重要光学器件,广泛用于数据中心,光芯片是其中的核心硬件。云计算产业最终服务于互联网、政府、金融等广大传统行业与个人用户,如图 2-4-3 所示。

近年来,国务院、工信部等部门发布一系列云计算相关法规标准,一方面用于指导云计算系统的设计、开发和部署,另一方面更是规范和引导云计算基础设施建设、提升云计算服务能力水平(尤其是云计算安全方面)以及规范市场秩序等。

"十三五"期间,国务院、工信部、发改委等提出推动中小企业业务向云端迁移、实现百万家企业上云以及《云计算发展三年行动计划(2017—2019 年)》等规划,计划云计算服务能力达到国际先进水平,云计算在制造、政务等领域的应用水平显著提升。

央行则提出《中国金融业信息技术"十三五"发展规划》《金融科技(FinTech)发展规划

(2019—2021 年)》等规划，加快云计算金融应用规范落地实施。

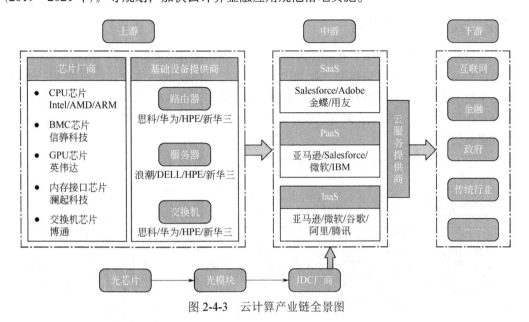

图 2-4-3 云计算产业链全景图

2020 年，中共中央、国务院发布关于构建更加完善的要素市场化配置体制机制的意见，如表 2-4-1 所示。鼓励运用大数据、人工智能、云计算等数字技术，在应急管理、疫情防控、资源调配、社会管理等方面更好发挥作用。

表 2-4-1 2017—2020 年中国云计算重点政策汇总

时间	政策	主要内容
2017 年 3 月	《云计算发展三年行动计划 (2017—2019 年)》	提出云计算产业发展规划：到 2019 年，我国云计算产业规模达到 4300 亿元，突破一批核心关键技术，云计算服务能力达到国际先进水平，对新一代信息产业发展的带动效应显著增强，云计算在制造、政务等领域的应用水平显著提升
2017 年 6 月	《中国金融业信息技术"十三五"发展规划》	提出"十三五"金融业信息技术工作的指导思想、基本原则、发展目标、重点任务和保障措施，强调稳步改进系统架构和云计算应用研究
2017 年 11 月	《关于深化"互联网+先进制造业"发展工业互联网的指导意见》	提出到 2025 年实现百万家企业上云，鼓励工业互联网平台在产业集聚区落地，推动地方通过财税支持、政府购买服务等方式鼓励中小企业业务系统向云端迁移
2018 年 8 月	《扩大和升级信息消费三年行动计划（2018—2020 年)》	推动中小企业业务向云端迁移，到 2020 年，实现中小企业应用云服务快速形成信息化能力，形成 100 个企业上云典型应用案例。利用物联网、大数据、云计算、人工智能等技术推动电子产品智能化升级
2018 年 8 月	《推动企业上云实施指南（2018—2020 年)》	提出到 2020 年，云计算在企业生产、经营、管理中的应用广泛普及，全国新增上云企业 100 万家
2019 年 9 月	《金融科技（FinTech）发展规划（2019—2021 年)》	引导金融机构探索与互联网交易特征相适应、与金融信息安全要求相匹配的云计算解决方案。加快云计算金融应用规范落地实施，充分发挥云计算在资源整合、弹性伸缩等方面的优势
2020 年 4 月	《关于推进"上云用数赋智"行动培育新经济发展实施方案》	支持在具备条件的行业领域和企业范围探索大数据、人工智能、云计算、数字孪生、5G、物联网和区块链等新一代数字技术应用和集成创新

4.2.2 云计算发展趋势

云计算概念的历史并不长,但云计算技术在近年来却发展飞速。

真正意义上的云计算服务是在 2000 年以后出现的,美国在 2005 年就已提出云计算相关概念,由于技术驱动,应用领域逐步普及。相比美国,中国云计算起步较晚,于 2007 年以后开始发展云计算,2009 年后,高度支持云计算的政策不断出台,使云计算得到广泛应用,目前处于快速增长阶段。

2007 年以来,中国云计算的发展先后经历四个阶段(图 2-4-4)。

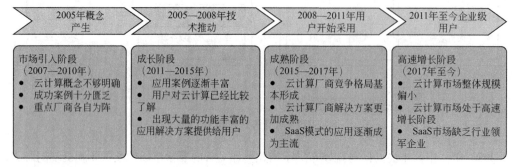

图 2-4-4 中国云计算发展阶段

第一阶段为市场引入阶段,云计算的概念刚刚在中国出现,客户对云计算认知度较低;

第二阶段为成长阶段,用户对云计算已经比较了解,并且越来越多的厂商开始踏入这个行业;

第三阶段是成熟阶段,这个时候云计算厂商竞争格局已经基本形成,厂商们开始从更加成熟优秀的解决方案入手,SaaS 模式的应用逐渐成为主流;

第四个阶段是高速增长阶段,在这个阶段我国云计算市场整体规模偏小,落后全球云计算市场 3 至 5 年,且从细分领域来看,国内 SaaS 市场仍缺乏行业领军企业。

近年来,全球云计算市场规模呈现稳步上升趋势。2019 年,以 IaaS、PaaS 和 SaaS 为代表的全球公有云市场规模达到 1883 亿美元,增速 20.86%。在政策推动与市场需求的刺激下,分析认为,未来几年云市场的强劲发展势头有望保持下去,平均增长率约为 18%左右,2020 年全球云计算市场规模已达到 2253 亿美元左右。

根据全球领先的信息技术研究和顾问公司 Gartner 统计,2020 年全球 IT 支出总额达到 3.4 万亿美元;中国 IT 支出总额达到 2.77 万亿人民币。从全球和中国云计算市场占 IT 支出比重来看,中国占比低于全球水平。中国云计算市场未来仍有较大的赶超空间。

2020 年是又一个新十年的开端,无论是如火如荼的"新基建"、稳步推进的企业数字化转型,还是突如其来的疫情,都将云计算发展推向了一个新的高度。未来十年,云计算将进入全新发展阶段,如图 2-4-5 所示。

根据中国信通院数据统计,我国公有云市场 2020—2022 年仍处于快速增长阶段,私有云未来几年将保持稳定增长。目前,我国云计算整体市场规模不断扩大,到 2025 年市场规模有望突破 5400 亿元。

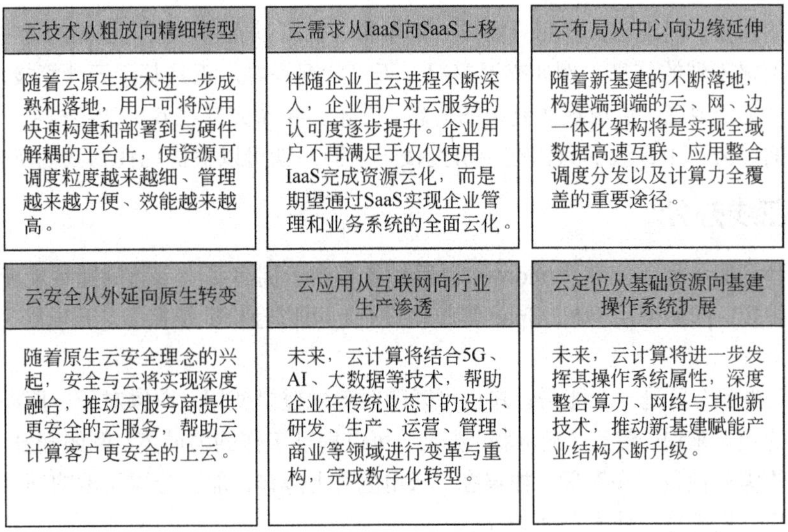

云技术从粗放向精细转型	云需求从IaaS向SaaS上移	云布局从中心向边缘延伸
随着云原生技术进一步成熟和落地，用户可将应用快速构建和部署到与硬件解耦的平台上，使资源可调度粒度越来越细、管理越来越方便、效能越来越高。	伴随企业上云进程不断深入，企业用户对云服务的认可度逐步提升。企业用户不再满足于仅仅使用IaaS完成资源云化，而是期望通过SaaS实现企业管理和业务系统的全面云化。	随着新基建的不断落地，构建端到端的云、网、边一体化架构将是实现全域数据高速互联、应用整合调度分发以及计算力全覆盖的重要途径。
云安全从外延向原生转变	云应用从互联网向行业生产渗透	云定位从基础资源向基建操作系统扩展
随着原生云安全理念的兴起，安全与云将实现深度融合，推动云服务商提供更安全的云服务，帮助云计算客户更安全的上云。	未来，云计算将结合5G、AI、大数据等技术，帮助企业在传统业态下的设计、研发、生产、运营、管理、商业等领域进行变革与重构，完成数字化转型。	未来，云计算将进一步发挥其操作系统属性，深度整合算力、网络与其他新技术，推动新基建赋能产业结构不断升级。

图 2-4-5　云计算发展趋势

4.3 云计算经典应用

通俗地讲，"云"是网络、互联网的一种比喻说法，即互联网与建立互联网所需要的底层基础设施的抽象体。我们可以看到云计算在这十几年时间里从互联网走向非互联网，从传统的服务升级方式走向云原生，从影响企业 IT 变革走向推动企业全面数字化转型，正深刻地影响着个人、企业乃至整个社会的生产生活方式。那么作为一项前沿科技，云计算在生活中的应用实例如下。

4.3.1 智能家居

在云计算和物联网、人工智能的结合应用落地中，智能家居是关键场景之一。随着科技的进步及商业的快速发展，智能家居已逐步迈入快速发展的轨道，并逐步由智能单品向智能连接阶段过渡。用云计算取代目前以家庭网关为核心的系统后，家庭网关将各种传感器数据尽可能简单、低功耗地传输到云服务器，并接受来自云服务器的指令来控制智能家居系统。

4.3.2 电子日历

我们的大脑并不是万能的，不可能记住我们所要记住的每一件事。所以我们需要用一些东西来协助我们。最初，圆珠笔和便签是很好的备忘选择。后来，人们可以在电脑、手机上记下来，但我们需要在不同的设备上记录很多次，这样做显得有点麻烦。设计出一个电子日历（即应用云计算技术的日历）就很简单地解决了这个问题。电子日历可以提醒我们要在母亲节买礼物，提醒我们什么时候去干洗店取衣服，提醒我们飞机还有多长时间起飞。这种电子日历可以通过各种设备提醒我们，既可以是电子邮件，也可以是手机短信，甚至可以是电话。

4.3.3 地图导航

在没有 GPS 的时代，每到一个地方，我们都需要购买当地的地图。以前经常可见路人拿着地图问路的情景。而现在，我们只需要一部手机，就可以拥有一张全世界的地图。甚至还能够得到地图上得不到的信息，例如交通路况，天气状况等等。正是基于云计算技术的 GPS 带给了我们这一切。地图、路况这些复杂的信息，并不需要预先装在我们的手机中，而是储存在服务提供商的"云"中，我们只需在手机上按一个键，就可以很快地找到我们所要找的地方。

4.3.4　在线办公

购买一台云服务器，安装 Windows 以后，就相当于拥有了一台随时随地能使用的电脑，性能随需求而定，即使使用手机、Ipad 等移动设备也可以轻松地链接上"云电脑"来处理工作事宜。

由于"云电脑"只是一个账号，并且可以随时随地登录使用，所以对于一些办公场地分散在不同地域的企业来说，使用"云电脑"办公，可以提升工作的协同度。例如开发一个项目时，大量文件上传需要耗费很多时间，如果在"云电脑"上操作，那么分隔两地的同事不需要再进行文件的交换，只需登录账号就可以了。

4.3.5　个人网盘

与我们日常已经在使用的网盘不同，直接在云计算服务商处购买的个人网盘服务，具有极强的私密性和安全性。目前我们在使用的网盘就像商场的存包处，不仅你可以用密码纸打开，商场也有钥匙或者其他技术打开来看看你放了什么东西在里面。个人网盘就像是买一个远程的保险箱，只有你自己能打开他，云服务商连钥匙带箱子一起给你，他也没有打开保险箱的权限。这对那些需要存储高机密数据的用户来说是十分重要的。

本章小结　　本章首先介绍了云计算的基本概念，云计算是一种利用互联网实现随时随地、按需、便捷地使用和共享计算设施、存储设备、应用程序等资源的计算模式。其次介绍了云计算的服务模式：平台即服务（PaaS）、软件即服务（SaaS）、基础设施即服务（IaaS）。然后重点介绍目前云计算的应用现状及发展趋势。最后结合实际介绍了云计算的经典应用案例。

第 5 章 现代通信技术

学习目的与要求

理解通信技术的定义和相关技术
了解 5G 的应用现状与发展趋势
了解 5G 的经典应用

5.1 现代通信技术概述

5.1.1 现代通信技术定义

通信技术是实现人与人之间、人与物之间、物与物之间信息传递的一种技术。移动通信（Mobile Communication）是移动体之间的通信，或移动体与固定体之间的通信。移动体可以是人，也可以是汽车、火车、轮船等在移动状态中的物体。移动通信是进行无线通信的现代化技术，这种技术是电子计算机与移动互联网发展的重要成果之一。移动通信技术经过第一代、第二代、第三代、第四代技术的发展，目前，已经迈入了第五代发展的时代（5G 移动通信技术），这也是目前改变世界的几种主要技术之一。

第五代移动通信系统（5G），2015 年 10 月 26 日至 30 日，在瑞士日内瓦召开的"2015 年无线电通信全会"上，国际电信联盟无线电通信部门（ITU-R）正式批准了 3 项有利于推进未来 5G 研究进程的决议，并正式确定了 5G 的法定名称是"IMT-2020"。

为了满足未来不同业务应用对网络能力的要求，ITU 定义了 5G 的八大能力目标，如图 2-5-1 所示，分别为峰值速率达到 10Gbit/s、用户体验速率达到 100Mbit/s、频谱效率是 IMT-A 的 3 倍、移动性达到 500km/h、空口（"空中接口"的简称）时延达到 1ms、连接数密度达到 10^6 个设备/km²、网络功耗效率是 IMT-A 的 100 倍、区域流量能力达到 10Mbit/s/m²。

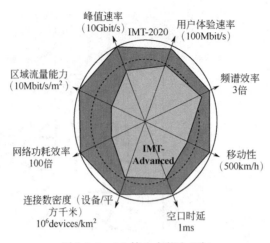

图 2-5-1　5G 的八大能力目标

5.1.2　现代通信相关技术

国际电信联盟于 2015 年 6 月定义了未来 5G 的应用场景分为三大类——增强移动宽带（enhanced Mobile Broadband, eMBB）、超高可靠低时延通信（ultra Reliable and Low Latency Communication, uRLLC）、海量机器类通信（massive Machine Type of Communication, mMTC），不同应用场景有着不同的关键能力要求。其中，峰值速率、时延、连接数密度是关键能力。eMBB 场景下主要关注峰值速率和用户体验速率等，其中，5G 的峰值速率相对于 LTE 的 100Mbit/s 提升了 100 倍，达到了 10Gbits；uRLLC 场景下主要关注时延和移动性，其中，5G 的空口时延相对于 LTE 的 50ms 降低到了 1mS；mMTC 场景下主要关注连接数密度，5G 的每平方千米连接数相对于 LTE 的 10^4 个提升到了 10^6 个。不同应用场景对网络能力的诉求如图 2-5-2 所示。

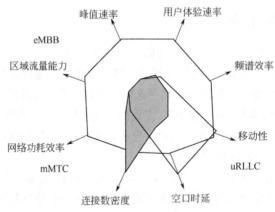

图 2-5-2　不同应用场景对网络能力的诉求

为了实现这三大愿景，5G 网络，尤其是 5G 无线网络，需要增加一些新的关键技术来支撑。这些关键技术将分别用于提升 5G 峰值速率、降低时延及增大系统连接数。除此之外，考虑到 5G 网络的工作频段较高，存在覆盖受限问题，所以需要采用一些关键技术来增强 5G 的覆盖。

由于已经冻结的 R15 版本中只定义了 eMBB 场景标准和部分 uRLLC 场景标准，还没有定义 mMTC 场景标准，也就是说，用于增大系统连接数的关键技术还没有最终冻结，因此，将重点介绍其他三大类关键技术：提高速率技术、降低时延技术和提升覆盖技术。

（1）提高速率技术

① 大规模天线技术　Massive MIMO 通过在基站侧安装大量天线阵子，实现不同天线同时收发数据，通过空间复用技术，在相同的时频资源上同时复用更多用户，可以大幅度提高频谱的效率，最终提升小区峰值速率。该技术已经成为 5G 中标配的关键技术。

② 高阶调制技术　3GPP 在 R12 阶段提出了 256 正交幅度调制（Quadrature Amplitude Modulation，QAM）技术，相比于之前的 64QAM 调制技术，256QAM 调制技术将 8 个信息比特调制成一个符号，单位时间内发送的信息量比 64OAM 调制技术提高了三分之一，从而实现提高空口速率的目的。

③ 改进型正交频分复用技术　基于子带滤波的正交频分复用（Filtered Orthogonal Frequency Division Multiplexing，F-OFDM）技术通过优化滤波器、数字预失真（Digital Pre-Distortion，DPD）、射频等通道处理，使基站在保证一定的邻道泄漏比（Adjacent Channel Leakage Ratio，ACLR）、阻塞等射频协议指标时，有效地提高系统带宽的频谱利用率及峰值速率。

（2）降低时延技术

① 时隙调度技术　LTE 系统中采用的是子帧级调度，每个调度周期为 1ms。在 5G 系统中，每个子帧的长度与 LTE 相同都是 1ms，每个子帧又根据参数设定分为若干个时隙。为了降低调度时延，5G 系统的空口采用了时隙级调度，每个调度周期为单个时隙，从而达到了降低空口时延的效果。

② 免调度技术　由于调度存在环回时间（Round-TripTime，RTT），为了降低这个时延，5G 系统中针对时延敏感的业务提出了免调度技术，即终端有数据发送需求时可以直接发送，从而达到了降低空口时延的效果。

③ 设备到设备技术　设备到设备（Device-to-Device，D2D）通信是一种在系统的控制下，允许终端之间通过复用小区资源直接进行通信的新型技术，它能够增加蜂窝通信系统的频谱效率，降低终端发射功率，在一定程度上解决无线通信系统频谱资源匮乏的问题。此外，它还有减轻蜂窝网络的负担、减少移动终端的功耗、降低终端之间的通信时延和提高网络基础设施故障的鲁棒性等优势。

（3）提升覆盖技术

① 上下行解耦技术　5G 上下行解耦定义了新的频谱配对方式，使下行数据在 3.5GHz/4.9GHz 等较高频段上传输，上行数据在 1.8GHz/2.1GHz 等较低频段上传输，从而达到提升上行覆盖的效果。

② 双连接技术　为了在跨站场景下提供更高的业务速率，提升终端用户体验，3GPP 在 R12 阶段提出了双连接（Dual Connectivity，DC）特性，支持在两个基站间通过分流传输，从而达到了提升上行覆盖的效果。

5.2 现代通信技术应用现状与发展趋势

5.2.1 现代通信技术应用现状

现代通信技术就是随着科技的不断发展，采用最新的技术来不断优化通信的各种方式，让人与人之间的沟通变得更为便捷有效。重点发展基于 IPv6 和 5G 商用的高端传感器、晶体振荡器、通信导航芯片、光通信器件、光机电集成微系统、信息网络设备和信息终端产品，做大做强应急通信、宽/窄带融合一体化通信等专网通信设备及系统。提升专用通信芯片设计水平，推进太赫兹芯片、射频前端芯片、智能终端芯片等研发和产业化。突破通信导航一体化融合等关键技术，推进北斗导航、专网通信在智慧养老、车辆监控等领域应用。

5G 将会给电信产业带来巨大的变化，多种新兴业务都要求高质量、大带宽、高吞吐量的 5G 网络。同时，5G 也给其他行业带来了巨大变化。5G 不仅仅是一种技术，更是一个 E2E 的生态系统，包括各种新兴的应用案例，以及可持续的商业模式。5G 不只涉及人和人之间的通信，也包括了物联网的应用场景，可以使用户有效地连接到各类内容、服务和数据，可以提供更多的用户接入能力，以及更安全的网络服务能力，因此 5G 对网络的带宽、时延、可靠性等指标提出了更高的要求。

(1) eMBB 类应用

VR/AR 属于 eMBB 类应用，对于 VR/AR 的应用，首先想到的是娱乐领域，如游戏，以及韩国 KT、英国 BT、德国电信等运营商都已经或即将推出的针对体育赛事、演唱会等的 VR 直播业务，可增强用户的现场体验感；但除了娱乐领域之外，VR/AR 在教育领域和医疗保健等商业领域也有着潜在的应用需求。以中国为例，目前在线教育已经比较成熟了，如果能进一步通过 VR/AR 的形式提升其互动性，则将对激发学生的学习兴趣、提升学习效率有极大的帮助。非娱乐领域的市场规模大概占整个 VR/AR 市场的 50%，是不容忽视的应用市场。

(2) uRLLC 类应用

在车联网方面，以车辆编队应用为例，会存在车辆—车辆（Vehicle-to-Vehicle, V2V）和车辆—网络（Vehicle-to-Network, V2N）两种通信场景。其中，V2V 的通信主要包括车辆间距控制、车辆控制信息回传、视频信息传输、前车操作提醒和指示等；V2N 的通信主要包括车辆操作记录、行驶线路记录、车辆故障记录、事故视频等资料回传到云端服务器。在车辆编队行驶过程中，编队的头车有司机，后面的跟随车都是通过网络自动跟行的，如图 2-5-3 所示，当跟随车与头车的车间距足够近时，跟随车的风阻会减少，可降低燃油量，据美国相关分析显示，每辆车每年可节省 21000 美元的成本。节省人力是车辆编队应用的另一个优势，例如，美国 2014 年司机短缺 4.8 万人，估计 2024 年司机短缺将达到 17.5 万人，此应用可以很好地解决这个问题。目前，日本的研究机构已经实现了 3 车编队、间距 4m、速度为 80km/s 的测试。如果车间距从 4m 降为 1m，则油耗节省率可以从 10%提升到 30%。除了车辆编队应用外，远程驾驶是车联网的另一种应用，例如，在一些物流园区、矿山开采等场景下，可以很好地解决司机复用的问题，提高了人均效率、降低了人员风险。

当然，5G 也可以应用在智能制造、远程医疗等领域中，在这些领域中，不同的业务有不同的要求，例如，动作控制对于时延要求会比较高，端到端时延要达到 2~5ms。

(3) mMTC 类应用

在物联网方面，将在 5G 迎来更广泛的应用，例如，家庭中的电表、水表、天然气表都将利用 5G 的超强接入能力接入网络，每个月的电费、水费、天然气费可利用网络定时上报给电力公司、水利公司、燃气公司，相应的费用清单也会定时发送给用户，用户可以根据清单完成网上付费。节能、环保、高效的物联网，将使千万家庭和公司受益。

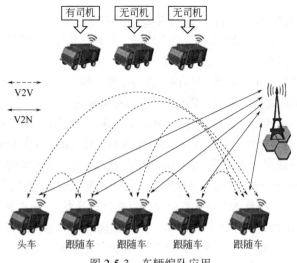

图 2-5-3 车辆编队应用

5.2.2 现代通信技术发展趋势

随着 5G 建设不断深入，5G 与 AI、智能边缘等垂直行业正加速突破和融合。作为智能世界的新型基础设施，5G 不仅自身成为新的经济增长点，还与人工智能、边缘计算等行业加速融合，催生出更多创新应用以及场景，推动新一轮智能创新和应用发展。自 2019 年正式开启商用以来，经过几年的爆发式增长，我国 5G 网络基本实现主要省市乡镇覆盖，5G 建设取得初步成果与规模。

5G 网络的飞速发展带动了 5G 终端的完善，以及产业融合应用生态的完善，而随着 5G 赋能垂直行业领域的增多，多样化、差异化的垂直行业融合应用需求又反过来推动 5G 网络技术的演进和发展。纵观 5G 网络、终端、业务等各个层面，5G 发展将呈现以下趋势。

（1）5G 网络持续稳步、快速发展

2020 年，5G 成为我国"新基建"战略的重要内容，5G 网络作为"新基建"的关键，加快推进 5G 发展屡屡被提及。在"新基建"的带动下，我国 5G 网络飞速发展，并带动整个产业规模不断扩大，我国适度超前的 5G 网络建设策略效果已初步显现。工信部公开数据显示，截至 2020 年底，我国已建设超 70 万个 5G 基站，我国 5G 终端连接数已超 1.8 亿，同时，5G 网络的建设也为垂直行业融合应用的发展提供了坚实的基础，5G+智慧工厂、5G+智慧医疗、5G+智慧教育等融合应用层出不穷。可以预见，未来几年，具有 5G 特性的 toC 应用将呈现规模增长，toB 应用也将陆续成熟，并逐步落地商用，这都将对 5G 网络的覆盖以及性能提出更高的要求，本着公共基础设施适度超前的特点，5G 网络建设在未来三年仍将持续稳步、快速发展，且发展势头强劲。

（2）5G 垂直行业融合应用生态加速构建，并逐步落地商用

5G 网络的发展目标是实现"人与人""人与物""物与物"之间的信息智联。随着 2020 年 5G 网络的大力建设与发展，行业应用创新不断，5G 已开始赋能工业、交通、能源、医疗及经济社会等千行百业，从而推动生产生活方式的新一轮变革。2020 年，虽然 5G 信号覆盖了珠穆朗玛峰，实现了 5G 登上世界最高峰，5G 垂直行业融合应用也层出不穷，但不得不说，当前面向公众类客户的应用更多还集中在超高清视频传输、AR/VR 等方面，杀手级应用仍有待进一步探索，此外，面向行业的 5G 融合应用的商业模式也仍需进一步研究。因此，未来几

年，为了更为充分地发挥5G的价值，产业界必将加速构建5G行业生态，丰富并深化5G与垂直行业的融合应用，逐步推动5G在工业互联网、教育、医疗、智慧城市等规模落地商用。

（3）5G技术持续演进，满足垂直行业多样化的应用需求

随着5G"新基建"的不断完善，5G网络为各个领域提供了网络支持，垂直行业应用也对5G网络提出了更高的网络能力要求，需要5G技术持续演进，以保持技术产业支撑优势。

满足大上行需求——随着5G网络建设的不断完善，5G应用不断增多，高清监控等toB业务对上行速率需求更为强烈，但以当前3.5GHz频段、100MHz带宽为例，5G上行峰值速率仅为380Mbit/s，上行速率严重受限，亟须通过上行载波聚合、灵活帧结构配置、毫米波大带宽等5G增强技术提升上行业务速率，从而实现上行千兆网络能力，满足垂直行业大上行需求。

满足低时延需求——随着5G与垂直行业应用融合的开展，5G垂直业务应用特征，尤其是网络时延需求与网络能力要求差异化明显，因此网络时延的体验将成为影响运营商网络盈利能力的重要方面，需要通过引入uRLLC等技术为公众用户和行业用户的多样业务赋能，在满足低时延的同时，打造可分级、可管可控的极致网络能力。

满足室内大容量需求——随着5G网络的发展，室内业务今会呈现爆发式的增强，据预测，未来将有80%以上的业务发生在室内，室内容量需求也将进一步增加，而传统的扩容方式通过室内不同微站之间的小区分裂实现，在室内密集组网下会产生小区间的严重干扰，使得扩容效果大打折扣，影响室内容量演进，需要考虑分布式Massive MIMO或毫米波等5G增强技术，实现室内容量的弹性跃升，从而为toC用户带来更佳的业务体验，为toB行业提供更优质的网络。

（4）5G泛终端全面发展，成本更低

伴随着5G如火如荼的建设，5G终端的品类及形态也在逐渐丰富，GSA统计显示，截至2020年11月底，全球5G商用终端已达303款，其中包括205款智能手机、34款5G CPE、23款5G模组、16款5G移动热点，以及6款5G平板电脑。此外，无人机、头戴式显示器、机器人、电视、USB上网卡/调制解调器/适配器和自动售货机等更多5G终端类型也在陆续出现。随着5G模组向通用化、模块化发展，5G泛终端必将全面提速与发展。此外，信通院统计显示，2020年11月国内市场5G手机出货量已达2013.6万部，较年初增长了近3倍，5G终端的价格较年初也有了较大下降，未来几年，随着5G泛终端的全面发展与规模放量，必然带动5G终端的价格进一步下探。

（5）5G云网边端业融合深化

随着5G网络的不断完善，5G由面向公众个人用户，拓展到面向千行百业，5G赋能垂直行业数字化转型的不断深入，必然要求5G网络承载更多的垂直行业需求，云网融合将5G网络与云服务能力相结合，可以依托5G大宽带、低时延、广连接的接入能力，满足各个领域行业客户不同应用之间的灵活配置。云网融合是电信行业深度转型的大方向，与此同时，为满足垂直行业更加个性化、碎片化的需求，以及更高实时性的要求，边缘计算技术也不可或缺。因此，未来的5G网络必将深化云—网—边—端—业五位一体化融合，从而更好地兼顾toC和toB用户需求，实现从满足公众类消费服务到产业化赋能的提升，助力行业应用转型升级，加速传统行业数字化进程。

（6）5G共建共享将逐步形成示范

在"新基建"的助推下，5G网络作为网络强国、数字中国的重要组成部分，5G网络建设必将进一步加强和提速，再加上"提速降费"工作的持续深入，5G共建共享已成为提升运营商资产运营效率，更加集约高效地实现互利共赢的重要手段。5G网络共建共享必将进一步走向深入，甚至可能向更多的资源要素（如云资源）拓展，5G共建共享也必将形成示范及标杆，

从而向产业释放更多的红利,为数字经济发展贡献宝贵的方案,并向全球提供5G建设的"中国经验"和"中国方案"。当然随着共建共享的发展,精细化运营成为关键,这样就需要引入区块链等可信技术,保障良性可持续发展。

5.3 现代通信技术经典应用

5.3.1 高速的电影下载

有了5G技术后,凭借5G高速数据传输速度,下载一部几G的电影,将是几秒钟的事情,这将大大推动电影下载网站或者其他下载网站的发展,再也不会有人在线忍受卡顿看电影了。

5.3.2 车联网与自动驾驶

车联网技术经历了利用有线通信的路侧单元(道路提示牌)以及2G/3G/4G网络承载车载信息服务的阶段,正在依托高速移动的通信技术,逐步步入自动驾驶时代。根据中国、美国、日本等国家的汽车发展规划,依托传输速率更高、时延更低的5G网络,有5G技术加持后,可以在几十公里外控制一部汽车,虽然不能说利用无人驾驶技术将车从深圳开到北京,但是区域范围内的无人驾驶就会实现。

5.3.3 远程外科手术

2019年1月19日,中国一名外科医生利用5G技术实施了全球首例远程外科手术。这名医生在福建省利用5G网络,操控30mile(约合48km)以外一个偏远地区的机械臂进行手术。在进行的手术中,由于延时只有0.1s,外科医生用5G网络切除了一只实验动物的肝脏。5G技术在远程外科手术上的应用,将给专业外科医生为世界各地有需要的人实施手术带来很大希望。

5.3.4 智能电网和智慧家居

因电网高安全性要求与全覆盖的广度特性,依托5G技术,智能电网将在海量连接以及广覆盖的测量处理体系中,做到99.999%的高可靠度;超大数量末端设备的同时接入、小于20ms的超低时延,以及终端深度覆盖、信号平稳等是其可安全工作的基本要求。5G技术普及后,智慧家居将不只停留在指纹锁,声音锁,语音点歌一类的,基于大物联网的智慧家居将真正实现一些自动化功能,只要主人一进门,家居会立刻根据主人预定好的数据,自动开窗帘,调室内温度,湿度,开灯,备热水,电子宠物自动过来撒娇等。

本章小结　　本章首先介绍了现代通信技术的基本概念以及相关技术(提高速率技术、降低时延技术和提升覆盖技术)。然后介绍5G的三大类应用场景,分别是eMBB、uRLLC和mMTC,以及未来5G 6个方向的发展趋势。最后介绍了一些5G的经典应用场景。

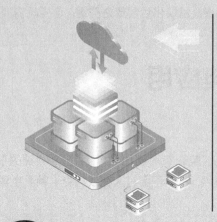

第6章 物联网

学习目的与要求

理解物联网的定义及相关技术
了解物联网存在的问题
了解物联网应用现状与发展趋势
了解物联网的经典应用

6.1 物联网概述

1998年春,"物联网"概念最早由英国工程师 Kevin Ashton 在宝洁公司的一次演讲中首次提出。为解决宝洁产品销售与供应的相关问题,Kevin Ashton 将 RFID 取代现在的商品条形码,实现供应链管理的透明化和自动化。此后,他与美国麻省理工学院的教授共同创立了一个 RFID 研究机构——自动识别中心(Auto-ID Center),主要研究真正的"物联网"。

1999年,中国提出来传感网,中科院启动了传感网的研究和开发。与其他国家相比,我国的技术研发水平处于世界前列,具有同发优势和重大影响力。

2005年11月17日,在突尼斯举行的信息社会世界峰会(WSIS)上,国际电信联盟(ITU)发布了《ITU 互联网报告 2005:物联网》,正式提出"物联网"的概念。报告指出,无所不在的"物联网"通信时代即将来临,世界上所有的物体从轮胎到牙刷、从房屋到纸巾都可以通过互联网主动进行数据交换。

6.1.1 物联网定义

物联网(IoT,Internet of things)即"万物相连的互联网",是互联网基础上的延伸和扩展的网络,将各种信息传感设备与网络结合起来而形成的一个巨大网络,实现在任何时间、任何地点,人、机、物的互联互通。

物联网是新型信息系统的代名词,它是三方面的组合:一是"物",即由传感器、射频识别器以及各种执行机构实现的数字信息空间与实际事物关联；二是"网"，即利用互联网将这些物和整个数字信息空间进行互联，以方便广泛的应用；三是应用，即以采集和互联作为基础，深入、广泛、自动化地采集大量信息，以实现更高智慧的应用和服务。

具体来说，物联网通过各种信息传感器、射频识别技术（RFID）、全球定位系统（GPS）、红外感应器、激光扫描器等设备和技术，对需要采集数据的对象进行实时监控、连接、互动，采集其声、光、热、电、力学、化学、生物、位置等各种需要的信息，通过各种可能的网络接入，实现物与物、物与人之间无所不在的联系，实现对物品和过程的智能化感知、识别和管理。物联网的范围如图 2-6-1 所示。

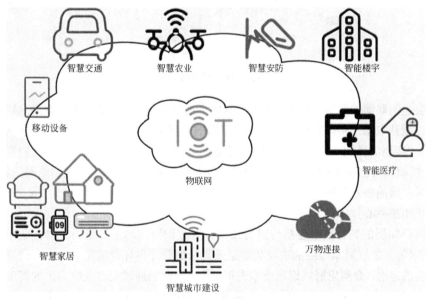

图 2-6-1　物联网的范围

物联网的特征可概括为全面感知、可靠传输和智能处理。全面感知——可以利用射频识别、二维码、智能传感器等感知设备感知获取物体的各类信息。可靠传输——通过对互联网、无线网络的融合，将物体的信息实时、准确地传送，以便信息交流、分享。智能处理——使用各种智能技术，对感知和传送到的数据、信息进行分析处理，实现监测与控制的智能化。

物联网类型有四种，分别是私有物联网（Private IOT）、公有物联网（Public IOT）、社区物联网（Community IOT）、混合物联网（Hybrid IOT）。

私有物联网：一般表示单一机构内部提供的服务，多数用于机构内部的内网中，少数用于机构外部。

公有物联网：是基于互联网向公众或大型用户群体提供服务的一种物联网。

社区物联网：可向一个关联的"社区"或机构群体提供服务，如公安局、交通局、环保局、城管局等。

混合物联网：是上述两种以上物联网的组合，但后台有统一的运营维护实体。

6.1.2　物联网相关技术

类似于仿生学，让每件物品都具有"感知能力"，就像人有味觉、嗅觉、听觉一样，物联网模仿的便是人类的思维能力和执行能力。而这些功能的实现都需要通过感知、网络和应用方面的多项技术，才能实现物联网的拟人化。所以物联网的基本体系架构可分为感知层、网络层和应用层三大层次。物联网的体系架构如图 2-6-2 所示。

图 2-6-2　物联网的体系架构

感知层是物联网的底层，但它是实现物联网全面感知的核心能力，主要解决生物世界和物理世界的数据获取和连接问题；传感器是物联网的"感觉器官"，网络层则是物联网传输信息的"神经"，实现信息的可靠传送；应用层是提供丰富的基于物联网的应用，是物联网和用户（包括人、组织和其他系统）的接口，这个接口主要与行业需求结合，实现物联网的智能应用，也是物联网发展的根本目标。

（1）感知层核心技术

物联网感知层的关键技术包括传感器技术、射频识别技术、二维码技术、蓝牙技术以及ZigBee 技术等。物联网感知层的主要功能是采集和捕获外界环境或物品的状态信息，在采集和捕获相应信息时，会利用射频识别技术先识别物品，然后通过安装在物品上的高度集成化微型传感器来感知物品所处环境信息以及物品本身状态信息等，实现对物品的实时监控和自动管理。而这种功能得以实现，离不开各种技术的协调合作。

（2）网络层核心技术

如果说感知层是物联网的"感觉器官"，那么网络层就是物联网的"大脑"。物联网网络层中存在着各种"神经中枢"，用于信息的传输、处理以及利用等。通信网络、信息中心、融合网络、网络管理中心等共同构成了物联网的网络层。物联网网络层具有多种关键性技术，比如互联网、移动通信网以及无线传感器网络。

（3）应用层核心技术

物联网应用层是最终的目的层级，利用该层的相关技术可以为广大用户提供良好的物联网业务体验，让人们真正感受到物联网对人类生活的巨大影响。物联网应用层的主要功能是处理网络层传来的海量信息，并利用这些信息为用户提供相关的服务。其中，合理利用以及高效处理相关信息是急需解决的物联网问题，而为了解决这一技术难题，物联网应用层需要利用中间件、M2M 等技术。

6.1.3　物联网存在的问题

（1）缺乏物联网安全标准

物联网生态系统中每项设备都可成为不法分子进行网络攻击的潜在点，这势必会造成巨大的安全漏洞。如何保护端点的安全性，如何保障端点与端点之间的安全，需要全球有一个统一的物联网安全标准。

（2）缺乏物联网通信标准

目前物联网之间的壁垒还未被打破，全球存在大量的物联网通信协议，物联网生态链并未完全形成，当物联网设备和应用程序并不能够有效沟通时，那所有的信息只会成为一座信息孤岛。只有全球统一了物联网通信标准，这才能发挥物联网的潜力。

（3）缺乏物联网监管机制

在物联网的世界里，通过传感器等相关感应层获取大量数据，在对数据进行整合和处理的过程中，没有相关部门或者法律条例进行监管，物联网在带给我们众多便利的同时，亦在暴露我们的隐私，所以制定相关的监管机制、提高监管效能，是物联网行业未来发展必须跨越的鸿沟。

6.2 物联网应用现状与发展趋势

6.2.1 物联网应用现状

（1）物联网在国外应用现状

2008年至今，全球各个国家斥巨资加入物联网探索的热潮中，无论是奥巴马与IBM的CEO提出的"智慧地球"，还是欧盟委员会提出的《欧盟物联网行动计划》（Internet of Things-An action plan for Europe），还是日本提出的"e-Japan""u-Japan""i-Japan"三级跳，还是韩国提出的u-Korea战略，还是新加坡的"智慧国2015"到"智慧国家2025"计划，无一不彰显出"物联网"被称为是下一个万亿美元级的信息技术产业。

（2）物联网在国内应用现状

早在1999年，我国就启动了传感网的研究和开发，我国物联网发展经历了从"感知社会论"理论技术驱动，到"感知中国"产业发展战略提出，再到国际物联网顶层架构等标准引领的发展之路。目前，我国已形成较为完整的物联网产业链，但随着物联网全球化竞争的日趋激烈，后面的每一步发展也都考验着中国物联网产业界的智慧和实力。物联网在国内的发展历程如图2-6-3所示。

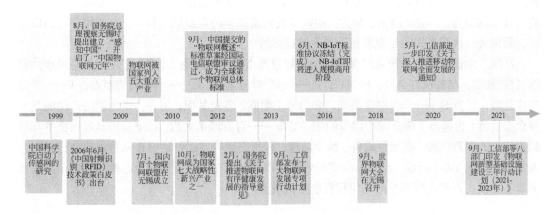

图2-6-3　物联网在国内的发展历程

6.2.2 物联网发展趋势

(1) 个人物联网发展趋势

个人物联网发展趋势主要是以个人用户为中心，充分满足了新时代"以人为本，以人为物联中心"的核心诉求，通过智能可穿戴设备、手机、平板或者移动医疗健康产品等其他个人智能产品进行标识并识别相应的属性，根据其移动性强、与己便利的特性，再通过移动互联网进行信息处理，最终满足个人用户的高品质、便捷化生活需求的智能服务系统。无论是从早上起床到晚上归家的全路程还是室内室外全场景的覆盖，时刻满足个人对智慧生活的需求，提高了个人生活品质。

(2) 商业物联网发展趋势

与个人物联网不同，商业物联网主要是建立商户经营者和最终消费者之间的桥梁，主要聚焦于商品和服务销售环节，以零售业、餐饮业、本地生活服务业三大场景为主，从商业内部管理到业务实现线上再到 O2O 商业模式，最终实现场景覆盖，充分满足顾客的消费体验感，有效提升经营者决策效率，最终实现精准匹配的智能化服务。特别显著的趋势，基于物联网基础设施的不断升级，移动支付模式的不断发展，互联网商家智能化升级，带动经济高质量的发展，从而进一步促进商业物联网的发展。

6.3 物联网经典应用

在物联网技术不断发展的进程中，我们的生活也逐渐有了物联网的痕迹，下面将从 9 大功能领域展示物联网对我们生活的改变。

6.3.1 智慧城市

智慧城市逐渐运用在城市管理的各个方面，是构建城市综合运行体系的首选方案，围绕着民生服务、产业经济、生态宜居等方面，有效提升人们幸福满意度，为城市高效运行提供了保障。早期以政府独资的模式开展，将各个领域的数据资源协作共享，主要解决政府及各事业单位在服务群众过程中遇到的棘手问题，特别是民政、医疗、教育等问题；随着智慧城市的逐渐推广，突显出智慧城市建设的专业性强、专业跨度大、运用范围广等特点，智慧城市的建设需要新技术的助力，平安、腾讯、华为、中兴以及阿里这样的企业加入其中，为城市管理的服务者、管理者、决策者提供专业意见及专业的技术服务支撑。

汇聚了中国高新技术产业的深圳成为了智慧城市建设的领跑者，成为了中国智慧城市建设的"样板间"，其解决方案为"PATH"，P——平安对应全面，A——阿里对应商业，T——腾讯对应连接，以及 H——华为对应基础，它们分工明确、各司其职；另外，作为家喻户晓的互联网企业百度，也提出了智慧城市建设的相关方案——百度城市大脑，百度运用其底层技术与基础设施上的深厚沉淀，在智慧政务、城市治理、智慧交通等方面带动城市从智能化向智慧化方向前进，如图 2-6-4 所示。当然，所谓的智慧城市关键是在各路巨头涉足后能够给城市居民留下真正惠民、真正优化的生活环境和智能生活设施。

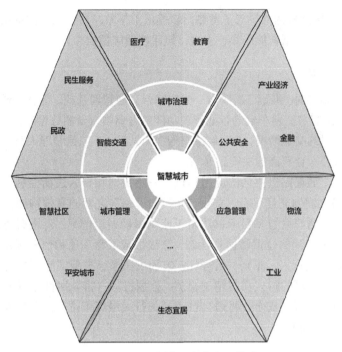

图 2-6-4　百度城市大脑应用范畴

6.3.2　智慧医疗

智慧医疗是实现医疗过程高效化、智能化的关键途径，有效打通患者、医务人员、各类医疗设备之间的壁垒。构建智慧医疗体系主要是搭建高性能网络基础平台，为医疗应急指挥及救治提供及时决策和帮助；整合医疗数据资源提供更好的医疗服务，让群众在看病的过程中更加放心；通过网络技术获取更为权威、科学的医疗诊断，减轻医疗工作者的工作压力。同时，构建了由医疗研究人员、药物供应方、保险公司等多方组成的数字医疗生态圈。智慧医疗应用范畴如图 2-6-5 所示。

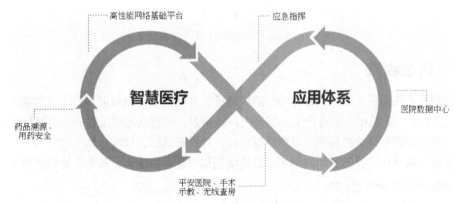

图 2-6-5　智慧医疗应用范畴

2020 年 1 月 16 日，苏州市卫生健康委主办了苏州市智慧健康生态圈研讨会，面向全市居民发布了三个项目——苏州市发热门诊监测预警云平台、苏州市医疗影像云平台及居民电子健康档案。在新冠疫情暴发初期就展示了其智慧的一面，发热门诊监测预警云平台覆盖苏州全市 60 余家发热门诊医疗机构，设立了发热门诊登记工作站，与医院内信息系统及相关设备对接，实现发热门诊患者数据智能采集、上报，筑起疫情防控信息化第一关。

6.3.3 智慧交通

智慧交通实现集实时、准确、高效为一体的综合交通管理系统。智慧交通体系主要围绕着以下三个方面，一是智慧交通车辆的智能行驶功能成为驾驶人员的好帮手；二是道路的智能功能可获取并分析实时的交通情况，及时解决交通痛点及难点；三是管理人员可以提供更有效的服务、更科学的管理、更严谨的决策。

在目前，智慧交通最贴近生活的应用莫过于车路协同和行人过街控制。车路协同简单来说就是建立车和路之间的交互平台，实现"车"与"路"之间的有效沟通，主要实施方式是以信号优先控制，在路口设置多目标雷达用于监测车辆到达情况，再根据道路两侧的通信设备连续感知特殊标记车辆的位置和信号状态，在线生成推荐车速和信号调整方案；而行人过街控制是实时协调过路行人、车辆、信号灯三方面的关系，主要实施方式是基于视频和红外热成像对等候区、过街区的行人实现精确检测，根据机动车排队时间与行人等候时间实现均衡放行；同时，为保证行人安全，将适当自动延长行人绿灯相位，保证行人过街安全。智慧交通应用范畴如图 2-6-6 所示。

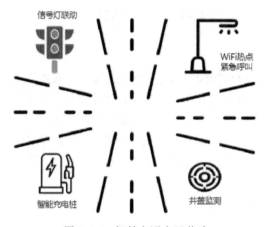

图 2-6-6　智慧交通应用范畴

6.3.4 智慧物流

智慧物流系统提供一站式物流平台，解决高货运吞吐量下的物流问题，运用物联网相关技术，建立供应商、物流中心、客户工厂三者之间的联系。在物流运输过程中，提供全程实时跟踪管理，提供智能配送货物服务；布局智慧仓储，有效降低物流成本，提高物流效率；建设物流基础设施，构建互联互通的物流网络；最终实现信息化、智能化、网络化的物流体系。智慧物流应用范畴如图 2-6-7 所示。

2021 年 9 月 16 日，菜鸟宣布与韩国跨境化妆品平台跨洋易选（Beauty Net Global）达成合作，菜鸟提供一个套完整的物流全链路服务，主要是建立海外仓用于存放物资、增加航空干线用于运输物资、对入境后的物资进行急速清关和完成国内物流配送，让韩国进口商品最快将在三天内抵达国内用户的手里；11 月 8 日，箱式仓储机器人首创者与领航者海柔创新与乔丹@体育、中国移动泉州分公司在福建晋江举办"5G 智慧物流项目"签约仪式，宣布三方将建立长期战略合作伙伴关系，共同为"5G 智能制造、智慧仓储物流"建设贡献力量，争创智能制造、数字化改造的新标杆和新典范。

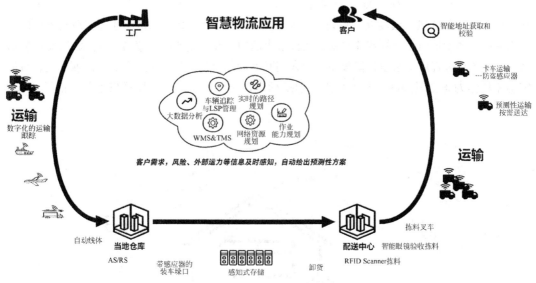

图 2-6-7 智慧物流应用范畴

6.3.5 智慧校园

智慧校园是以物联网技术为基础的智慧化的校园工作、学习和生活一体化环境，主要围绕着智慧课堂、智慧学习、智慧教学、智慧办公等板块进行打造。面对庞大的学生群体、有限的校园资源，智慧校园将其有效整合，提高学生的体验感、减少老师的管理难度、强化管理层的决策，让学校的管理和服务实现智慧化。智慧校园应用范畴如图 2-6-8 所示。

为实现教育教学改革的目标，引入新型教学设施，满足智慧教学的需求，北京科技大学成功地构建了一个能够满足一室多用的现代化教室教学环境，采用物联网、移动互联、人脸识别、高科技纳米、自动跟踪、语音激励、无线控制、高清音视频技术等新技术，不同应用之间通过基于触摸 APP 简单的操作即

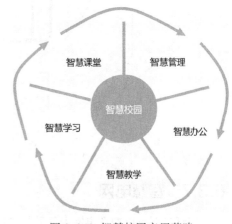

图 2-6-8 智慧校园应用范畴

可实现切换，真正做到将"物理空间+资源空间+交互应用空间"于一体，构建了全新的现代化教室教学环境，全面提升了教学效率和教育质量。

6.3.6 智慧家居

智慧家居是以住宅为基础，利用物联网相关技术，服务于我们的日常生活。市场分析公司 IDC 的数据显示，2021 中国智能家居设备市场出货量为 2.3 亿台，同比增长 14.6%。预计未来五年中国智能家居设备市场出货量将以 21.4%的复合增长率持续增长，2025 年市场出货量将接近 5.4 亿台，全屋智能解决方案在消费市场的推广将成为市场增长的重要动力之一。

第 6 章　物联网

在智能家居行业中，华为和小米在智能家居领域展开的较量备受瞩目。小米作为第一批入驻智能家居行业的企业，这些年衍生出云米、绿米等家居生态链；而华为于 2022 年 3 月 16 日推出了新一代"1+2+N"（即 1 智能主机、2 核心方案、N 子系统）全屋智能解决方案，站在全屋智能时代的风口浪尖处，华为充分展示其高超的"技术流"，试图通过打造基于鸿蒙的技术底座，联动不同品牌的智能终端。在日常生活中，人们无暇顾及家务，智能家居设备能够帮上不少忙；远程启动家里智能设备，让人们回家即能享受舒适环境；长、短时期出门，智能安防系统作为第三只眼睛，监测家里各项指标是否出现异常。智慧家居应用范畴如图 2-6-9 所示。

图 2-6-9　智慧家居应用范畴

6.3.7　智慧电网

智慧电网是以物理电网为基础将物联网技术融入其中，形成新型的智慧电网。无论是发电环节、输配电环节还是终端使用环节，皆可运用物联网技术，解决信息采集方式单一、状态更新滞后等问题，同时收集分析电力需求，再进行电力资源优化配置，实现安全、可靠、环保的电力供应服务，服务国家能源战略升级。

自 2019 年 10 月以来，青岛供电公司先后在青岛古镇口、金家岭、奥帆中心以及青岛供电公司调度大楼 4 大示范区建设 5G 站点 29 个，部署电力专用边缘计算设备 2 套，建成了目前国内规模最大的 5G 智能电网实验网。目前，青岛供电公司打造的 5G 智能电网先行示范区推出一系列创新成果，成果聚焦智能分布式配电、电力切片和安全隔离、变电站作业监护及配网态势感知等专题，并开拓最佳应用实践。智慧电网应用范畴如图 2-6-10 所示。

图 2-6-10 智慧电网应用范畴

6.3.8 智慧工业

智慧工业提供一个完整的供应链体系,主要运用在工业原料采购、工业生产、设施设备运行管理、产品存储、产品销售等领域,在实现工业行业自动化方面属于先驱者,但是各个系统间存在高内聚、低耦合状态,导致制造行业内协同性不高,智慧工业将结合先进物联网等技术,打通"最后一公里",实现更加智能化。智慧工业应用范畴如图 2-6-11 所示。

图 2-6-11 智慧工业应用范畴

在 2021 重庆市大数据智能化智慧应用精选案例发布会上，华森制药第五期新建 GMP 生产基地为实现其生产过程自动化和产品数字化，打造了全自动智能中药提取生产线和现代化仓储物流中心及相关的智能系统，竭力实现全程溯源，保障患者安心用药，该项目荣获"2021 重庆十大智慧健康应用精选案例"；同时在发布会，上涪陵制药厂公开展示了太极医药城 A 区口服液体制剂数字化生产车间所采用的华为数字孪生技术，将物联网技术融入生产系统中，实现了传统中药数字化转型，此项技术也使涪陵制药厂为"智能工厂"标杆。

6.3.9 智慧农业

智慧农业是将物联网技术与传统农业相融合，打造智能化的农业生态系统。面对传统农业环境恶劣、从业人员农技知识匮乏、农产品销售渠道单一等系列问题，智慧农业能够科学地指导农业生产经营管理、精准化、科学化、智能化决策监管和社会公众服务，实现农业发展宏观调控。智慧农业应用范畴如图 2-6-12 所示。

例如，新疆的采棉产业因国外企业长期垄断，让价格居高不下，后将智能控制系统用于采棉机的改造，实现了一体化操作流程，采棉效率得到了大大地提高，同时，让棉花产业链实现了高质量发展；2020 年，因疫情影响，广西崇左 400 万亩甘蔗一度无人砍收，为解决当地难题，引入了改装后的智能化甘蔗收割机，成功运用机器完成了收割工作；同年，烟台移动打造了"5G 智慧农场"，该农场实现了实时监测环境的温湿度、光照强度、远程控制设备的风机、臭氧、诱虫灯等应用场景的全自动调控。

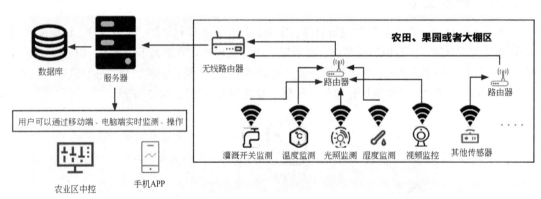

图 2-6-12　智慧农业应用范畴

本章小结

本章从物联网概述、应用现状与发展趋势和经典应用三大方面进行了介绍。其中物联网概述详细地阐述了物联网的定义、特征、分类、体系架构、核心技术以及影响；物联网应用现状与发展趋势着重阐述了物联网在国内外的应用现状；经典应用中阐述了当前社会中比较典型的应用案例。

第 7 章 虚拟现实

学习目的与要求

理解虚拟现实的定义、相关技术及应用开发引擎
了解虚拟现实应用现状与发展趋势
了解虚拟现实的经典应用

7.1 虚拟现实概述

7.1.1 虚拟现实定义

虚拟现实是一种可创建和体验虚拟世界的计算机仿真系统,其利用高性能计算机生成一种模拟环境,是一种多源信息融合的、交互式的三维动态视景和实体行为的系统仿真。虚拟现实具有浸沉感、交互性和构想性三大特点,已广泛应用于娱乐、教育、设计、医学、军事等多个领域。

虚拟现实有时也被称为虚拟环境,是利用计算机设备模拟产生一个三维空间的虚拟世界。能给用户提供关于视觉、听觉、触觉感官的模拟,让用户仿佛身临其境。虚拟现实技术集成了计算机图形、计算机仿真、人工智能、人机交互等技术,是一种由计算机技术辅助生成的高技术模拟系统。

7.1.2 虚拟现实相关技术

(1) 计算机图形学

计算机图形学要解决的是如何在计算机中表示三维几何图形,以及如何利用计算机进行图形的生成、处理和显示的相关原理与算法,产生令人赏心悦目的真实感图像,其核心目标在于创建有效的视觉交流。广义的计算机图形学的研究内容包含图形硬件、图形标准、图形交互技术、光栅图形生成算法、曲线曲面造型、实体造型、真实感图形计算与显示算法,以及科学计算可视化、计算机动画、自然景物仿真、虚拟现实等。

(2) 三维建模技术

在虚拟现实中常用到的三维建模技术，主要指的是环境建模技术。通过环境建模技术，营造如同真实的虚拟环境是虚拟现实的核心内容。如果要建立虚拟的环境，首先就要建模，获取实际三维环境的三维数据，然后在建模的基础上根据应用的需要，进行实时绘制、立体显示，形成虚拟世界，建立相应的虚拟环境模型。

(3) 交互技术

因虚拟现实中的人机交互远远超出了仅仅使用键盘和鼠标进行交互的传统模式，所以三维交互技术也是虚拟现实研究中的重要方向。现在，利用数字头盔、数字手套、可交互穿戴设备等复杂的传感器设备，实现语音识别、语音输入、人机交互，已成为重要的虚拟现实人机交互手段。

(4) 立体声合成与立体显示技术

由于我们听到的声音到达两只耳朵的时间和距离有所不同，我们需要靠声音的相位差以及强度的差别来确定声音的方向。目前，消除声音的方向与用户头部运动的相关性，同时在复杂的场景中实时生成立体图形，是各虚拟现实研究者们的重点研究方向。

(5) 系统集成技术

所谓系统集成，就是通过结构化的综合布线系统和计算机网络技术，将各个分离的设备(如个人电脑)、功能和信息等集成到相互关联的、统一和协调的系统之中，使资源达到充分共享，实现集中、高效、便利的管理。由于虚拟现实系统中需要大量的信息，包括大量的感知信息和模型，因此系统的集成技术起着重要作用。集成技术包括信息同步、模型标定、数据转换、识别和合成等技术等。

7.1.3 虚拟现实应用开发引擎

目前，市面上的虚拟现实引擎较多，本节重点介绍 Virtools、VR-Platform、Unity 3D、Unreal Engine 4。

(1) Virtools

Virtools 由法国达索集团（Dassault Systemes）出品，是一套具备丰富互动行为模块的实时 3D 环境编辑软件，可以将现有常用的 3D 模型、2D 图形或音效等组合在一起，这使得用户能够快速地熟悉各种功能。Virtools 可制作具有沉浸性的虚拟环境，它让参与者生成诸如视觉、听觉、触觉、味觉等各种感官信息，给参与者一种身临其境的感觉。目前，Virtools 在 5.0 版本后已停止更新，并已关闭在中国的网站。Virtools 的图形界面如图 2-7-1 所示。

(2) VR-Platform

VR-Platform 是由中视典数字科技有限公司独立开发的具有完全自主知识产权的，直接面向三维美工的一款虚拟现实软件。其所有的操作都是以美工可以理解的方式进行，不需要程序员参与，具有适用性强、操作简单、功能强大、高度可视化、所见即所得等特点。不需要操作者有良好的 3DMAX 建模和渲染基础，只要对 VR-Platform 平台稍加学习和研究就可以很快制作出自己的虚拟现实场景。VR-Platform 可以应用于城市规划、室内设计、工业仿真、古迹复原、桥梁道路设计、房地产销售、旅游教学、水利电力、地质灾害等众多领域，为用户提供切实可行、交互良好的解决方案。该软件的 VRP11.0 免费版可供广大学习者、爱好者免费下载使用。VR-Platform 的产品体系如图 2-7-2 所示。

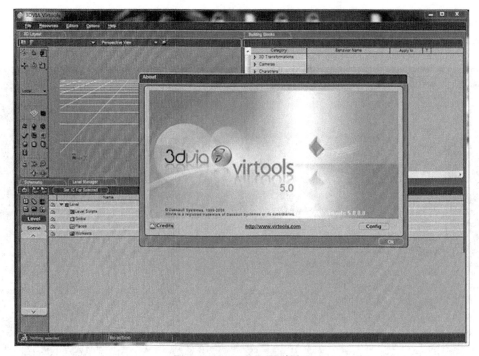

图 2-7-1 Virtools 图形界面

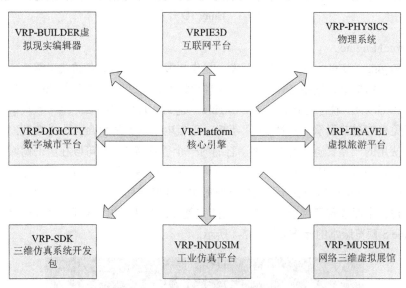

图 2-7-2 VR-Platform 产品体系

(3) Unity 3D

Unity 3D 也称 Unity，是由 Unity Technologies 公司推出的一个让美术、建筑、汽车设计、影视在内的创作者，轻松创建诸如三维视频游戏、建筑可视化、实时三维动画等互动内容类型的多平台综合型游戏开发工具。支持的平台包括手机、平板电脑、PC、虚拟现实设备，使开发者能够为超过 20 个平台创作内容，极具灵活性，这也是它最大的优点。用户可以将其运行在 Windows 和 MacOS X 下，也可发布游戏至 Windows、Mac、Wii、iPhone、WebGL 和 Android 平台。自 2004 年问世以来，Unity 版本已更新至 Unity 2021。在使用 Unity 3D 进行开发时，可以创建项目、导入资源、创建地形、添加树木、花草、雾、灯光、水面、音频等内容，快速设置一个优美的自然环境。Unity 3D 的开发界面如图 2-7-3 所示。

图 2-7-3 Unity 3D 开发界面

（4）Unreal Engine

Unreal Engine 由 Epic Games 公司开发，是世界授权最广的知名游戏引擎之一。其虚幻技术研究中心在上海成立，该中心由 GA 国际游戏教育与虚幻引擎开发商 EPIC 的中国子公司 EPIC GAMES CHINA 联合设立。Unreal Engine 4 是第 4 代虚幻引擎，是一款代码开源、商业收费、学习免费的游戏引擎，支持 PC、手机、平板电脑等各种平台，由游戏开发者制作并供游戏开发者使用的一整套游戏开发工具。它的另一个重要特性是，可以在虚幻商城上寻找或购买所需的资源如动画、材质、声音效果等，也可以亲自创建，甚至将自己的作品上传到商城中获取收益。目前，Unreal Engine 5 已推出预览版本，此发行版本基于上一个抢先体验版中所公开的功能构建，全面改善了性能、质量和功能完整性，为用户发布可用于生产的版本做准备。Unreal Engine 5 预览版本的标志如图 2-7-4 所示。

图 2-7-4 Unreal Engine5 预览版标志

7.2 虚拟现实应用现状与发展趋势

7.2.1 虚拟现实应用现状

美国 VPL 公司的创建人之一 Jaron Lanier 在 20 世纪 80 年代初提出了"Virtual Reality"一词，简称 VR，中文译为"虚拟现实"或"灵境"。此后随着 VR 技术的发展，和 VR 相关的设备早已出现，但其并没有真正走进大众、媒体的视线。1996 年 10 月，世界上第一个虚拟现实技术博览会在伦敦开幕。全世界的人们可以通过互联网参观这个没有场地、人员、真实产品的虚拟博览会。2012 年 8 月，Oculus Rift 项目登陆 Kickstarter 进行众筹，筹资近 250 万美元，首轮融资达到 1600 万美元。至此，虚拟现实技术开始逐渐进入大众视线。

2014 年 3 月，Facebook 宣布以约 20 亿美元的总价收购沉浸式虚拟现实技术公司 Oculus VR，于 2014 年第二季度中完成交易，这在行业中引起强烈影响，我国知名企业如百度、阿里巴巴、腾讯等开始进军 VR 产业。2016 年，VR 市场规模呈现爆发式增长，因此，2016 年也被称为 VR 元年。此时，百度公司上线了百度 VR 网，新浪上线了 VR 频道，各大主流媒体也开始开设 VR 栏目，一些企业开始研发虚拟现实设备，如数据手套、虚拟现实编辑器等。2016 年 7 月，HTC 公司和 Valve 公司推出了体验效果优秀的 HTC VIVE 虚拟现实产品（虚拟现实头戴式显示器）。

2018 年底，工业和信息化部发布了《关于加快推进虚拟现实产业发展的指导意见》，从政策引领上给虚拟现实的长足发展带来保证。国内的企业相继推出虚拟现实的高端整机产品，主要有大朋、小鸟看看、小派、联想、创维、vivo、华为、小米等企业。他们分别依托企业自身在企业服务、家庭影音、智能终端、移动通信等方面的优势，进行虚拟现实相关开发。

2021 年，以虚拟现实技术为核心的"Metaverse（元宇宙）"概念热度高涨，Facebook、微软、英伟达、高通、腾讯、字节跳动、华为等国内外大型企业持续发力虚拟现实产业。微软 2021 年上半年获 219 亿美元 AR 设备订单，将提供至少 12 万套军用增强现实设备。英伟达创建了 Omniverse 虚拟工作平台，已有 17000 个用户体验版在建筑、娱乐、游戏等领域实现应用。罗布乐思（Roblox）、Epic 等美国游戏公司也加大了对元宇宙业务的资金投入。（来源：中国电子信息产业发展研究院）

7.2.2 虚拟现实发展趋势

虚拟现实技术集成了计算机、传感器、显示、声音合成等多方面的内容，所涉及的产品也有硬件、软件资源。未来，虚拟现实技术发展趋势主要有如下几点。

(1) 行业标准化

目前，我国构建了一个虚拟现实领域综合标准化的标准体系，也制定了《加快推进虚拟现实产业发展》的指导意见，同时发布了虚拟现实白皮书。在现行的标准体系里，涵盖几个主要内容，包括 VR 领域相关的基础通用标准、内容制作标准、产品规范、接口协议、健康和舒适度评价、分发平台安全与监管，以及行业应用标准。未来，VR 技术持续发展，行业标准将逐步推出，对产品标准、分辨率、舒适度等多方面进行规范。

(2) 硬件轻薄化

虚拟现实设备的显示分辨率、帧率、自由度、延时、交互性能、重量、眩晕感等因素是用户衡量产品的主要性能指标。随着虚拟现实产业链上各项技术的发展，虚拟现实设备也在各项指标上日趋优化，更向轻薄化发展，为用户提供更加低能耗，高效率的移动使用体验。2021年，小米发布了单目光波导 AR 智能眼镜探索版，通过 Micro LED 光波导显像技术，可以实现信息显示、通话、导航、拍照、翻译等全部功能，整机重量只有 51g。

（3）终端移动化

虚拟现实内容占用空间较大，这对数据的实时传送带来难题。所以目前主流的 VR 设备大都通过数据线将头显和主机相连，从一定程度上限制了用户的行动，缩小了 VR 设备使用的范围和场景。但随着 5G 技术的不断突破，无线 VR 设备将逐渐登上舞台，成为主流，使得用户在不同类型的虚拟环境中交互更加自然。5G 的百兆带宽、超低时延、超强移动的特性可以确保用户在沉浸体验、人际交互时有良好体验。

（4）应用产业化

虚拟现实在应用之初，大都是落脚于创新应用。发展至今，VR/AR 技术已在舞台艺术、体育智慧观赛、新文化弘扬、教育、医疗等领域开始普遍应用。未来，这样的局面将会更加广大，实现应用产业化。例如，"5G+AR"助力工业制造提质增效，海尔联合中国移动、华为建设智能+5G 互联工厂，实现 5G 网络下的 AR 异地远程作业指导，能提升生产效率、降低制造成本、优化产能指标。融合 AR（增强现实）、LBS（基于位置服务）技术的应用，将会成为市场亮点。2016 年风靡一时的 Pokemon Go 游戏，就是结合 AR 和 LBS 技术，实现从平面转换到立体，将现实和虚拟环境统一。

7.3 虚拟现实经典应用

虚拟现实在航空航天、汽车展示、艺术设计、旅游规划、能源、工业虚拟装配等各领域场景均有使用，本节主要介绍如下几种场景。

7.3.1 VR 娱乐

将 VR 技术应用在娱乐中，主要有 VR 游戏和 VR 直播。目前较为流行的 VR 游戏有《绝地求生》和《亚利桑那阳光》。VR 直播是虚拟现实与直播的结合，与传统电视观看相比，VR 直播最大区别是让观众如同身临其境来到现场，实时全方位体验。

7.3.2 VR 样板房、楼盘

利用 VR 技术，将还未装修好、未建设好的样板房和楼盘进行虚拟装修，让用户能提前观看某一楼房完善的装修效果，吸引客户购房置业。销售人员可给看房、买房客户讲解的同时，提供客户真实的入住体验，了解周边环境，更直观展示设计效果。

7.3.3 VR 实验室、教室、课件

目前，有较多学校建立了虚拟现实实验室、教室，以及虚拟现实课件。利用虚拟现实实验室开展相关课程和课题的研究，满足教学、研究需要。利用虚拟教室，将课程内容与教学情境相融合，使抽象概念情境化，提供教学互动，为学习者提供高度仿真的虚拟互动学习场景。例如汽车零件拆装这样的课程，利用虚拟现实技术让学生能看到汽车内部每一个角落，加深学习印象。

7.3.4 VR 辅助治疗

VRPhysio 公司推出了一款 VR 理疗复健产品，可以把虚拟现实和物理治疗结合起来，帮助患者在家里完成恢复性训练，通过虚拟现实游戏来加速康复过程并预防损伤。该产品主要有：一个头部显示、移动应用、重量传感器和身体传感器。其主要工作原理是通过传感器检测身体运动，再把检测到的数据信息传送到电脑，通过虚拟现实技术将合成后的影响显示在头部显示器上。这样，患者在复健的同时，系统也对患者的动作进行测量和反馈，从而明确恢复情况。

本章小结

本章首先介绍了虚拟现实的基本概念与定义、发展历程和虚拟现实相关技术。然后重点介绍了常用的虚拟现实开发引擎，虚拟现实应用现状和发展趋势，以及虚拟现实在娱乐、商业、教学、医疗等几个行业的典型应用。利用 VR 技术实现虚拟现实能给人带来身临其境的感觉，能和虚拟环境进行实时交互，这让虚拟现实技术不仅仅能应用于如航天、军事这样的尖端特殊领域，还能应用在教育、医疗、娱乐、工业等方面。

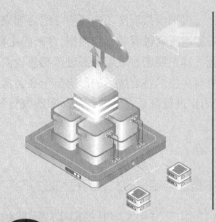

第 8 章 区块链

学习目的与要求

理解区块链的定义及相关技术
了解区块链存在的问题
了解区块链应用现状与发展趋势
了解区块链的经典应用

8.1 区块链概述

8.1.1 区块链定义

区块链起源于比特币，2008 年 11 月 1 日，一位自称中本聪（Satoshi Nakamoto）的人发表了《比特币：一种点对点的电子现金系统》一文，阐述了基于 P2P 网络技术、加密技术、时间戳技术、区块链技术等的电子现金系统的构架理念，这标志着比特币的诞生。

2013 年年末，俄罗斯 19 岁的维塔利克·布特林（Vitalik Buterin）发布了以太坊初版白皮书，作为以太坊的创始人启动了以太坊项目；2014 年 7 月 24 日起，以太坊进行了为期 42 天的以太币预售；2016 年初，以太坊的技术得到市场认可，价格开始暴涨，吸引了大量开发者以外的人进入以太坊的世界。

比特币和以太坊都是成功的区块链技术应用，也是最典型的代表。有了比特币才有了区块链技术，有了以太坊人们才认识到区块链还可以独立处理，不仅仅是比特币才有区块链技术，也是以太坊为后面开启了区块链世界的思路和思想。

区块链是一个分布式账本，是一种将数据区块以时间顺序相连的方式组合成的、并以密码学方式保证不可篡改和不可伪造的分布式数据库，同时也是通过"去中心化""去信任"的方式集体维护一个可靠数据库的技术方案，从而实现对价值的编程以及点对点的安全和有效传输。

根据区块链的定义，我们对其特征进行剖析，大致归纳为以下六点。

一是去中心化。区块链本质上是分布式数据库，因此区块链上的数据发送、验证、存储等均基于分布式系统机构，依靠算法和程序来建立可信任的机制，而非第三方机构。任意节点的权利和义务都是均等的，交易双方可以自证并直接交易，不需要依赖第三方机构的信用背书。同时，任何一个节点的损坏或者退出都不会影响整个系统的运行。去中心化是区块链最突出最本质的特征。

二是透明性。区块链技术基础是开源的，除了交易各方的私有信息被加密外，区块链的数据对所有人开放，任何人都可以通过公开的接口查询区块链数据和开发相关应用，因此整个系统信息高度透明。

三是自治性。区块链是基于协商一致的规范和协议（类似比特币采用的哈希算法等各种数学算法），整个区块链系统不依赖其他第三方，所有节点能够在系统内自动安全地验证、交换数据，不需要任何人为的干预。

四是信息不可篡改性。经过验证的信息上传至区块链后就会被系统永久存储下来，并得到所有参与节点的集体维护。除非能够同时控制系统中超过 51% 的节点，否则单个节点上对数据库的修改是无效的，因此区块链的数据稳定性和可靠性极高。

五是可追溯性。溯源是指追踪记录有形商品或无形信息的流转链条。在区块链上，每一个区块都会被加盖时间戳。时间戳既标识了每个区块链独一无二的身份，也让区块实现了有序排列，为信息溯源找到了很好的路径。

六是匿名性。除非有法律规范要求，单从技术上来讲，节点与节点之间是去信任的，因此各区块节点的身份信息不需要公开或验证，信息传递可以匿名进行。

根据网络范围、开放程度的不同，将区块链分为公有区块链（Public Block Chains）、私有区块链（Private Block Chains）、联盟区块链（Consortium Block Chains）三种类型。

一是公有区块链（Public Block Chains）。公有区块链是指：世界上任何个体或者团体都可以发送交易，且交易能够获得该区块链的有效确认，任何人都可以参与其共识过程。公有区块链是最早的区块链，也是应用最广泛的区块链，各大 bitcoins 系列的虚拟数字货币均基于公有区块链，世界上有且仅有一条该币种对应的区块链。

公有区块链的两个特点，一是用户与开发者隔离，公有链中，程序开发者无权干涉用户，因此用户的各种应用不会受到程序开发者的影响；二是全部区块链处于公开状态。

二是私有区块链（Private Block Chains）。私有区块链是指：仅仅使用区块链的总账技术进行记账，可以是一个公司，也可以是个人，独享该区块链的写入权限，本链与其他的分布式存储方案没有太大区别。传统金融都是想实验尝试私有区块链，而公链的应用例如 bitcoins 已经工业化，私链的应用产品还在摸索当中。

私有区块链的三个特点，一是交易速度大幅提升；二是安全性大幅提高；三是交易成本大幅降低。

三是联盟区块链（Consortium Block Chains）。联盟链又称行业链，是介于公有链与私有链之间的一种系统形态，它往往由多个中心控制。由若干组织一起合作维护一条区块链，该区块链的使用必须是带有权限的限制访问，相关信息会得到保护，如供应链机构或银行联盟。有专家指出，联盟链的本质是分布式托管记账系统，系统由组织指定的多个"权威"节点控制，这些节点之间根据共识机制对整个系统进行管理与操作。联盟链可视为"部分去中心化"，公众可以查阅和交易，但验证交易或发布智能合约需获得联盟许可。

联盟链的典型特点是，各个节点通常有对应的实体机构，只有得到联盟的批准才能加入或退出系统。各个利益相关的机构组织在区块链上展开紧密的合作，并共同维护系统健康稳定的发展。

8.1.2 区块链相关技术

区块链技术不是单一的创新技术，而是多种技术整合创新的结果，其本质是一个弱中心的、自信任的底层架构技术。与传统的互联网技术相比，它的技术原理与模型架构是一次重大革新。一般说来，区块链模型架构由数据层、网络层、共识层、激励层、合约层和应用层组成。如图2-8-1所示。

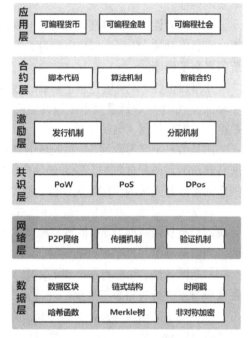

图 2-8-1　区块链的模型架构

首先是"数据层"，封装了底层数据区块的链式结构，以及相关的非对称公私钥数据加密技术和时间戳等技术，这是整个区块链技术中最底层的数据结构。这些技术是构建全球金融系统的基础，数十年的使用证明了它们非常安全可靠，而区块链巧妙地把这些技术结合在了一起。

其次是"网络层"，封装了 P2P 网络机制、传播和验证机制等技术。基于端对端的网络传播体系，每一个节点既可生产信息，也可接收信息。当一个节点生成新的区块时，它会向全网广播。超过 51%的节点在验证新区块的真实性后，其将被许可链接到区块链上，并被永久存储下来。所有节点共同维系着这个区块链网络，任何一个节点都无法篡改和控制这个系统。

第三层"共识层"，是区块链技术中最为核心的一个层级，封装了网络节点的各类共识机制算法。共识机制算法是区块链的核心技术，因为这决定了到底是由谁来进行记账，而记账决定方式将会影响整个系统的安全性和可靠性。目前已经出现了十余种共识机制算法，其中比较知名的算法有工作量证明机制（PoW，Proof of Work）、权益证明机制（PoS，Proof of Stake）、股份授权证明机制（DPoS，Delegated Proof of Stake）等。

第四层"激励层"，将经济因素集成到区块链技术体系中来，包括经济激励的发行机制和分配机制等，主要出现在公有链中。在公有链中必须激励遵守规则参与记账的节点，并且惩罚不遵守规则的节点，才能让整个系统朝着良性循环的方向发展。而在私有链中，则不一定需要进行激励，因为参与记账的节点往往是在链外完成了博弈，通过强制力或自愿来要求参与记账。

第五层"合约层"，封装各类脚本、算法和智能合约，是区块链可编程特性的基础。比特币本身就具有简单脚本的编写功能，而以太坊极大地强化了编程语言协议，理论上可以编写实现任何功能的应用。如果把比特币看成是全球账本的话，以太坊可以看作是一台"全球计算机"，任何人都可以上传和执行任意的应用程序，并且程序的有效执行能得到保证。

第六层"应用层"，封装了区块链的各种应用场景和案例，以太坊上的各类区块链应用部署在应用层,而未来的可编程金融和可编程社会也将会是搭建在应用层。

这六个技术层级是构建区块链技术的必要元素,缺少任何一层都将不能称之为真正意义上的区块链技术。

8.1.3 区块链技术存在的问题

区块链技术虽然有美好的未来和前景,但是作为一项新兴的技术,和其他技术一样,会有一个完善的过程。目前的区块链系统还有一些不足和需要改进的地方,主要有以下几个问题。

(1) 性能问题

区块链由于其在数据完整性和不可篡改性等方面的特殊要求,每笔交易均需要打包到区块中,然后通过计算每笔交易的哈希值,从而构造一个完整的 Merkle 树,最终将交易保存到区块中。这样的处理方式保证了数据的安全性和完整性,但是速度会大幅下降。以比特币系统为例,目前比特币系统每秒只能处理大约 10 笔交易,这显然是不能满足实际的业务需求的。

(2) 数据的弹性扩展问题

区块链系统具有分布式系统的特性,但是到目前为止,区块链系统只能做到节点的分布式,在数据存储上还没有提供可靠的分布式解决方案。比如比特币的所有交易数据已经多达 150G 左右,并且只能部署在单台机器上。随着时间的推移,这些交易数据只增不减,为了应付不断增长的交易数据,只能不断增加单台主机的存储。这种存储方式在遇到存在海量数据的业务场景中会带来隐患。

(3) 易用性问题

区块链技术是新兴技术,虽然单个技术已经出现很久,但是这些技术组合之后产生了很多新的特性。目前技术社区普遍还处于早期阶段,相关的案例、技术文档、技术社区等普遍比较缺失,这些因素导致了区块链技术在学习、推广、落地方面出现了不同程度的障碍,这些障碍的解决还需要整个技术社区继续努力。

8.2 区块链应用现状与发展趋势

8.2.1 区块链应用现状

区块链首先引起金融机构的关注,同时科技界和资本界敏锐地捕捉到了区块链技术蕴含的巨大影响力,随后各国政府和央行纷纷开展潜力评估并积极行动以抢占行业发展先机。

首先,在政策方面,很多国家已经将区块链提升至国家战略高度,从国家层面立法规范并扶持区块链行业,并对其进行监督。再次,法定数字货币格局已经形成,主要是由美国 Facebook 主导的 Libra、中国人民银行牵头的 DCEP(Digital Currency Electronic Payment)、欧洲各国央行推动的 CBDC 构成。最后,对于公有区块链方面的探索,区块链已经从金融应用全面拓展到各领域。

截至目前,美国国债登记结算公司已将区块链项目推进到 15 个全球银行、日本全银协将进行在银行结算系统中引入区块链技术试验;西班牙对外银行(BBVA)和两家合作银行已经在区块链上完成首笔银团贷款;加入摩根大通基于区块链的银行间信息网络(INN)的银行数量已经超过 100 家;同时,全球已有 14002 家商户接受加密货币支付,包括餐饮、住宿、购物等主要消费场景。在中国，2019 年 10 月区块链正式上升到国家战略高度；2020 年 4 月，国家发改委首次将"区块链"列入新型基础设施的范围，明确其属于新基建的信息基础设施部分的新技术基础设施。根据《2020 上半年全球企业区块链发明专利排行榜》公布数据显示，2020年上半年我国 BAT（即阿里巴巴、腾讯、百度）企业区块链专利数排名前十，其中阿里巴巴以 1457 项专利排名榜首。

8.2.2 区块链发展趋势

从中本聪发布《比特币:一种点对点的电子现金系统》到现在区块链的各项应用，总共经历了区块链 1.0、2.0、3.0 这三个阶段，每个阶段其核心技术和方向都不一致。区块链 1.0（2009—2012 年），即比特币的时期，为了创建一种新的数字货币，开发者修改比特币源代码，形成新的区块链和替代币。区块链 2.0（2013—2017 年），即以太坊占据主导的时期，受到数字货币的影响，人们开始将区块链技术的应用范围扩展到其他金融领域。区块链 3.0（2017 年至今），随着区块链技术的进一步发展，其"去中心化"功能及"数据防伪"功能在其他领域逐步受到重视。

人们逐渐意识到区块链的应用也许不仅局限在金融领域，还可以扩展到任何有需求的领域中去。于是，在金融领域之外，区块链技术又陆续被应用到了公证、仲裁、审计、域名、物流、医疗、邮件、鉴证、投票等其他领域中来，应用范围扩大到了整个社会，区块链的发展趋势主要围绕以下几个方面进行。

一是区块链在疫苗分配和实时追踪中的应用。结合当前新冠疫情，面对有限的疫苗供应及疫苗运输条件的苛刻、如何合理有效地分配疫苗，是继新冠疫苗成功研制后的又一难题，人们认为区块链将在这紧要时刻提供解决方案。

二是区块链在非金融行业中的广泛应用。区块链在金融行业的运用已经得到大家广泛的关注，但是区块链的应用不仅仅止步于金融行业中，逐渐有行业专业人士开始从事区块链技术在生物制药、物流运输、生产服务等方面的研究。

三是非同质化代币（NFT）掀起一番热潮。非同质化代币即 Non-Fungible Token（简称 NFT），其本质是将图片、音乐、代码、合约等存储在区块链上的数字资产，其独特性具有相当大的价值。

四是区块链的专业人才将持续升值。截至目前，区块链专业技术人才已不能满足当前领域项目的开发和运营；在 2022 年之后势必有大量项目落地，专业人员的短缺将进入区块链技术发展的瓶颈期。

8.3 区块链经典应用

8.3.1 区块链+金融

区块链技术具备着金融的属性，必将引起金融业翻天覆地的变化。主要表现在以下三个方面，一是支付结算方面，由于其分布式的特性，不再只有一个"账本"，也不再只有一个"会计"，而是同一账本由许多人共同维护，与此同时，整合了互联网相关技术，使得支付、清算、结算等工作任务效率极高；二是证券发行方面，面对传统股票存在流程长、环节复杂等短板问题，区块链建立了信息共享的通道，无论是发行人还是监管部门及投资人，都可轻松办理相关业务；三是区块链所包含的加密技术，保障了信息的安全性、使信息透明化、同时保障了信息无法被篡改。区块链+金融的应用如图2-8-2所示。

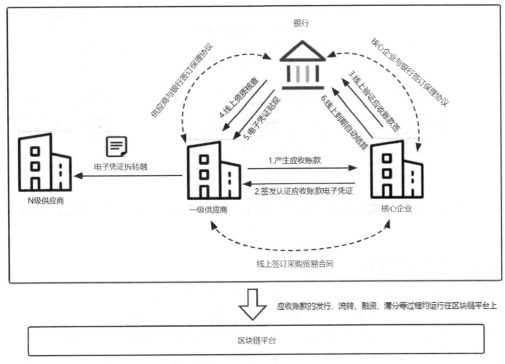

图 2-8-2 区块链+金融的应用

区块链技术的应用可以有效地解决证券化过程中存在的信息不透明、信息披露不充分、操作效率低、风险控制能力弱、定价困难等问题。早在2018年，招商银行牵头打造完成了区块链项目"区块链ABS业务管理系统"，该项目于2019年9月获得由中值联认证中心（北京）颁发的"区块链价值证书"，让招商银行在迅猛发展的资产证券化领域占有一席之地。

8.3.2 区块链+政务

区块链记录着数据，同时也可让数据动起来，从而服务于人民办理事务。政府部门办事程序烦琐、处理周期长，办事难度大，数字政务将政务部门集合在一条链上，形成数字化管理体系，在群众办理相关业务时，通过身份认证和电子签章，在部门间自动流转，最终形成智能合约，切实解决群众办事困难的问题，为群众办事提供便利，让群众少跑路，让群众更顺心。区块链+政务的应用如图2-8-3所示。

2018年8月10日，深圳市国税局与腾讯共同发布了首个区块链发票应用研究成果，打造了"微信支付——发票开具——报销报账"的全流程、全方位发票管理应用场景；2020年3月，北京市西城区政务服务中心试点引入区块链技术，覆盖企业注销、社会医疗救助、婚姻登记等9个场景应用和电子证照现场核验1个场景应用，让群众办理事务更方便、更快捷。截至2021年12月，北京累计实现605个政务服务应用场景落地，办事人提交材料平均减少40%以上。

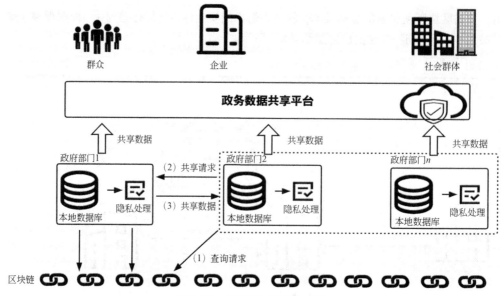

图 2-8-3　区块链+政务的应用

8.3.3　区块链+食品

民以食为天，食品安全始终是公众关注的焦点，在食品供应方面，了解食物的来源、食物的供应或者生产方式、食物标签的真实性等信息都至关重要。从消费者角度来看，对农产品的了解并不会特别深入，而区块链技术恰恰可以满足他们对农产品的知情权，让他们更好地选择自己信任的农产品；从采购商角度来看，虽然对农产品情况略知一二，但是批量采购的方式，也会让其担心农产品质量不佳，区块链则可以通过对种植过程以及大数据分析，选择信任的农户，从而采购合适的农产品。区块链+食品的应用如图 2-8-4 所示。

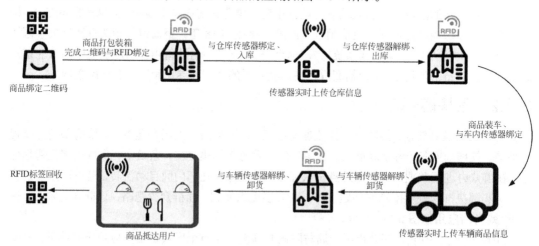

图 2-8-4　区块链+食物的应用

金融科技公司区块链创业公司与沃尔玛、IBM 和清华大学建立合作伙伴关系，合作开发"apilot"项目，该项目正在测试区块链在中国庞大的猪肉、食品分销和安全供应链中的有效性；众安推出的区块链"步步鸡"，消费者扫描二维码后，就能看到这只鸡的产地以及什么时候入栏、什么时候出栏，走了多少步，活动轨迹等。

8.3.4 区块链+医疗

区块链在医疗健康领域的应用前景广阔而乐观，区块链技术正被用于医疗记录，通过建立安全的去中心化的医疗记录系统，增强安全性和隐私性，并广泛应用于医疗保险、可穿戴设备等领域，并能够发挥积极作用，有效解决互联网医疗中的信任问题，让能在线解决的人群可以减少去医院的烦琐过程；同时，面对药品监管难度大、成本高等问题，使用区块链的可追溯性、及时共享性、广泛更新性以及数据可信性，可以改善供应链管理。区块链+医疗的应用如图 2-8-5 所示。

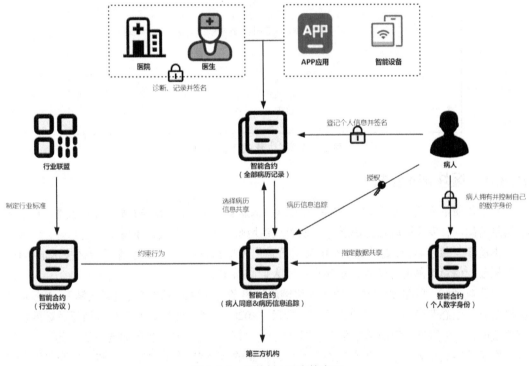

图 2-8-5 区块链+医疗的应用

腾讯微信智慧医院 3.0 版基于区块链拥有的共识性和不可篡改的优势，利用区块链技术为流通中的药企打造联盟链；阿里巴巴与常州医疗联盟将区块链技术应用于常州市医疗联盟的底层技术架构体系中，已经实现部分医疗机构之间的数据互联互通；福建省福州市完成了财政电子票据区块链应用网络的建设，截至 2022 年 2 月 24 日，福州市已经拥有 14 家医疗机构实现医疗收费电子票据，开票量 165 万张，开票金额 11.5 亿元，实现了财政电子票据数据安全共享、业务协同、便捷报销、智能监管。

8.3.5 区块链+版权

在全民参与数字化创作的社会中，人们的版权意识不断被唤醒，但传统的版权保护方式并不能有效地维护版权利益。面对传统版权保护的三大痛点——确权难、授权难、维权难，区块链技术利用信息留痕及可追溯的特点，对减少版权纠纷，维护司法公正将起到重要作用。

2021 年 3 月 7 日，重庆市第一中级人民法院对易保全旗下品牌微版权的作品登记证书、电子数据取证证书予以认定，依法审理了案件，如图 2-8-6 所示。这次事件通过微版权首创"区块链+司法+知识产权保护"模式，实现知识产权的区块链存证、在线版权登记；3 月 8 日，全国政协委员徐念沙建议，加强数字藏品版权保护，对数字藏品发行进行有效监管，并设立数字藏品交易平台准入制度，营造良好版权环境。

图 2-8-6　区块链+版权的应用

8.3.6　区块链+公益

对于传统的慈善事业来说，"需求难发声、捐赠难到位、群众难相信"三大难题一直是无法跨越的鸿沟，多种措施也无法避开所谓的灰色地带，多起资金去向下落不明的事件，让人们不愿主动参与慈善事业，更是对现有的慈善公益组织机构不再抱有希望，而区块链技术透明化、无法篡改、信息可溯源的特点，重新点燃了人们的希望。

在公益领域，早在 2017 年，腾讯区块链就推出了公益寻人平台"公益寻人链"，以及构建区块链公益生态互助平台的"星火爱心"项目；2020 年新冠疫情暴发，在这场无硝烟的疫情抗争战中，各种防疫物资的捐赠是否能顺利完成，成为了群众迫不及待需要解决的问题，中国雄安集团数字城市公司联合多家机构打通慈善捐赠的全流程，包括"寻求捐赠—捐赠对接—发出捐赠—物流跟踪—捐赠确认"的全部环节，确保了捐赠方顺利完成物资捐赠，群众能看见捐赠的整个流程，从而相信捐赠的真实性。如图 2-8-7 所示。

 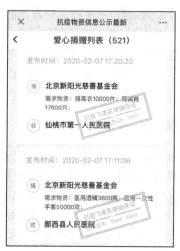

图 2-8-7　区块链+公益的应用

本章小结

本章从区块链的概述、应用现状与发展趋势和经典应用三大方面进行了介绍。其中区块链概述详细地阐述了区块链的定义、特征、分类、模型架构与相关技术及其技术中存在的问题；区块链应用现状与发展趋势着重阐述了区块链发展历程、应用现状；经典应用中阐述了当前社会中比较典型的应用案例。

参考文献

[1] 教育部考试中心. 全国计算机等级考试一级教程[M]. 北京：高等教育出版社，2018.

[2] 李建华，李俭霞. 计算机应用基础[M]. 北京：高等教育出版社，2017.

[3] 郭领艳，常淑凤. 计算机应用基础（Windows 7+Office 2010）[M]. 北京：化学工业出版社，2016.

[4] 导向工作室. Office 2010 办公自动化培训教程[M]. 北京：人民邮电出版社，2014.

[5] 九州书源. Word 2003/Excel 2003/ PowerPoint 2003 办公应用[M]. 北京：清华大学出版社，2015.

[6] 高天哲，孙伟. 计算机应用基础（Windows 7+Office 2010）[M]. 北京：化学工业出版社，2016.

[7] 眭碧霞. 信息技术基础（第二版）[M]. 北京：高等教育出版社，2021.

[8] 未来教育教学与研究中心. 全国计算机等级考试教程一级计算机基础及 MS Office 应用[M]. 北京：人民邮电出版社，2013.

[9] 曾健民，孙德红，高薇. 信息检索技术实用教程[M]. 北京：清华大学出版社，2017.

[10] 靳小青. 新编信息检索教程[M]. 北京：人民邮电出版社，2019.

[11] 魏晟，吴晓川. 信息检索[M]. 北京：人民邮电出版社，2018.

[12] 关东升. Python 编程指南[M]. 北京：清华大学出版社，2019.

[13] 黄恒秋，莫洁安，谢东津，等. Python 大数据分析与挖掘实战[M]. 北京：人民邮电出版社，2020.

[14] 吴振宇，李春忠，李建锋. Python 数据处理与挖掘[M]. 北京：人民邮电出版社，2020.

[15] 李效伟，杨义军. 虚拟现实开发入门教程[M]. 北京：清华大学出版社，2021.

[16] 李瑞森，王至，吴慧剑. Unity 3D 游戏场景设计实例教程[M]. 北京：人民邮电出版社，2014.

[17] 李永亮. 虚拟现实交互设计[M]. 北京：人民邮电出版社，2020.

[18] 吴哲夫，陈滨. Unity 3D 增强现实开发实战[M]. 北京：人民邮电出版社，2019.

[19] 张明，何艳珊，杜永文. 人工智能原理与实践[M]. 北京：人民邮电出版社，2019.

[20] 莫宏伟，徐立芳. 人工智能导论[M]. 北京：人民邮电出版社，2020.

[21] 易海博，池瑞楠，张夏衍. 云计算基础技术与应用[M]. 北京：人民邮电出版社，2020.

[22] 孙菁华. 现代通信技术及应用[M]. 北京：人民邮电出版社，2014.

[23] 程克非，罗江华，兰文富，等. 云计算基础教程[M]. 北京：人民邮电出版社，2018.

[24] 张源，尹星. 5G 网络云化技术及应用[M]. 北京：人民邮电出版社，2020.

[25] 宋铁成，宋晓勤. 5G 无线技术及部署[M]. 北京：人民邮电出版社，2020.

[26] 王霄峻，曾嵘. 5G 无线网络规划与优化[M]. 北京：人民邮电出版社，2020.

[27] 赵新胜，陈美娟. 5G 承载网技术及部署[M]. 北京：人民邮电出版社，2020.

[28] 黄玉兰. 物联网概论[M]. 北京：人民邮电出版社，2018.

[29] 桂小林，安健，等. 物联网技术导论[M]. 2 版. 北京：清华大学出版社，2018.

[30] 刘军，阎芳，杨玺，等. 物联网技术[M]. 北京：机械工业出版社，2017.

[31] 刘海涛. 物联网：重构我们的世界[M]. 北京：人民出版社，2016.

[32] 刘志毅. AI 与区块链智能[M]. 北京：人民邮电出版社，2020.

[33] 钟书华. 物联网演义（一）——物联网概念的起源和演进[J]. 物联网技术，2012,2(05): 87-89.